JN103433

道路標識・標示一覧表 (DANH SÁCH BIỂN BÁO, VẠCH KẺ ĐƯỜNG)

規制標示 Vạch cấm (Vạch quy chế)

回転禁止 Cấm quay đầu xe	追越しのための右側部分はみ出し通行禁止 Cấm lấn sang phần đường bên phải để vượt		
図示の 8-20 は，車両の転回を禁止する時間が 8 時から 20 時までであることを示す 8-20 trong hình là biểu thị cho thời gian cấm quay đầu xe là từ 8 đến 20 giờ	AおよびBの部分の右側部分はみ出し追越し禁止 Cấm vượt lấn sang phần bên phải của A hoặc B	AおよびBの部分の右側部分はみ出し追越し禁止 Cấm vượt lấn sang phần bên phải của A hoặc B	Bの部分からAの部分へのはみ出し追越し禁止 Cấm vượt lấn từ phần B sang phần A
進路変更禁止 Cấm thay đổi lộ trình		駐停車禁止 Cấm đậu dừng xe	駐車禁止 Cấm đậu xe
Aの車両通行帯を通行する車両がBを通行することおよび，Bの車両通行帯を通行する車両がAを通行することを禁止 Cấm xe đang đi ở làn xe A đi ở làn xe B hoặc, xe đang đi ở làn xe B đi ở làn xe A	Bの車両通行帯を通行する車両が，Aの車両通行帯を通行することを禁止 Cấm xe đang lưu thông ở làn xe bên B di chuyển vào làn xe bên A		

最高速度 Tốc độ tối đa	立入り禁止部分 Phần cấm đi vào	停止禁止部分 Phần cấm dừng	路側帯 Khu vực lề đường

車両通行帯 Làn xe lưu thông		
ペイントなどによるとき 高速自動車国道の本線車道以外の道路の区間に設けられる車両通行帯 Vẽ bằng sơn Làn xe lưu thông được thiết lập trong khu vực đường ngoài đường chính của đường cao tốc quốc lộ	道路びょうなどによるとき Bằng đèn chỉ dẫn giao thông âm sàn	高速自動車国道の本線車道に設けられる車両通行帯 Làn xe được thiết kế trên đường chính của đường cao tốc quốc lộ

駐停車禁止路側帯 Khu vực lề đường cấm đậu dừng xe	歩行者用路側帯 Khu vực lề đường dành cho người đi bộ	優先本線車道 Đường chính ưu tiên	車両通行区分 Khu vực xe lưu thông
車の駐車と停車が禁止されている路側帯であることを示す Biểu thị khu vực lề đường bị cấm đậu xe và dừng xe	車の駐停車，軽車両の通行が禁止されている路側帯であることを示す Biểu thị khu vực lề đường cấm đậu dừng xe và cấm xe thô sơ lưu thông	この標示がある本線車道と合流する前方の本線車道が，優先道路であることの指定 Chỉ định đường chính phía trước hợp dòng với đường chính có vạch kẻ đường này là đường ưu tiên	図示の文字は，通行区分を指定された車両通行帯と車の種類を示す Chữ trong hình biểu thị loại xe và làn xe được chỉ định khu vực lưu thông

特定の種類の車両の通行区分 Phân loại lưu thông của loại xe đặc định	けん引自動車の高速自動車国道通行区分 Phân loại lưu thông đường cao tốc của xe ô tô kéo	専用通行帯 Làn lưu thông chuyên dụng	路線バス等優先通行帯 Làn ưu tiên xe buýt
進行方向別通行区分 Phân loại lưu thông theo hướng đi	右左折の方法 Phương pháp rẽ trái rẽ phải		
けん引自動車の自動車専用道路第一通行帯通行指定区間 Đoạn chỉ định xe ô tô kéo lưu thông ở làn thứ nhất	平行駐車 Đậu xe song song	直角駐車 Đậu xe vuông góc	斜め駐車 Đậu xe xéo
	1台　2台以上 1 chiếc　2 chiếc trở lên		

普通自転車 歩道通行可 Vỉa hè xe đạp thông thường có thể đi	普通自転車の 歩道通行部分 Phần vỉa hè dành cho xe đạp thông thường	普通自転車の交差点 進入禁止 Cấm xe đạp thông thường đi vào giao lộ	終わり Kết thúc
	普通自転車が歩道を通行することができることと，その場合に通行しなければならない部分の指定 Biểu thị việc xe đạp thông thường có thể đi ở vỉa hè và chỉ định nơi lưu thông ở trường hợp đó	普通自転車が，この標示をこえて交差点に進入するのを禁止することを示す Biểu thị việc cấm xe đạp thông thường vượt qua vạch kẻ đường để đi vào giao lộ	規制標示が表示する交通規制の区間の終わりであることを示す Cho biết việc kết thúc khu vực quy tắc giao thông mà vạch quy tắc biểu thị

指示標示　Vạch hiệu lệnh

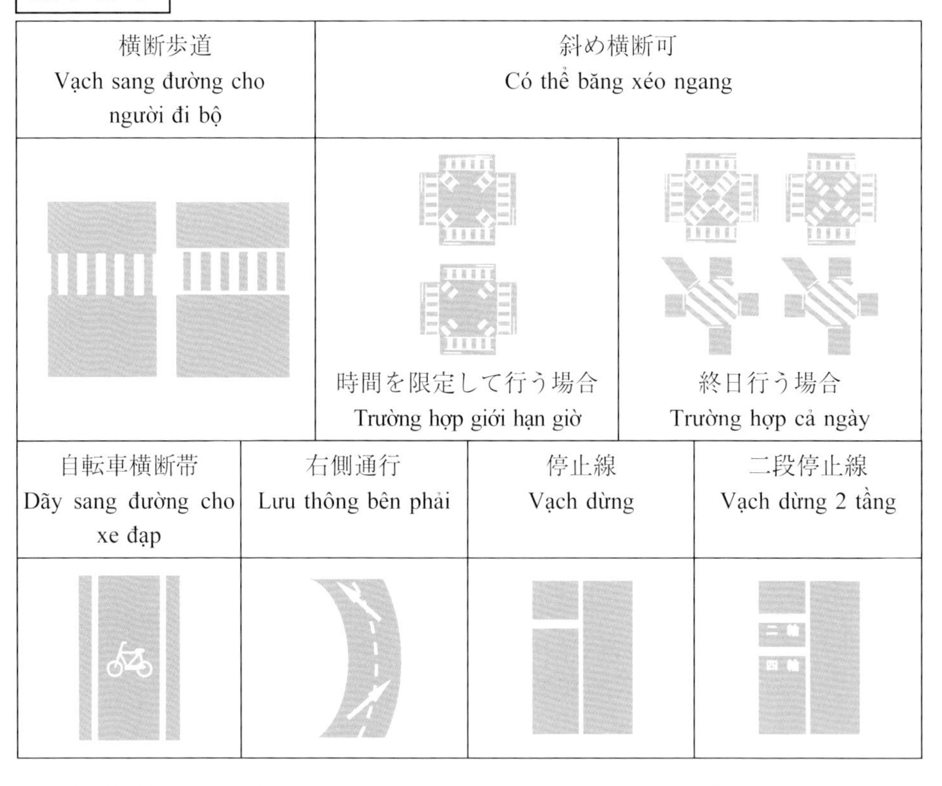

横断歩道 Vạch sang đường cho người đi bộ	斜め横断可 Có thể băng xéo ngang	
	時間を限定して行う場合 Trường hợp giới hạn giờ	終日行う場合 Trường hợp cả ngày

自転車横断帯 Dãy sang đường cho xe đạp	右側通行 Lưu thông bên phải	停止線 Vạch dừng	二段停止線 Vạch dừng 2 tầng

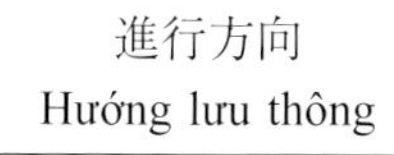

進行方向
Hướng lưu thông

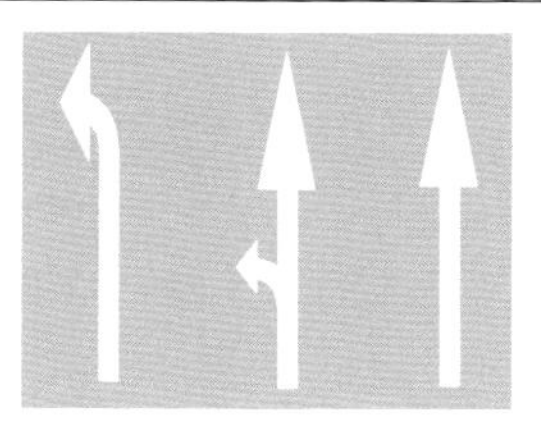

車線境界線
Vạch ranh giới làn xe

ペイントなどによるとき
Vẽ bằng sơn

ペイントなどによるとき
Vẽ bằng sơn

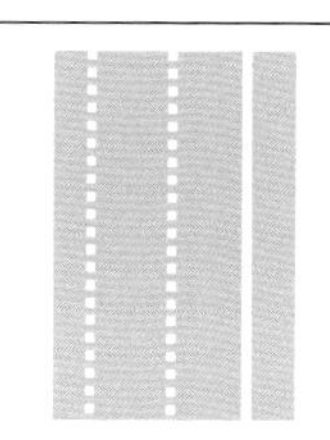

道路びょうなどによるとき
Bằng đèn chỉ dẫn giao thông âm sàn

中央線
Vạch giữa đường

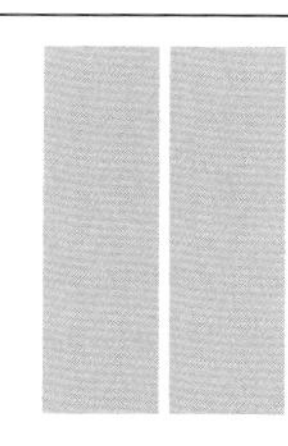

1. 道路の右側にはみ出して通行してはならないことを特に示す必要がある道路に設ける場合
1. Được thiết lập ở đường đặc biệt cần thiết biểu thị không được đi lấn sang bên phải của đường

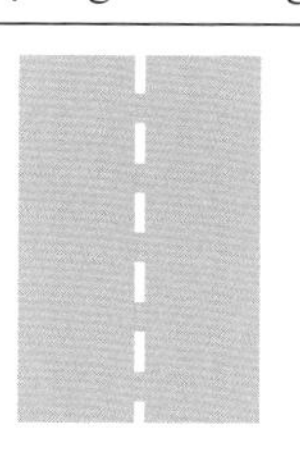

2. 1以外の場所に設ける場合
2. Được lập ở vị trí khác 1

(1) ペイントなどによるとき
(1) Vẽ bằng sơn

(2) 道路びょうなどによるとき
(2) Bằng đèn chỉ dẫn giao thông âm sàn

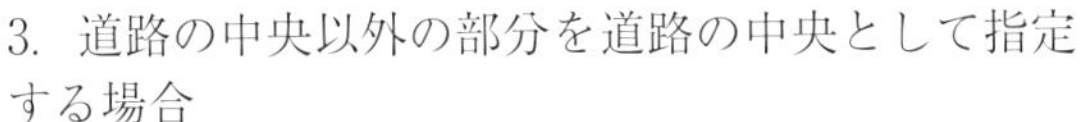

3. 道路の中央以外の部分を道路の中央として指定する場合

3. Trường hợp chỉ định phần ngoài trung tâm đường là trung tâm đường

(1) 常時指定するとき

(1) Khi luôn chỉ định

(2) 日や時間を限って指定するとき

(2) Khi chỉ định giới hạn ngày hoặc thời gian

4. 1と3の(1)の場合で，特に必要があるとき

4. Trường hợp 1 và (1) của 3

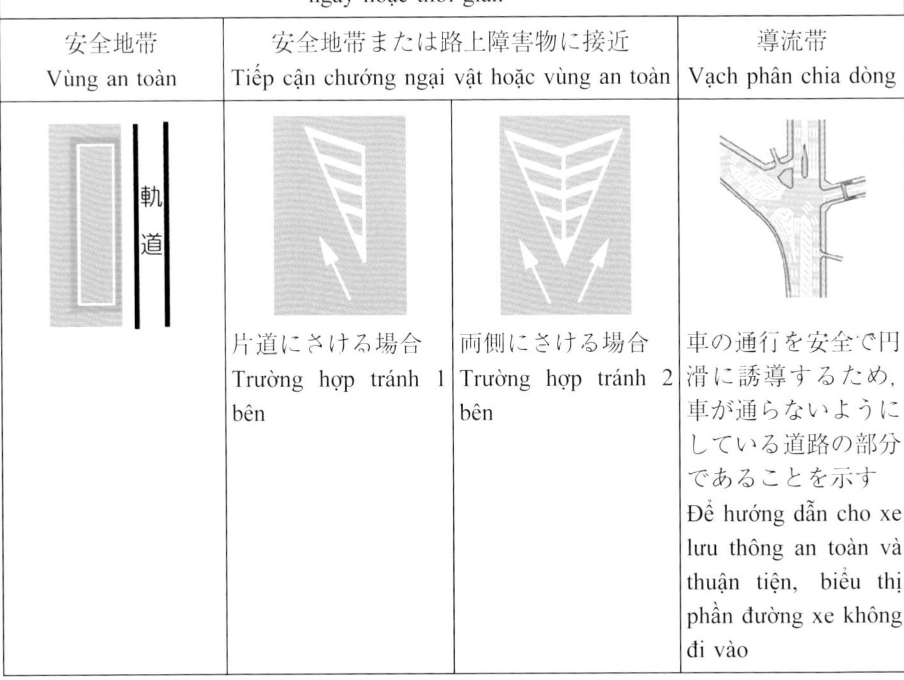

安全地帯 Vùng an toàn	安全地帯または路上障害物に接近 Tiếp cận chướng ngại vật hoặc vùng an toàn		導流帯 Vạch phân chia dòng
	片道にさける場合 Trường hợp tránh 1 bên	両側にさける場合 Trường hợp tránh 2 bên	車の通行を安全で円滑に誘導するため，車が通らないようにしている道路の部分であることを示す Để hướng dẫn cho xe lưu thông an toàn và thuận tiện, biểu thị phần đường xe không đi vào

路面電車停留場 Trạm dừng xe điện mặt đất	横断歩道または自転車横断帯あり Có vạch sang đường cho người đi bộ hoặc nơi sang đường cho xe đạp	前方優先道路 Phía trước là đường ưu tiên
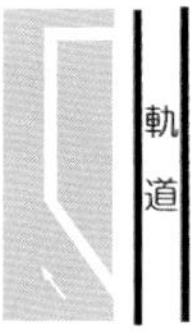		

規則標識

Biển cấm (Biển quy chế)

通行止め Dừng lưu thông 	二輪の自動車原動機付自転車通行止め Cấm xe 2 bánh, xe máy lưu thông 	車両横断禁止 Cấm xe rẽ ngang 	駐車禁止 Cấm đậu xe 	最高速度 Tốc độ tối đa 
車両通行止め Cấm xe lưu thông 	大型自動二輪車及び普通自動二輪車二人乗り通行禁止 Cấm xe 2 bánh cỡ lớn và xe 2 bánh thông thường chở 2 	転回禁止 Cấm quay đầu xe 	駐車余地 Khoảng trống đậu xe 	特定の種類の車両の最高速度 Tốc độ tối đa cho loại xe đặc định 
車両進入禁止 Cấm xe đi vào 	自動車以外の軽車両通行止め Cấm xe thô sơ ngoài xe ô tô lưu thông 	追越しのための右側部分はみ出し通行禁止 Cấm lấn sang bên phải để vượt 	時間制限駐車区間 Khu vực giới hạn thời gian đậu xe 	最低速度 Tốc độ tối thiểu 

二輪の自動車以外の自動車通行止め Cấm xe ô tô ngoài xe 2 bánh lưu thông	自転車通行止め Cấm xe đạp lưu thông	追越し禁止 Cấm vượt	危険物積載車両通行止め Cấm xe chở vật nguy hiểm lưu thông	自動車専用 Chuyên dụng cho xe ô tô
大型貨物自動車等通行止め Cấm xe tải chở hàng cỡ lớn	車両（組合せ）通行止め Cấm xe lưu thông (kết hợp)	駐停車禁止 Cấm đậu dừng xe	重量制限 Giới hạn trọng lượng	自転車専用 Chuyên dụng cho xe đạp

特定の最大積載量以上の貨物自動車等通行止め Cấm xe tải vượt quá trọng lượng tối đa được chỉ định lưu thông	指定方向外進行禁止 Cấm lưu thông khác hướng chỉ định	高さ制限 Giới hạn chiều cao	自転車及び歩行者専用 Chuyên dụng cho người đi bộ và xc đạp
大型乗用自動車等通行止め Cấm xe ô tô khách cỡ lớn lưu thông		最大幅 Bề rộng tối đa	歩行者専用 Chuyên dụng cho người đi bộ

一方通行 Lưu thông 1 chiều 	路線バス等優先通行帯 Làn ưu tiên xe buýt 	環状の交差点における右回り通行 Đi theo chiều xoay phải ở giao lộ vòng xuyến 	前方優先道路 Phía trước là đường ưu tiên 
	優先		徐行 前方優先道路
自転車一方通行 Xe đạp lưu thông 1 chiều 	普通自転車専用通行帯 Làn chuyên dụng cho xe đạp 	平行駐車 Đậu xe song song 	一時停止 Dừng lại tạm thời 
	専用	平行駐車	止まれ

車両通行区分
Phân loại xe lưu thông

進行方向別通行区分
Phân loại lưu thông theo hướng

直角駐車
Đậu xe vuông góc

専用通行帯
Làn lưu thông chuyên dụng

特定の種類の車両の通行区分
Phân loại lưu thông theo chủng loại xe đặc định

斜め駐車
Đậu xe xéo

歩行者通行止め
Cấm người đi bộ lưu thông

歩行者横断禁止
Cấm người đi bộ sang đường

けん引自動車の高速自動車国道通行区分
Phân loại lưu thông ở đường cao tốc cho xe ô tô kéo

警笛鳴らせ
Bấm còi

原動機付自転車の右折方法（小回り）
Phương pháp rẽ phải của xe máy（vòng nhỏ）

けん引自動車の自動車専用道路第一通行帯通行指定区間
Khu vực chỉ định xe ô tô kéo lưu thông ở làn thứ nhất của đường xe ô tô

原動機付自転車の右折方法（二段階）
Phương pháp rẽ phải của xe máy (rẽ 2 giai đoạn)

警笛区間
Khu vực bấm còi

徐行
Đi chậm

指示標識 Biển hiệu lệnh

並進可 Được đi song song	中央線 Đường trung tâm	高齢運転者等標章自動車停車可 Xe có dán nhãn người cao tuổi lái xe có thể dừng xe	自転車横断帯 Vạch sang đường cho xe đạp
軌道敷内通行可 Được đi trong đường ray	停止線 Vạch dừng	 停車可 Được dừng xe	横断歩道・自転車横断帯 Vạch sang đường cho người đi bộ, xe đạp
高齢運転者等標章自動車駐車可 Xe có dán nhãn người cao tuổi lái xe có thể đậu xe	横断歩道 Vạch sang đường cho người đi bộ	優先道路 Đường ưu tiên	安全地帯 Vùng an toàn
駐車可 Được đậu xe		規制予告標示板 Biển chỉ dẫn dự báo cấm	

補助標識 Biển phụ

距離・区域 Khoảng cách/ Khu vực この先100m ここから50m 市内全域	日・時間 Ngày/ Giờ 日曜・休日を除く 8－20	車両の種類 Chủng loại xe 大 貨 原付を除く 積 3 t	駐車余地 Khoảng trống dừng xe 駐車余地6m
始まり Bắt đầu ここから 区 域 ここから	区間内・区域内 Trong đoạn/ Trong khu vực 区 域 内	終わり Kết thúc ここまで 区 域 ここまで	追越し禁止 Cấm vượt 追越し禁止
通学路 Đường đi học 通 学 路	踏切注意 Chú ý chắn tàu 踏切注意	横風注意 Chú ý gió ngang 横風注意	動物注意 Chú ý động vật 動物注意
注意 Chú ý 注 意	注意事項 Mục chú ý 路肩弱し 安全速度 30	規制理由 Lý do cấm (quy chế) 騒音防止区間 歩行者横断多し 対向車多し	方向 Phương hướng
地名 Địa danh 小 諸 市 本 町	前方優先道路 Phía trước là đường ưu tiên 前方優先道路	始点 Điểm bắt đầu 始 点	終点 Điểm kết thúc 終 点

標示板など　Bảng chỉ dẫn, ...

信号に関わらず左折可能であることを示す標示板
Bảng chỉ dẫn cho biết có thể rẽ trái bất kể đèn giao thông

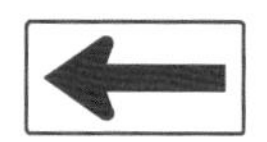

特定の交通に対する信号機の標示板
Bảng chỉ dẫn tín hiệu đối với giao thông đặc định

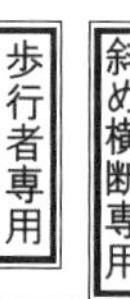

自転車歩行者専用
バス専用

仮免許練習標識
Biển báo luyện tập bằng lái tạm

仮免許
練習中

車輪止め装置取付け区間であることを示す表示板
Bảng chỉ dẫn cho biết có khu vực gắn thiết bị chặn bánh xe

ここから
車輪止め

始まり
Bắt đầu

区間内
Trong đoạn

終わり
Kết thúc

代行運転自動車標識
Biển báo xe lái thay

指定消防水利の標識
Biển báo nước chữa cháy chỉ định

パーキング・チケット発給設備があることを示す表示板
Biển hiển thị nơi có thiết bị phát hành vé đậu xe

初心運転者標示機
Dấu hiệu người mới lái

高齢運転者標識
Dấu hiệu người cao tuổi lái xe

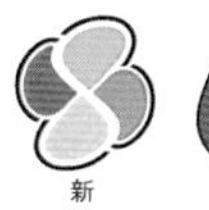

時間制限駐車区間があることを示す表示板
Biển hiển thị khu vực đậu xe có giới hạn thời gian

身体障害者標識
Biển báo người khuyết tật

聴覚障害者標識
Biển báo người có trở ngại thính giác

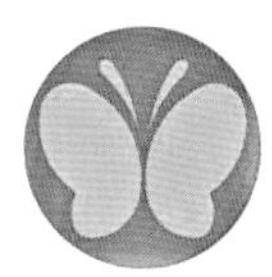

案内標識 Biển báo chỉ dẫn

入口の予告 Dự báo lối vào 	非常電話 Điện thoại khẩn cấp 	方面と車線 Phương hướng và làn xe 
登坂車線 Làn xe leo dốc 	傾斜路 Đường dốc 	乗合自動車停留所 Trạm xe ô tô khách 
方面，車線と出口の予告 Dự báo hướng, làn xe và lối ra 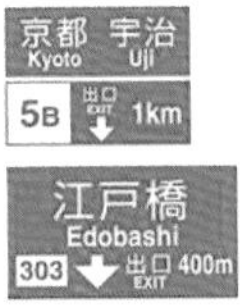	方面と出口 Hướng và lối ra 	駐車場 Bãi đậu xe 
待避所 Nơi tránh nạn 	サービスエリアの予告 Dự báo khu vực dịch vụ 	入口の方向 Hướng của lối vào 
方面と方向の予告 Dự báo vùng và phương hướng 	方面と距離 Hướng và khoảng cách 	方面，方向と道路の通称名 Hướng, vùng và tên thường gọi của đường 

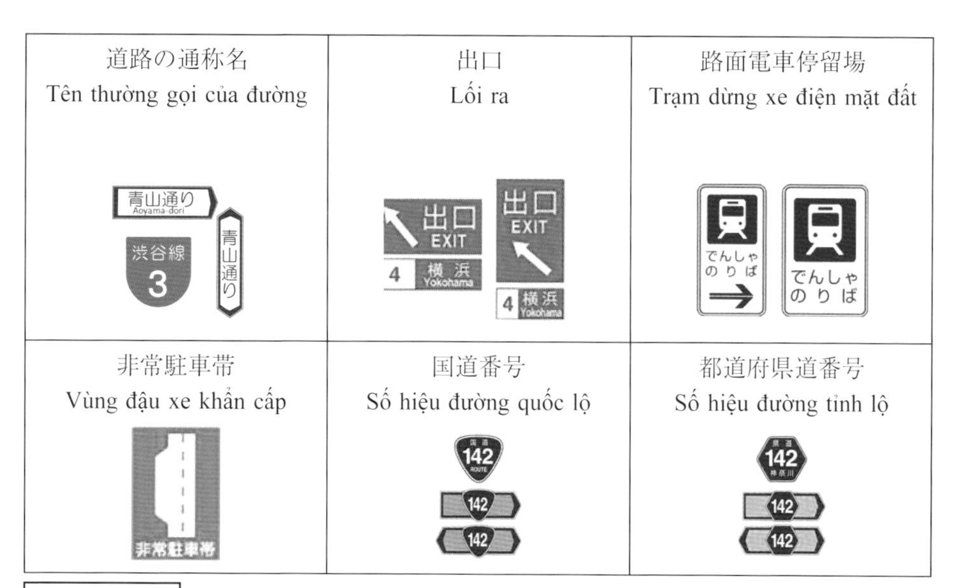

道路の通称名 Tên thường gọi của đường	出口 Lối ra	路面電車停留場 Trạm dừng xe điện mặt đất
非常駐車帯 Vùng đậu xe khẩn cấp	国道番号 Số hiệu đường quốc lộ	都道府県道番号 Số hiệu đường tỉnh lộ

警戒標識 Biển báo nguy hiểm

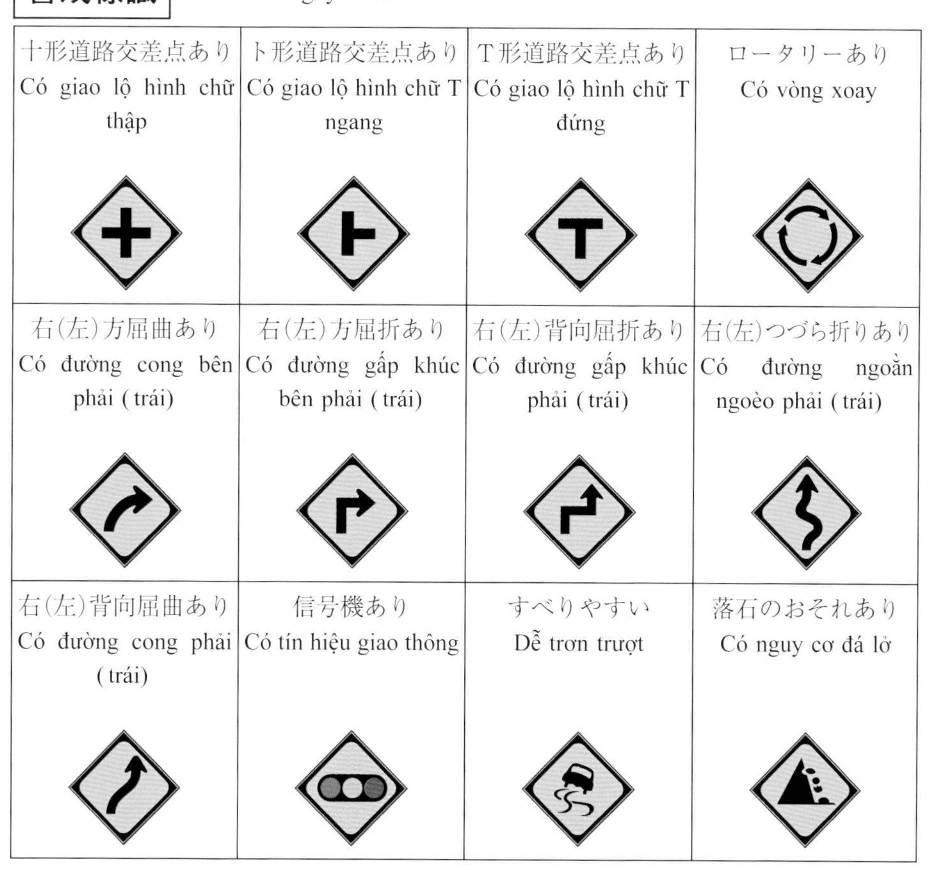

十形道路交差点あり Có giao lộ hình chữ thập	ト形道路交差点あり Có giao lộ hình chữ T ngang	T形道路交差点あり Có giao lộ hình chữ T đứng	ロータリーあり Có vòng xoay
右(左)方屈曲あり Có đường cong bên phải (trái)	右(左)方屈折あり Có đường gấp khúc bên phải (trái)	右(左)背向屈折あり Có đường gấp khúc phải (trái)	右(左)つづら折りあり Có đường ngoằn ngoèo phải (trái)
右(左)背向屈曲あり Có đường cong phải (trái)	信号機あり Có tín hiệu giao thông	すべりやすい Dễ trơn trượt	落石のおそれあり Có nguy cơ đá lở

合流交通あり Có gộp dòng	車線数減少 Giảm làn đường	幅員減少 Giảm bề rộng	上り急こう配あり Có dốc lên đứng
下り急こう配あり Có dốc xuống đứng	道路工事中 Đường đang thi công	動物が飛び出すおそれあり Có nguy cơ động vật lao ra	その他の危険 Nguy hiểm khác
Y形道路交差点あり Có giao lộ hình chữ Y	踏切あり Có chắn tàu	学校，幼稚園，保育所などあり Có trường học, nhà trẻ, trường mẫu giáo, . . .	路面凹凸あり Đường gập ghềnh
二方向交通 Lưu thông 2 chiều	横風注意 Chú ý gió ngang		

★ベトナム語で解説

原付免許

Có kèm tấm
che màu đỏ nên
dễ hiểu thật đấy.

Có 8 đề thi
thử nhỉ.

GIẢI THÍCH BẰNG TIẾNG VIỆT
MỤC TIÊU ĐỖ BẰNG LÁI XE GẮN MÁY NGAY TỪ LẦN ĐẦU !

Nhiều
hình minh họa
nên dễ hiểu
thật đấy.

Giải thích cho
cả các câu
dễ vướng nhỉ.

柳井 正彦【編著】

めざせ

一発合格!

弘文社

はじめに

本書は，日本に大きな夢を持ってこられたベトナムの若者の為に執筆しました。

ベトナムでは一般的な交通手段として多くの人達がバイクを使用しています。当然，バイクに乗るにはバイク免許の取得が義務付けられていますが，規制が行き届かなく厳守されていないのが現状です。違反時の罰則規定も日本ほど厳しくない為，ダメだとわかっていても無免許で運転する違反者が絶えません。

しかし，日本でも同じように考えていると大間違いです。日本では，原付バイクを運転するには『原付免許』を取得しないと道路で運転することはできません。無免許運転の罰則も厳しくて，「3 年以下の懲役または 50 万円以下の罰金に処する」とされています。これ以外にも，一度無免許運転の罪を犯してしまうと，今後免許を取得する時にも多くのペナルティを科されることになります。

また，ベトナム本国でバイク免許を取得されていたとしても，日本国内で使用できる免許に切り替えを行っていないと，同様に無免許運転の扱いになってしまいますので気を付けないといけません。

日本で原付バイクに乗るなら，必ず日本の『原付免許』を取得してください！

『原付免許』は難しい試験ではありません。しかし，勉強しないで合格できるような簡単な試験でもありません。合格するためには，出題傾向とポイントを理解し模擬試験をしっかり勉強すれば，一発合格も不可能ではありません。

日本語で書かれた交通ルールや交通マナーに関する問題文は，普段から目にする日本語よりも言い回しや表現が複雑に感じると思います。さらには，“引っかけ問題”が複数ちりばめられていることで，より難度が上がってしまいます。

本書は，この“引っかけ問題”の対策と，日本語で書かれた試験問題に慣れて貰うことを目的としています。ベトナム語での試験問題を準備している試験会場もいくつかあるのですが，多くの都道府県では日本語での試験問題となっています。

例題：「最高速度，時速 40 キロメートル」の標識のある道路であっても，原動機付自転車は時速 30㎞以上で走行してはならない。（答え×）

この“引っかけ問題”どこが間違っているのか分かりますか？

ポイントは，原動機付自転車が認められている最高速度は 30㎞までなので，30㎞は出してもいいとういうことです。この問題の場合“30㎞以上”が引っかけになって

LỜI MỞ ĐẦU

Quyển sách này chấp bút dành cho những bạn trẻ Việt Nam đã mang một hoài bão lớn để đến với Nhật Bản.

Ở Việt Nam, rất nhiều người sử dụng xe máy như một phương tiện giao thông phổ biến. Đương nhiên, để lái xe máy thì đi kèm với nghĩa vụ lấy bằng lái xe máy, nhưng tình trạng hiện nay là các quy định chưa được tuân thủ nghiêm ngặt. Vì quy định hình phạt khi vi phạm cũng không nghiêm khắc như ở Nhật Bản nên kể cả khi biết đó là sai thì vẫn có người vi phạm lái xe không có giấy phép.

Tuy nhiên, đó là một sai lầm lớn nếu suy nghĩ giống như vậy ở Nhật Bản. Ở Nhật Bản, nếu không lấy "Bằng lái xe máy" thì không thể lái xe trên đường. Hình phạt dành cho hành vi lái xe không có bằng lái rất nghiêm khắc, có thể bị "Phạt tù 3 năm trở xuống hoặc xử phạt tiền 500, 000 yên trở xuống". Ngoài hình phạt trên thì một khi đã phạm tội lái xe không có bằng lái thì bạn phải chịu khá nhiều quả penalty khi lấy bằng lái sau này.

Ngoài ra, kể cả khi đã lấy bằng lái xe máy ở Việt Nam mà không đổi sang bằng lái được cho phép sử dụng ở Nhật thì cũng bị xem như không có bằng lái nên phải hết sức chú ý.

Nếu lái xe máy ở Nhật thì nhất định hãy lấy "Bằng lái xe máy" của Nhật nhé!

"Bằng lái xe máy" không phải là kỳ thi quá khó khăn. Nhưng cũng không đơn giản đến mức không cần học cũng có thể đậu được. Nếu bạn nắm được hướng ra đề và điểm mấu chốt và học thật chắc đề thi thử thì hoàn toàn có khả năng đậu ngay từ lần thi đầu tiên.

Những sách có liên quan đến quy tắc và ứng xử giao thông được viết bằng tiếng Nhật thì cách diễn đạt và dùng từ mang cảm giác phức tạp hơn so với tiếng Nhật thường thấy. Hơn nữa, nhiều "câu dễ sai" được phân tán rải rác nên độ khó càng tăng lên.

Quyển sách này với mục đích trở thành đối sách cho những "Câu dễ sai" và làm quen dần với đề thi được viết bằng tiếng Nhật. Cũng có một số địa điểm thi có chuẩn bị đề thi bằng tiếng Việt nhưng ở đa số các tỉnh thành dùng đề thi bằng tiếng Nhật.

Câu ví dụ: Kể cả ở đường có biển báo "Tốc độ tối đa 40km/ h" thì xe máy cũng không được chạy với tốc độ 30km/ h trở lên. (Đáp án X)

Bạn có biết "Câu dễ sai" này sai ở đâu chứ?

Điểm mấu chốt là tốc độ tối đa xe máy được cho phép là đến 30km/ h, nghĩa là có thể chạy đến 30km/ h. Trường hợp câu này bị vướng ở chỗ "30km/ h trở lên", "30km/ h trở lên" nghĩa là "Bao gồm cả 30km/ h", đó là lí do đáp án là X. Thật là dễ nhầm lẫn nhỉ.

Những "Câu dễ sai" như thế này thì nếu không hiểu rõ được tiếng Nhật thì không thể giải đúng được. Tuy nhiên, để có thể hiểu được tất cả những câu tiếng Nhật phức tạp trong thời

おり，“30km以上”とは“30kmも含む”為，答えは×になる訳です。ややこしいですよね。

この様な“引っかけ問題”は日本語をしっかり理解していないと正解することは出来ません。しかし，複雑に表現された日本語を短期間ですべて理解出来るようになるのは，とても難しい事です。

そこで，本書での事前学習が役立ちます。

本書には“引っかけ問題”の例題をたくさん掲載しています。これらを集中的に勉強することで，本番の試験に備えることが可能となる訳です。実際の試験には，同じような文章の中に引っかけ文や，間違いやすい問題が混ざって出題されます。その中から正解を導きだすには，数多くの例題をこなすことが最短の勉強方法です。

さらには，交通ルールや交通マナー，道路標識などもすべてベトナム語を併記しているので，日本語訳の表現の間違いなども予防できます。日本語の辞書や翻訳機などが不要で，この本１冊で『原付免許』の試験勉強が可能となっています。

原付免許を取得することで，今後のあなたの日本での生活が劇的に変わり，夢の実現が近付くことになると信じて，ぜひ，一発合格を目指して頑張ってください！

gian ngắn là việc hết sức khó khăn.

Chính vì vậy, học ôn thi bằng quyển sách này sẽ rất hữu ích.

Trong quyển sách này đưa ra rất nhiều câu ví dụ về "Câu dễ sai". Bằng việc tập trung học bằng cách này thì có thể chuẩn bị sẵn sàng cho ngày thi bằng lái. Bài thi trên thực tế thì cũng tương tự như trong sách, sẽ có những câu dễ sai trộn lẫn vào. Để tìm ra đáp án đúng trong đó thì việc luyện thật nhuần nhuyễn những đề thi thử chính là phương pháp học ngắn nhất.

Hơn nữa, tất cả các quy tắc giao thông, ứng xử giao thông, biển báo đường bộ, . . . đều được viết song ngữ bên cạnh nên tránh được những lỗi dịch thuật tiếng Nhật. Ngoài ra, tất cả chữ Hán tự đều được phiên âm nên không cần phải dùng đến từ điển hoặc máy biên dịch nên có thể học thi "Bằng lái xe máy" trong chỉ một quyển sách này.

Nhờ vào việc lấy bằng lái xe máy thì cuộc sống của bạn về sau sẽ có thay đổi đáng kể, bạn hãy tin rằng giấc mơ của mình sẽ dần trở thành hiện thực, nhất định phải cố gắng hướng tới mục tiêu đậu ngay lần thi đầu tiên!

目　次

MỤC LỤC

7．危険予測の練習問題（116）

模擬試験

受験ガイド

① 受験する場所

原付免許を受験する場合は，住所地を管轄する運転免許試験所（一部の地域では警察）に行き受験申請を行い，その後試験を受けられます。

② 受験資格

年齢が16歳以上である。

下記の人は原付免許の受験ができません。

1．免許を拒否された日から起算して，指定された期間を経過してない人
2．免許を保留されている人
3．免許を取り消された日から起算して，指定された期間を経過してない人
4．免許の効力が，停止または仮停止されている人
5．政令で定める次の病気にかかってる人
- 幻覚症状を伴う精神病者
- 発作による意識障害や運動障害のある人
- 自動車などの安全な運転に支障をおよぼすおそれのある人

③ 受験に持参するもの

1．住民票または免許証	初めて免許を受ける人は住民票（本籍が記載されている）が必要。運転免許書を取得されている人は，その免許証が必要。
2．証明写真	縦30ミリ × 横24ミリ，無帽，無背景，胸上正面で6カ月以内に撮影したもの。裏に氏名，撮影年月日を記入。カラー，白黒どちらも可。
3．運転免許申請書	運転免許試験場に用意されています。
4．本人確認書類，印鑑	初めて受験する人は保険証，パスポート，学生証などが必要。印鑑は必要ない受験地もある。
5．卒業証明書（ある人のみ）	指定自動車教習所の卒業者は卒業日から1年以内は技能試験が免除される。
6．受験料	受験手数料，免許証交付手数料が掛かります。詳しい受験料は窓口で確認します。

HƯỚNG DẪN THI

① Nơi dự thi

Khi muốn dự thi lấy bằng lái xe máy thì đi đến Địa điểm thi bằng lái xe, nơi quản lý khu vực bạn sinh sống để đăng ký và dự thi.

② Điều kiện dự thi

Người 16 tuổi trở lên.

Những người sau đây không thể dự thi bằng lái xe máy.

1. Người chưa qua thời hạn chỉ định được tính từ ngày bị từ chối bằng lái
2. Người đang bị giữ bằng lái
3. Người chưa qua thời hạn chỉ định được tính từ ngày bị tước bằng lái
4. Người có hiệu lực giấy phép bị đình chỉ hoặc tạm đình chỉ
5. Người mắc các bệnh được theo quy định của chính phủ như sau:
   - Người mắc bệnh ảo giác hoặc tâm thần
   - Người có rối loạn ý thức hoặc rối loạn vận động đột ngột phát tác.
   - Người có nguy cơ gây trở ngại cho việc lái xe an toàn

③ Khi đi thi mang theo

1. Phiếu cư trú hoặc Bằng lái xe	Ảnh 30x24mm, chụp thẳng, không đội mũ, không nền, không quá 6 tháng. Ghi họ tên và ngày chụp ở phía sau. Ảnh màu hoặc đen trắng đều được.
2. Ảnh thẻ	Ảnh 30x24mm, chụp thẳng, không đội mũ, không nền, không quá 6 tháng. Ghi họ tên và ngày chụp ở phía sau. Ảnh màu hoặc đen trắng đều được.
3. Đơn xin cấp bằng lái xe	Có sẵn ở địa điểm dự thi
4. Giấy tờ tùy thân, con dấu	Người dự thi lần đầu cần có thẻ bảo hiểm y tế, hoặc hộ chiếu, hoặc thẻ sinh viên, . . . Một số địa điểm thi không yêu cầu con dấu.
5. Chứng nhận tốt nghiệp (Nếu có)	Người đã tốt nghiệp trường lái xe chỉ định thì được miễn thi kỹ năng trong vòng một năm kể từ ngày tốt nghiệp.
6. Lệ phí thi	Tốn lệ phí thi và lệ phí cấp bằng. Chi tiết về chi phí sẽ được xác nhận tại quầy.

④　学科試験

1．出題範囲	原動機付自転車を運転するのに必要な交通ルール，安全運転の知識，原動機付自転車の構造や取扱など。
2．解答方法	問題を読んでマークシート方式の別紙の解答用紙に記入する。
3．制限時間	30分
4．出題内容	文章問題46問（各1点），イラスト問題2問（各2点）
5．合格基準	50点満点中45点以上で合格

⑤　適性試験の内容

1．視力検査

両眼で0.5以上あれば合格。片目が見えない人でも，もう片方の眼の視野が左右で150度以上，視力が0.5以上であれば合格。めがね，コンタクトレンズの使用も可。

2．色彩識別能力検査

赤，青，黄の色を見分ければ合格。

3．運動能力検査

車の運転に支障がなければ合格。義手や義足の使用も可。
＊身体に障害がある人は窓口で相談して下さい。

原付免許の試験には，実技試験がありません。その代わりに，原付講習を3時間受講することが，義務づけられています。

④ Thi lý thuyết

1. Phạm vi ra đề	Những quy tắc giao thông cần thiết để lái xe máy, kiến thức về lái xe an toàn, cấu trúc và sử dụng xe gắn máy, v. v.
2. Phương pháp trả lời	Đọc các câu hỏi và điền vào phiếu đánh dấu trả lời riêng.
3. Thời gian giới hạn	30 phút
4. Nội dung ra đề	46 câu chữ (mỗi câu 1 điểm), 2 câu hình minh họa (mỗi câu 2 điểm)
5. Điểm chuẩn đậu	Đạt 45 điểm trở lên trong tổng số 50 điểm

⑤ Nội dung kiểm tra đặc tính

1. Kiểm tra thị lực

Nếu 2 mắt từ 0. 5 trở lên thì đạt. Kể cả người không nhìn được một bên mắt, bên còn lại có tầm nhìn trái phải 150 độ trở lên và thị lực 0. 5 trở lên thì đạt. Có thể sử dụng mắt kính, kính áp tròng.

2. Kiểm tra phân biệt màu sắc

Có thể phân biệt màu đỏ, xanh, vàng thì đạt.

3. Kiểm tra khả năng vận động

Nếu không gây trở ngại gì trong việc lái xe thì đạt. Có thể sử dụng tay chân giả.
＊ Người có khuyết tật về thể chất xin vui lòng đến trao đổi tại quầy.

Không có thi thực hành trong kỳ thi lấy bằng lái xe máy. Thay vào đó, bắt buộc phải học lớp tập huấn xe máy trong 3 tiếng.

学科試験攻略ポイント

①問題は慌てず最後までしっかり読む！

文章問題には，まぎわらしい表現が出てきます。「～である」「～でない」などは，その意図を間違って解釈すると全く逆の解答になるので，文章はしっかり読みましょう。

②まぎわらしい法令用語の意味の違いに要注意！

「駐車」「停車」「追抜き」「追越し」などの法令用語は似ているので，要注意。このような言葉が出てきたら，その違いを意識して理解しましょう。

③時間があれば見直しを！

学科試験では，1問を解く時間がおよそ30秒前後です。自分では完璧と思っていても，思わぬ誤りに気付かないこともあります。時間に余裕があれば，見直しをして全体をチェックしましょう。

④イラスト問題はここに要注意！

イラスト問題には1つの問題につき3つの設問があり，1つでも間違えると得点になりません。配点はほかの問題の2倍なので，車や周囲の動きに気を配り，イラストをじっくり見て解答しましょう。

⑤分かる問題からどんどん解こう！

時間が限られているので，分からない問題で悩んでいると時間切れになってしまいます。分かる問題からどんどん解答して，分からない問題は空欄にせず，どちらかをマークしましょう。半分の確率で正解となるので，必ず空欄では終わらせてはいけません。

GỢI Ý THI LÝ THUYẾT

① Không gấp gáp mất bình tĩnh, đọc kỹ đến hết đề!

Câu hỏi sẽ xuất hiện những từ ngữ dễ nhầm lẫn. Nếu bạn diễn giải sai ý của những từ như "Là" "Không là" thì câu trả lời sẽ hoàn toàn trái ngược lại, nên hãy đọc thật cẩn thận.

② Cần chú ý đến khác biệt ý nghĩa của các thuật ngữ pháp lý dễ nhầm lẫn!

Cần lưu ý những thuật ngữ pháp lý tương tự nhau như "Đỗ xe", " Dừng xe", "Vượt xe khác làn", "Vượt xe cùng làn".

Khi những từ này xuất hiện, thì cần phải ý thức được sự khác nhau của chúng.

③ Nếu có thời gian, hãy xem lại!

Trong thi lý thuyết, thời gian để trả lười 1 câu là khoảng 30 giây. Kể cả khi bạn nghĩ đã hoàn hảo, thì nhất định có những sai lầm bất ngờ không nhận ra được. Nên nếu còn thời gian thì hãy xem và kiểm tra lại toàn bộ.

④ Cần chú ý vào câu hình minh họa!

Trong 1 câu hình minh họa có 3 câu nhỏ khác, chỉ cần sai 1 câu nhỏ thì sẽ không được điểm. Vì đây là câu gấp đôi số điểm nên hãy nhìn kỹ hình minh họa, chú ý đến chuyển động của xe và xung quanh rồi trả lời.

⑤ Bắt đầu giải nhanh chóng từ những câu đã biết!

Vì thời gian có hạn nên nếu phân vân câu không biết mãi thì sẽ mất thời gian. Nhanh chóng giải đáp những câu đã biết, những câu không biết cũng chọn đáp án nào đó chứ không để trống. Vì xác suất một nửa là đúng nên nhất định không bỏ câu trống.

1．覚えておこう！標識と標示

◎標識と標示の種類を覚えておこう！

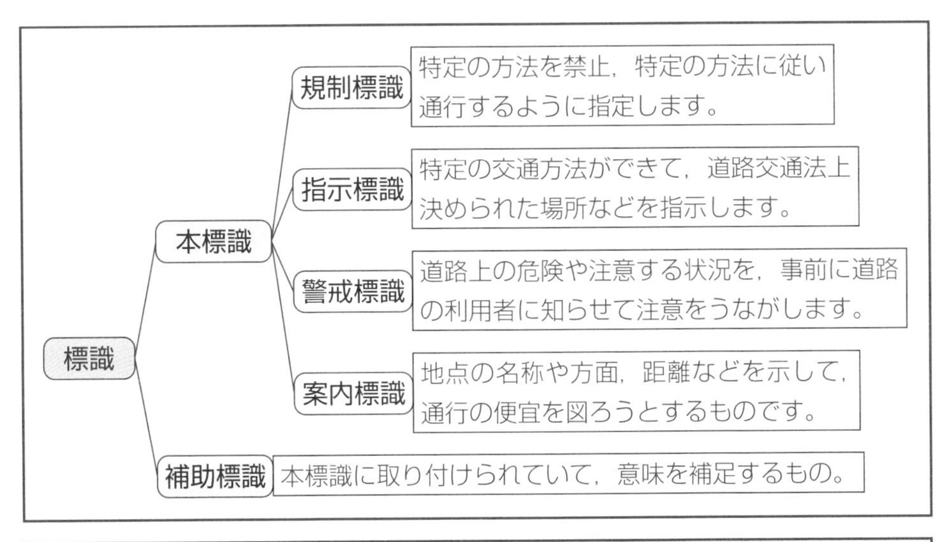

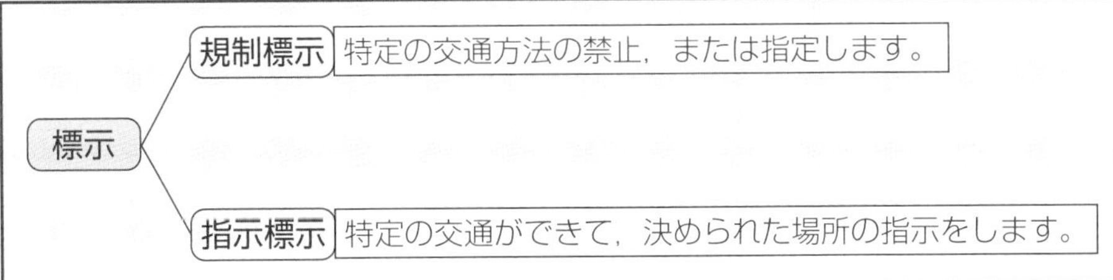

1. HÃY NHỚ BIỂN BÁO VÀ VẠCH KẺ ĐƯỜNG!

◎Hãy nhớ các chủng loại của biển báo và vạch kẻ đường!

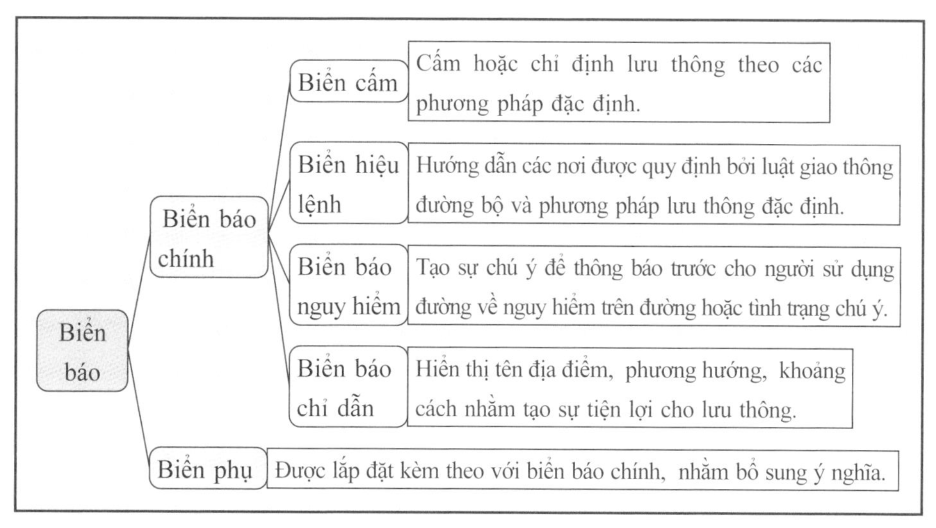

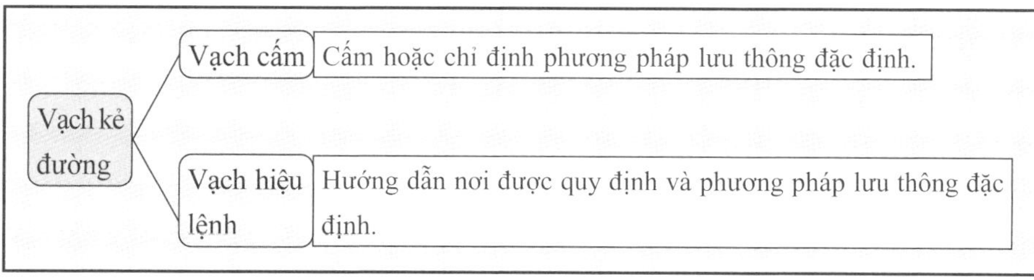

標識（ひょうしき）

(1)規制標識（きせいひょうしき）

車両通行止め 自動車，原付自転車，軽車両は通行禁止。	歩行者専用 車は原則として通行できない。歩行者優先道路である。	二輪の自動車以外の自動車通行止め 二輪の自動車以外の自動車は通行禁止	車両横断禁止 車の横断禁止。	指定方向外進行禁止 矢印方向以外への車の進行禁止。
駐停車禁止 車は，8時から20時まで駐停車禁止。	駐車禁止 車は8時から20時まで駐車禁止。	車両進入禁止 車は，標識の示す方向からの進入禁止。	転回禁止 車は，転回（Uターン）してはならない。	通行止め 車，歩行者，路面電車は，通行禁止。
一時停止 車は，交差点の直前で一時停止しなければいけない。	警笛区間 車は，この標識のある区間内の指定場所で，警音器を鳴らすこと。	一方通行 車は，矢印の方向の反対方向に通行してはならない。	追越し禁止 車は，追越ししてはならない。	追越しのための右側部分はみ出し通行禁止 車は，道路の右部分にはみ出して追越ししてはならない。

BIỂN BÁO

(1) Biển cấm

Cấm xe lưu thông Cấm các loại xe ô tô, xe máy, xe thô sơ lưu thông.	Đường dành cho người đi bộ Trên nguyên tắc xe không được lưu thông. Là đường ưu tiên cho người đi bộ.	Cấm xe ô tô trừ xe 2 bánh Cấm xe ô tô ngoài xe ô tô 2 bánh.	Cấm xe rẽ ngang Cấm xe rẽ ngang	Cấm đi khác hướng chỉ định Cấm xe đi theo hướng khác với hướng của mũi tên
Cấm dừng đậu Xe không được đậu hoặc dừng. Con số hiển thị khung giờ cấm.	Cấm đậu xe Xe không được đậu. Con số hiển thị khung giờ cấm.	Cấm xe đi vào Ô tô bị cấm đi vào hướng được chỉ định bởi biển báo.	Cấm quay đầu xe Xe không được quay đầu xe (kiểu chữ U)	Dừng lưu thông Cấm xe, người đi bộ, tàu điện mặt đất lưu thông.
Dừng lại tạm thời Xe phải tạm thời dừng lại ở phía trước giao lộ	Khu vực bấm còi Xe trong khu vực có biển báo này thì bấm còi.	Đường 1 chiều Xe không được đi ngược lại chiều của mũi tên.	Cấm vượt Xe không được phép vượt	Cấm vượt lấn qua bên phải Các loại xe không được phép vượt lấn sang phần đường bên phải

(2) 指示標識（しじひょうしき）

横断歩道	優先道路	安全地帯	駐車可	停止線
横断歩道であることを表している。	優先道路であることを表している。	安全地帯であることを表している。	駐車が可能であることを表している。	車両が停止する場合の位置を表している。

(3) 警戒標識（けいかいひょうしき）

道路工事中	学校，幼稚園，保育所などあり	幅員減少	合流交通あり	踏切あり
前方の道路が工事中であることを表している。	周りに学校，幼稚園，保育所があることを表している。	道幅が狭くなっていることを表している。	この先に合流する道路があることを表している。	この先に踏切があることを表している。

ロータリーあり	**十形道路交差点あり**	**車線数減少**	**二方向交通**	**落石のおそれあり**
ロータリーがあることを表している。	十字道路交差点があることを表している。	車線数が少なくなることを表している。	対面通行の道路であることを表している。	落石の恐れがあることを表している。

(2) Biển hiệu lệnh

Vạch sang đường cho người đi bộ	Đường ưu tiên	Vùng an toàn	Được phép đậu xe	Vạch dừng
Cho biết nơi có vạch sang đường cho người đi bộ	Cho biết có đường ưu tiên	Cho biết có vùng an toàn	Cho biết có thể đậu xe	Cho biết vị trí trong trường hợp dừng xe

(3) Biển báo nguy hiểm

Đường đang thi công	Có trường học, trường mẫu giáo, trường mầm non	Đường hẹp	Có gộp dòng	Có chắn tàu
Cho biết phía trước có công trình đường đang thi công.	Cho biết xung quanh có trường học, trường mẫu giáo, trường mầm non	Cho biết chiều rộng đường sẽ hẹp lại	Cho biết phía trước có đường gộp dòng	Cho biết phía trước có chắn tàu (Giao nhau với đường sắt)
Có vòng xoay	**Có giao lộ hình chữ thập**	**Giảm làn xe**	**Đường 2 chiều**	**Nguy cơ đá lở**
Cho biết có vòng xoay.	Cho biết có giao lộ chữ thập.	Cho biết làn xe sẽ giảm.	Cho biết có đường hai chiều.	Cho biết có nguy cơ đá lở.

(4)案内標識（あんないひょうしき）

方面と距離（ほうめんときょり）
方面と距離を表している。

静岡 153km
Shizuoka

待避所（たいひじょ）
待避所であることを表している。

(5)補助標識（ほじょひょうしき）

始まり（はじまり）
本標識の規制区間がここから始まることを表している。

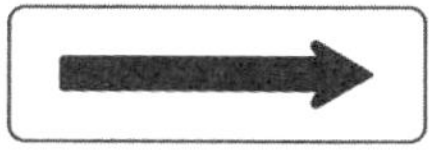

ここから

区域
ここから

日・時間（ひ・じかん）
本標識が標示している規制の，適用される曜日や時間を表している。

日曜・休日を除く

8-20

(4) Biển báo chỉ dẫn

Phương hướng và khoảng cách Cho biết phương hướng và khoảng cách	Nơi tạm lánh Cho biết có nơi tạm lánh.

(5) Biển phụ

Bắt đầu Cho biết từ đây là bắt đầu thuộc khu vực quy định của biển báo này.	Ngày, giờ Cho biết ngày và giờ được áp dụng của quy định được chỉ định bởi biển báo này.
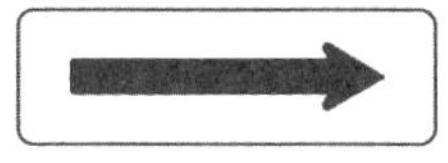 ここから 区域 ここから	 8-20

標示（ひょうじ）

(1) 規制標示（きせいひょうじ）

駐車禁止
車は，駐車禁止。

立ち入り禁止部分
車は，黄色の枠内へ入ることを禁止。

転回禁止
車は，回転（Uターン）禁止。

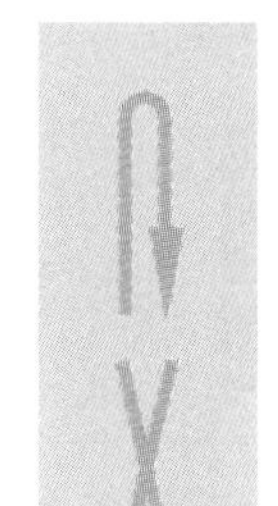

最高速度
車両，路面電車の最高速度を表している。

路側帯
歩行者と軽車両は通行可能で，幅 0.75 メートルを超える場合は路側帯に入って駐停車可能。

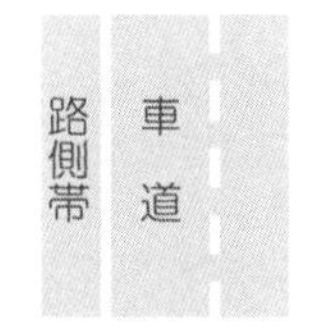

駐停車禁止
駐車と停車は禁止。破線は駐車禁止のみ。

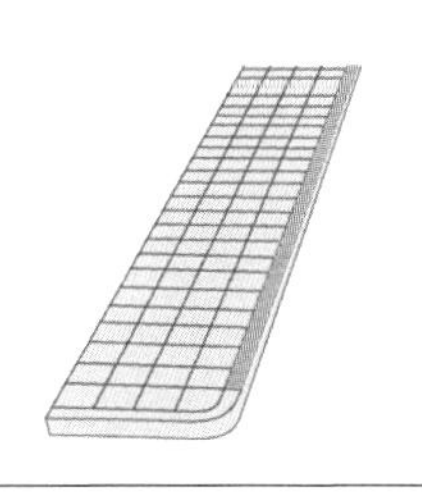

車両通行区分
車の種類によって通行位置が指定された車両通行帯を表している。

停止禁止部分
白色の枠内での車両，路面電車の停止が禁止。

優先本線車道
標示がある本線車道と合流する前の本線車道が優先道路であることを表している。

終わり
規制標示が示す交通規制の区間の終わりであることを表している。

VẠCH KẺ ĐƯỜNG

(1) Vạch cấm

Cấm đậu xe Cấm đậu xe.	Phần cấm đi vào Cấm xe đi vào bên trong khung màu vàng.	Cấm quay đầu xe Cấm xe quay đầy (kiểu chữ U).	Tốc độ tối đa Cho biết tốc độ tối đa của các loại xe và xe điện mặt đất.
Khu vực lề đường Người đi bộ và xe thô sơ có thể đi, nếu bề rộng trên 0. 75m thì có thể vào để dừng và đậu xe.	Cấm dừng đậu Cấm dừng và đậu xe. Vạch nét đứt thì chỉ cấm đậu.	Phân loại xe lưu thông Tùy theo chủng loại xe mà vị trí lưu thông là làn xe được chỉ định.	Phần cấm dừng Cấm các loại xe, xe điện mặt đất dừng bên trong khung màu trắng.
Tuyến đường chính ưu tiên Cho biết đường đường chính có biển báo và đường chính trước khi hợp lưu là đường ưu tiên.	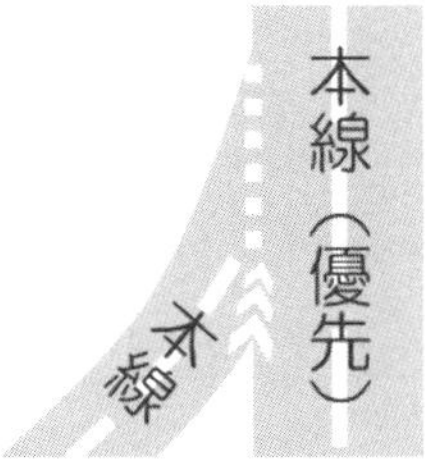	Kết thúc Cho biết việc kết thúc khu vực quy định giao thông được hiển thị bằng vạch kẻ đường.	

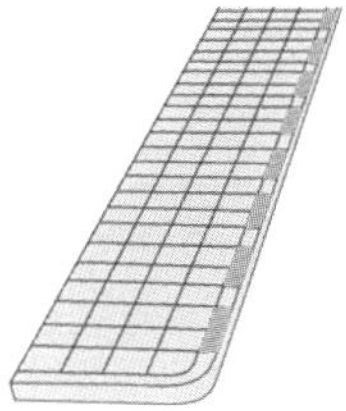

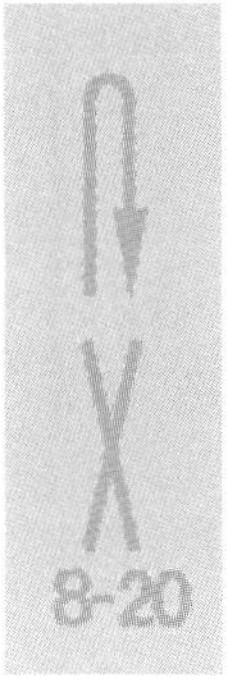

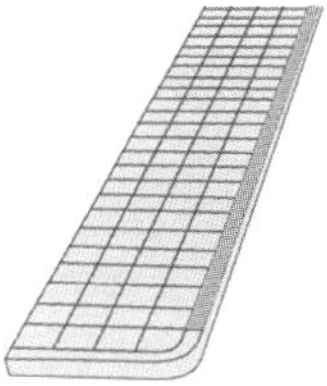

(2)指示標示（しじひょうじ）

路面電車停留場
路面電車の停留所であることを表している。

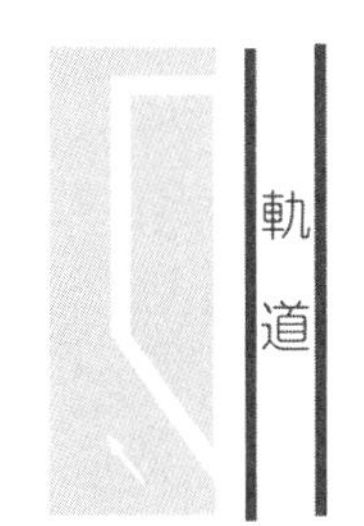

安全地帯
安全地帯であることを表している。

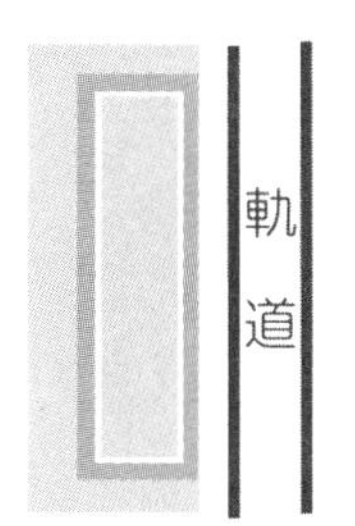

右側通行
車は，道路の右側部分にはみ出して通行できる。

二段停止線
二輪車と二輪車以外の車の停止位置をそれぞれ表している。

前方優先道路
前の道路が優先道路であることを表している。

自転車横断帯
自転車が道路を横断できるところを表している。

横断歩道
横断歩道であることを表している。

進行方向
矢印の方向に進むことができる。

停止線
車は，この位置で停止することを表している。

中央線
道路の中央が中央線を示す。

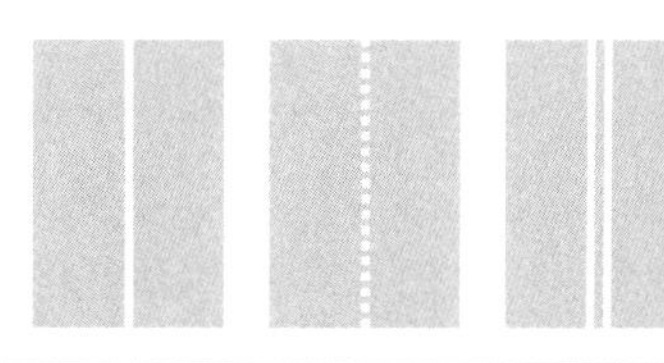

安全地帯または路上障害物に接近
安全地帯または路上障害物があって，接近していることを表している。

(2) Vạch hiệu lệnh

Trạm dừng của xe điện mặt đất Cho biết có trạm dừng của xe điện mặt đất.	Vùng an toàn Cho biết có vùng an toàn.	Đi bên phải Xe có thể đi lấn sang phần đường bên phải.	Vạch dừng 2 tầng Hiển thị lần lượt vị trí dừng của xe hai bánh và xe khác xe 2 bánh.
Phía trước là đường ưu tiên Cho biết đường ở phía trước là đường ưu tiên.	Vạch sang đường cho xe đạp Cho biết nơi xe đạp có thể sang đường.	Vạch sang đường cho người đi bộ Cho biết có vạch sang đường cho người đi bộ.	Hướng lưu thông Có thể đi theo hướng của mũi tên.
Vạch dừng Cho biết xe dừng lại tại vị trí này.	Vạch kẻ giữa đường Cho biết đang tiếp cận chướng ngại vật trên đường hoặc vùng an toàn.	Tiếp cận vùng an toàn hoặc chướng ngại vật trên đường Cho biết đang tiếp cận chướng ngại vật trên đường hoặc vùng an toàn.	

(3)路側帯（ろそくたい）

路側帯の表示は，規制標示であり，以下の3種類がある。

路側帯	駐停車禁止路側帯	歩行者用路側帯
歩行者と軽車両が通行できる。	路側帯に入って，車の駐車と停車が禁止。	路側帯に入って，車の駐停車や軽車両の通行禁止。
路側帯　車道	路側帯　車道	路側帯　車道

＊ポイント！＊＊

標識や標示はすべて，巻頭の「道路標識・標示一覧」に載せてあり，どれも出題される可能性があるので，しっかり覚えよう。自動車，原動機付自転車，歩行者のどれに対しての規制なのかを確認しよう。

【ここで例題】

(1) 本標識には規制，指示，警戒，案内，補助標識の5種類がある。
解×　補助標識を除いて，4種類ある。

(2) 標示には規制標示と案内標示の2種類がある。
解×　規制標示と指示標示の2種類である。

(3) 図1の路側帯のある道路では，車は路側帯の中に駐停車できる。
解×　図1の歩行者用路側帯では，車は路側帯の中に駐停車できない。

(4) 図2の標識のある交差点では，必ず一時停止しなければならない。
解×　図2は停止線の標識なので，車の停止位置を示すものであり，必ず一時停止する必要はない。

図1

図2

(3) Khu vực lề đường

Có 3 loại khu vực lề đường được quy định như sau:

Khu vực lề đường Người đi bộ và xe thô sơ có thể đi.	Khu vực lề đường cấm dừng, đậu xe Cấm đi vào khu vực lề đường để dừng và đậu xe.	Khu vực lề đường dành riêng cho người đi bộ Cấm xe vào khu vực lề đường để dừng đậu xe hoặc xe thô sơ lưu thông.
路側帯 車道	路側帯 車道	路側帯 車道

*** Điểm lưu ý!**

Tất cả biển báo và vạch kẻ đường được liệt kê ở "DANH SÁCH BIỂN BÁO VÀ VẠCH KẺ ĐƯỜNG", bất kì biển nào cũng có thể được ra đề nên hãy nhớ chắc chắn. Hãy xác nhận xem quy tắc đó là dành cho đối tượng là xe ô tô hay xe máy hay là người đi bộ nhé.

【Ví dụ】

(1) Biển báo chính có 5 loại là biển cấm, biển hiệu lệnh, biển báo nguy hiểm, biển chỉ dẫn và biển báo phụ.
Đáp án: X Có 4 loại, trừ biển báo phụ ra.

(2) Vạch kẻ đường có 2 loại là vạch cấm và chỉ dẫn.
Đáp án: X Có 2 loại là vạch cấm và vạch hiệu lệnh.

(3) Ở đường có khu vực lề đường như hình 1, xe có thể vào bên trong khu vực lề đường để đậu, dừng xe.
Đáp án: X Khu vực lề đường dành cho người đi bộ, không thể vào trong khu vực lề đường để đậu, dừng xe.

(4) Ở giao lộ có biển báo như hình 2, bắt buộc phải dừng lại tạm thời.
Đáp án: X Hình 2 là biển báo vạch dừng, hiển thị vị trí dừng, không bắt buộc dừng tạm thời.

Hình 1

Hình 2

2．押さえておきたい！交通用語の意味

◎基本の用語をしっかり理解し，覚えましょう。

（1）道路に関する用語（どうろにかんするようご）

路側帯（ろそくたい）

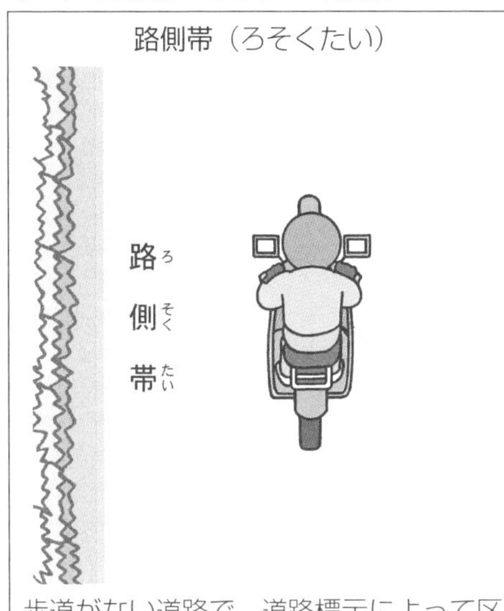

歩道がない道路で，道路標示によって区画された歩行者用の通路。

路肩（ろかた）

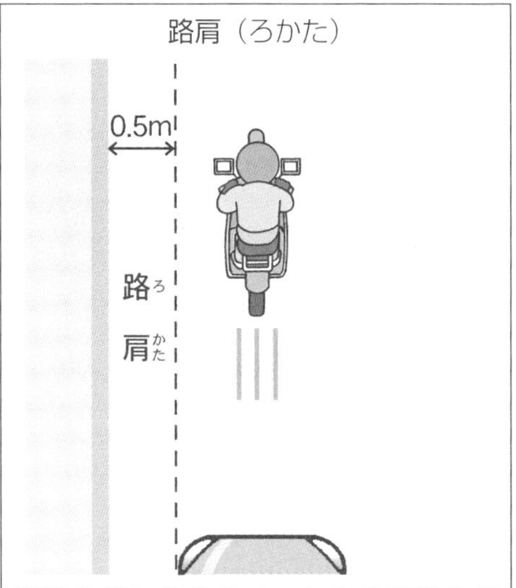

道路の端から 0.5 メートルの帯状の部分。

車両通行帯（しゃりょうつうこうたい）

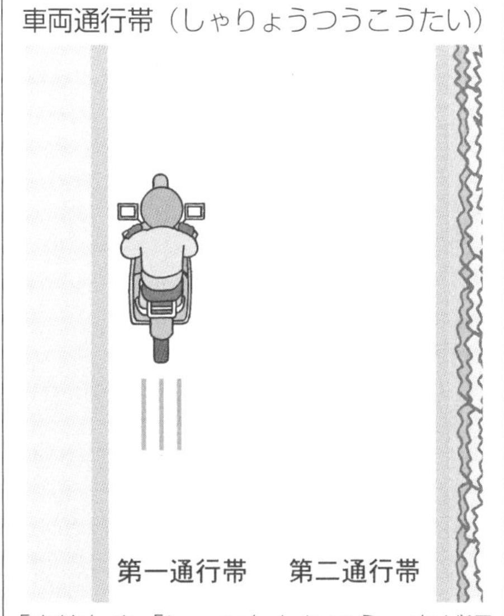

「車線」や「レーン」ともいう。車が通行する部分。

歩道（ほどう）

歩行者の通行の為ガードレール，柵，縁石線などの工作物によって区分された部分。

2． NẮM CHẮC THUẬT NGỮ GIAO THÔNG

◎ Cùng hiểu rõ và nhớ những thuật ngữ cơ bản nào!

(1) Thuật ngữ liên quan đến đường

Khu vực lề đường	Lề đường
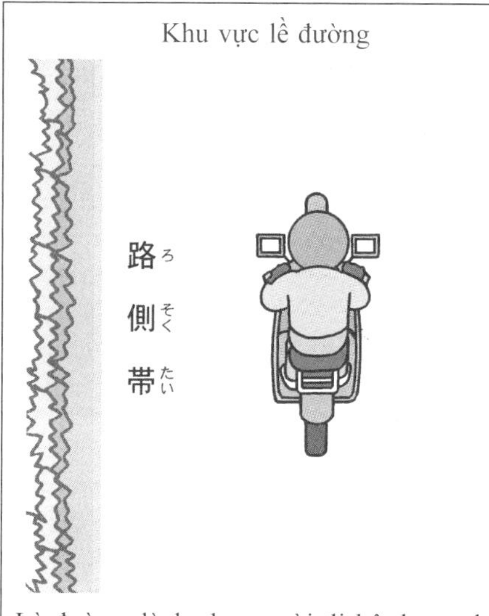	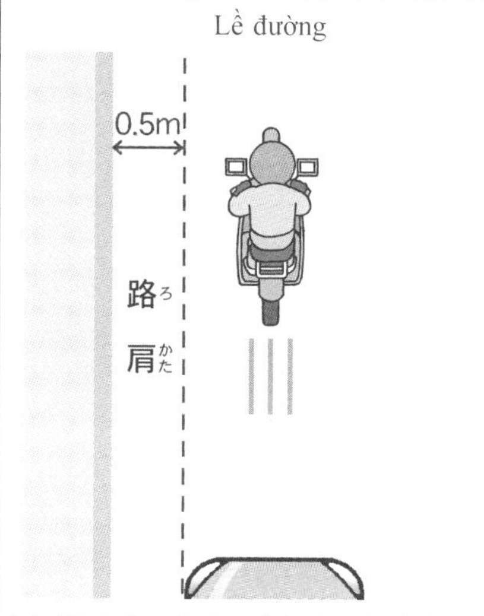
Là đường dành cho người đi bộ được phân định bằng vạch kẻ đường ở đường không có vỉa hè.	Là dải đường 0. 5m tính từ mép đường.
Làn xe lưu thông	**Vỉa hè**
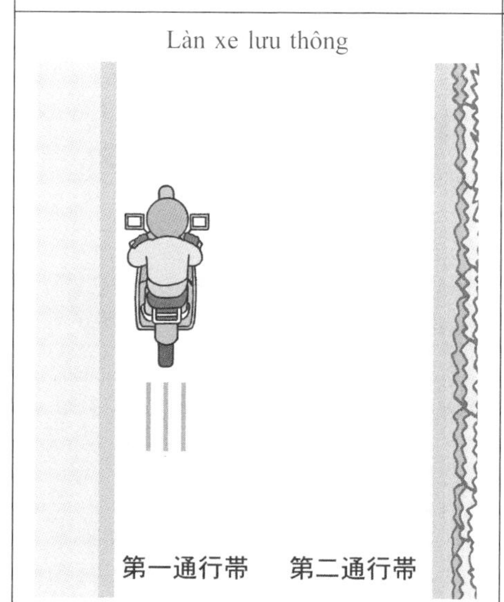	
Hay còn gọi là "tuyến xe" hoặc "lane". Là nơi xe lưu thông.	Là phần đường được phân định bằng lan can, hàng rào, dãy đá, v. v. để người đi bộ lưu thông.

車道（しゃどう）	優先道路（ゆうせんどうろ）
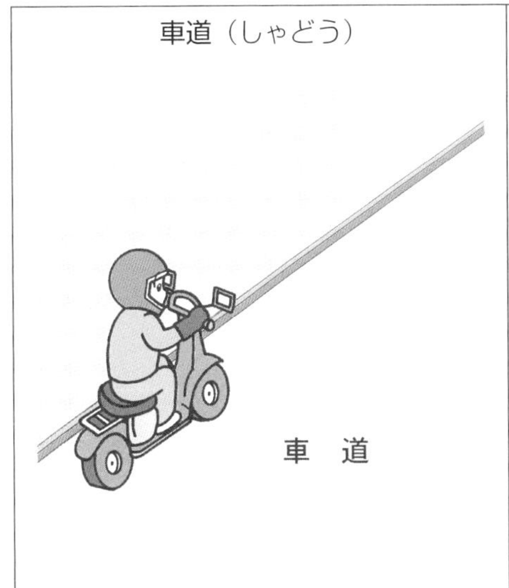	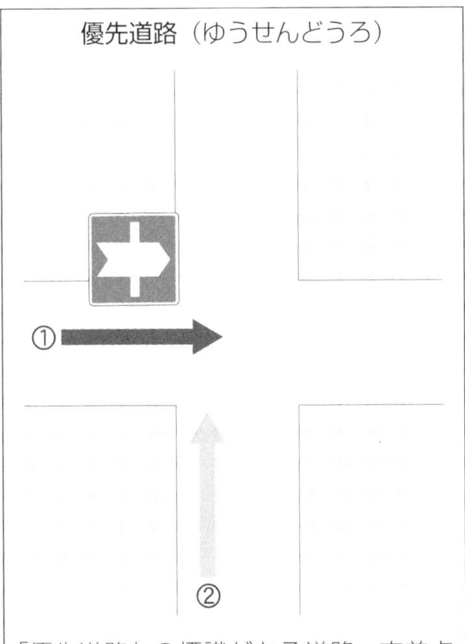
車両者用の通路と歩行者用の通路とが区別されている道路における車両用の通路。	「優先道路」の標識がある道路。交差点の中に中央線や車両通行帯がある道路。

（2）車に関する用語（くるまにかんするようご）

軽車両（けいしゃりょう）	歩行者（ほこうしゃ）	ミニカー（みにかー）

自転車，荷車，そり，また牛や馬のこと。原動機の付いていない車はおおむね軽車両。	道路を歩いている人。車いすや，小児用の車，二輪車のエンジンを止めて押している人も歩行者に含まれる。	排気量が 50cc 以下，または定格出力 0.6KW 以下の原動機を有する普通自動車のこと。

Đường xe chạy	Đường ưu tiên
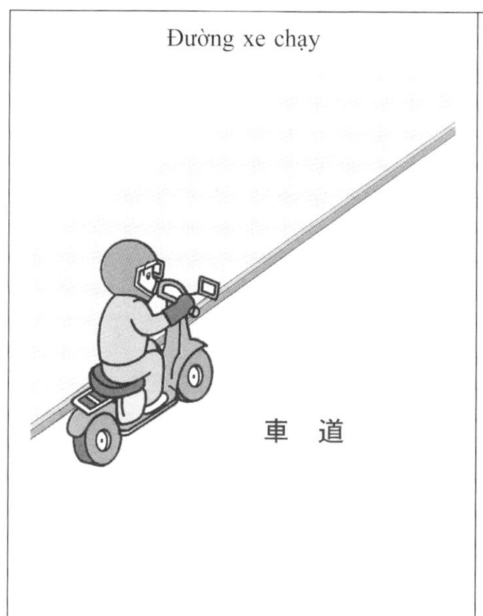	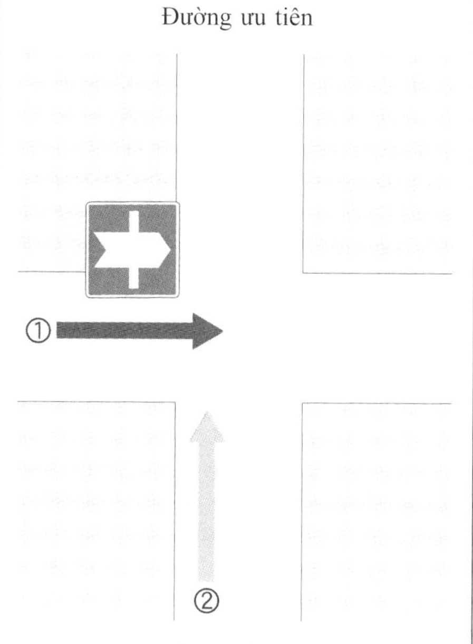
Là đường dành cho xe được tách biệt với đường dành cho người đi bộ.	Là đường có biển báo "Đường ưu tiên". Đường có làn xe hoặc vạch giữa đường bên trong giao lộ.

(2) Thuật ngữ liên quan đến xe

Xe thô sơ	Người đi bộ	Xe mini

Bao gồm xe đạp, xe đẩy, xe trượt tuyết và cả bò và ngựa. Những xe không gắn động cơ phần lớn là xe thô sơ.	Là người đang đi bộ trên đường. Bao gồm cả xe lăn, xe nôi trẻ em, và xe 2 bánh tắt máy dẫn bộ.	Là xe ô tô thông thường có động cơ tổng dung tích 50cc trở xuống hoặc hiệu suất định mức 0. 6KW trở xuống.

車など（くるまなど）	車（くるま）
 車と路面電車。	 自動車，原動機付自転車，トロリーバス，軽車両。
路面電車（ろめんでんしゃ）	**自動車（じどうしゃ）**
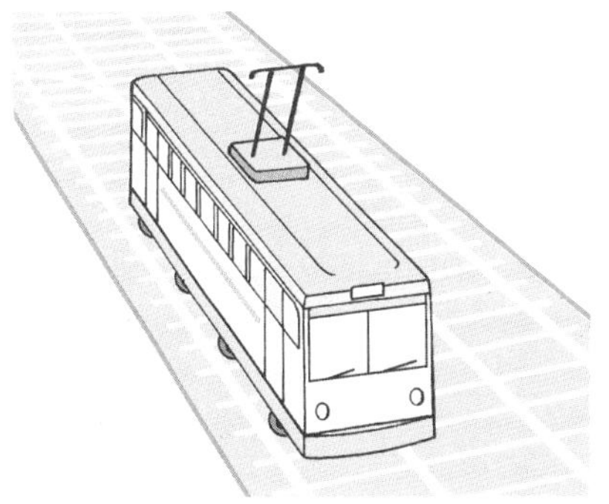 道路に敷かれた軌道に乗って走る電車。	 原動機を用いて，レールや架線によらないで運転する車。原動機付自転車や，自転車，車いす，歩行補助車は含まない。
原動機付自転車（げんどうきつきじてんしゃ）	**緊急自動車（きんきゅうじどうしゃ）**
 総排気量が 50cc 以下の二輪車。もしくは総排気量が 20cc 以下の三輪以上の車。	 赤色の警光灯をつけてサイレンが鳴っていたり，緊急のために運転中のパトカーや消防用自動車など。

Phương tiện giao thông

Xe và xe điện mặt đất.

Xe

Xe ô tô, xe đạp gắn động cơ, xe bus điện, xe thô sơ.

Xe điện mặt đất

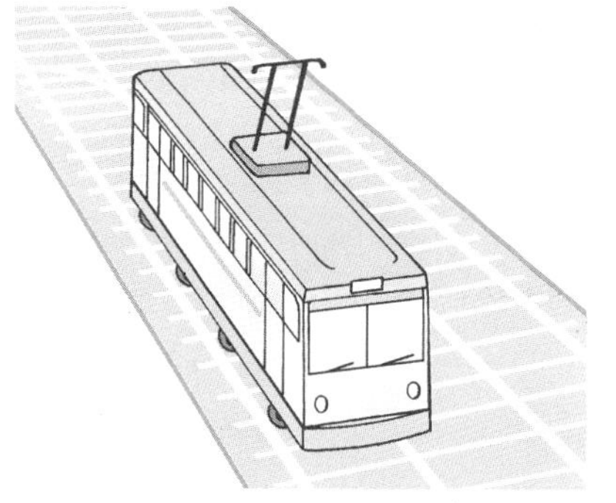

Xe điện có đường ray được lắp đặt trên đường.

Xe ô tô

Là xe sử dụng động cơ để lái mà không có đường ray hoặc đường dây. Không bao gồm xe đạp, xe lăn và xe hỗ trợ đi bộ.

Xe máy

Là xe 2 bánh có tổng dung tích 50cc trở xuống. Hoặc xe có 3 bánh trở lên có tổng dung tích 20cc trở xuống.

Xe khẩn cấp

Xe cứu hỏa hoặc xe cảnh sát đang lái xe trong trường hợp khẩn cấp, xe có gắn đèn cảnh báo màu vàng hoặc đỏ và phát còi báo động.

（3） 道路の設備の用語（どうろのせつびのようご）

交差点（こうさてん）	環状交差点（かんじょうこうさてん）
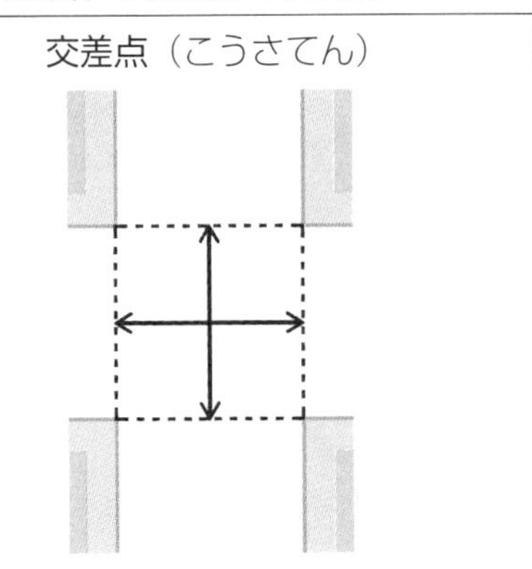 十字路や T 字路などの 2 本以上の道路が交わる場所。	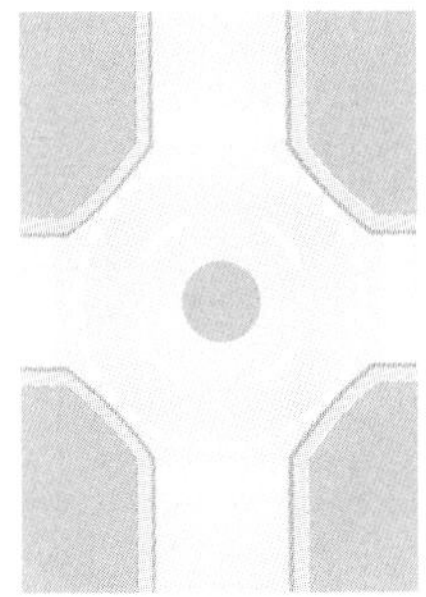 車両の通行部分が環状の交差点。右回りに車両が通行することが定められている。
立ち入り禁止部分（たちいりきんしぶぶん）	**標識**（ひょうしき）
 車が進入してはいけない表示部分。	 交通規制や道路の交通に関して指示を示す標示板。
信号機（しんごうき）	**標示**（ひょうじ）
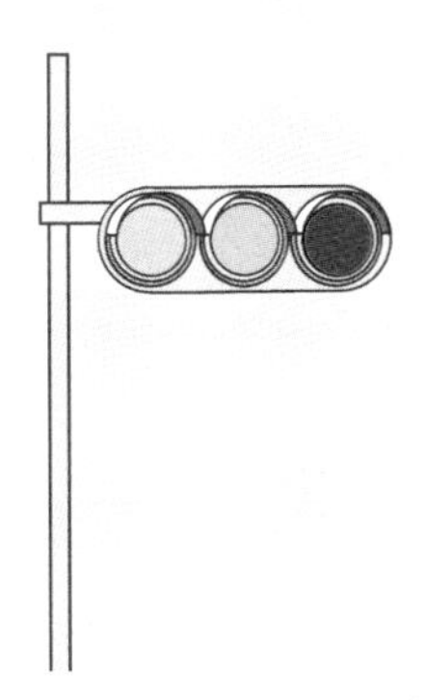 道路の交通に関して，電気で操作された灯火により，交通整理のための信号を標示するもの。	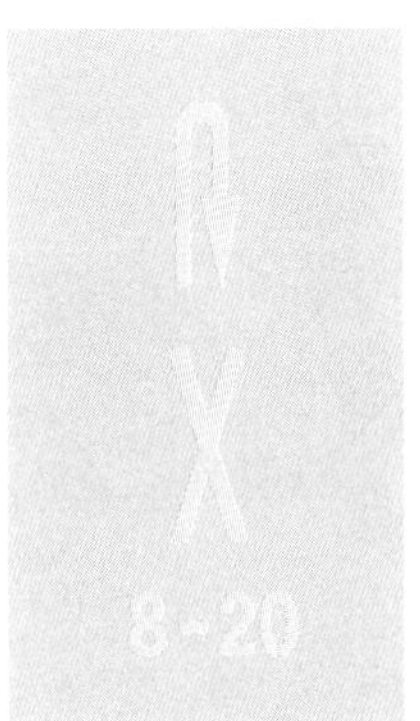 道路の交通に関して，指示や規制などのためにペイントなどで路面に示された記号，線，文字。

（3） Thuật ngữ cơ sở đường bộ

Giao lộ	Giao lộ vòng xuyến
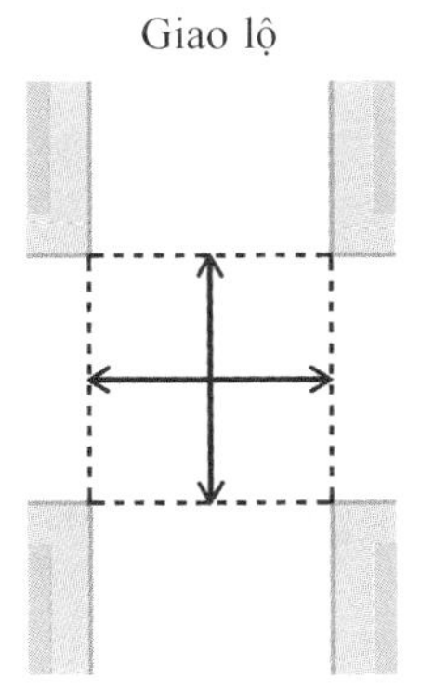 Nơi giao nhau của 2 đường trở lên và có hình chữ thập hoặc chữ T, v. v.	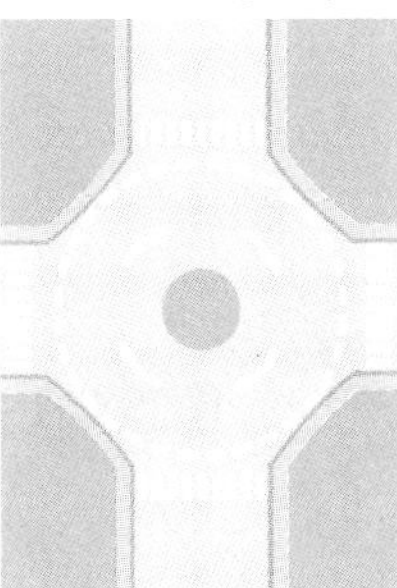 Là giao lộ mà phần đường xe lưu thông là hình tròn. Được quy định đi theo chiều kim đồng hồ.
Khu vực cấm vào	**Biển báo**
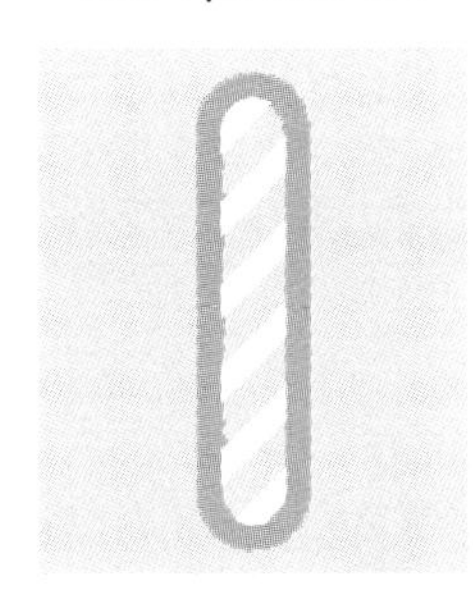 Là nơi hiển thị việc xe không được đi vào.	 Là bản hiển thị các quy định giao thông hoặc hiệu lệnh giao thông đường bộ.
Đèn giao thông	**Vạch kẻ đường**
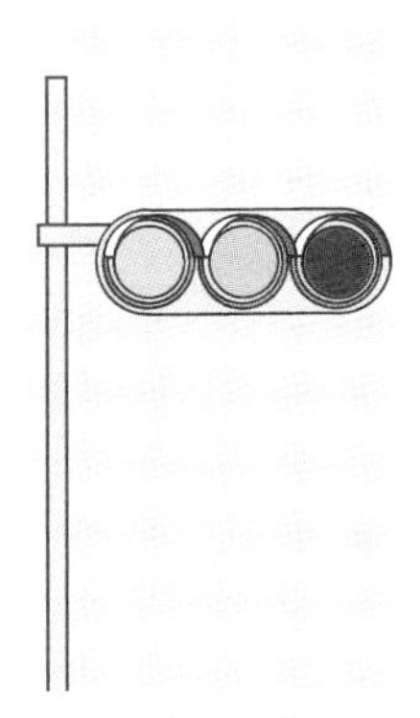 Hiển thị tín hiệu điều khiển giao thông bằng đèn hoạt động bằng điện đối với giao thông đường bộ.	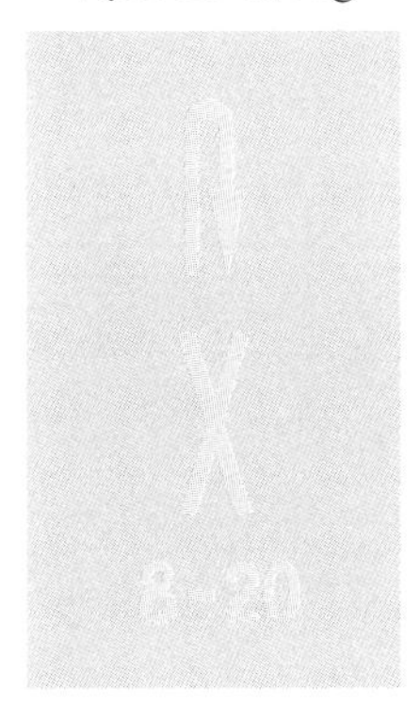 Đối với giao thông đường bộ, những chữ, vạch, ký hiệu được hiển thị trên mặt đường bằng sơn, . . . để hiển thị quy tắc hoặc chỉ dẫn.

（4） その他の用語（そのたのようご）

<table>
<tr><td>

総排気量（そうはいきりょう）

エンジンの大きさを示すのに用いられる数値。数値が大きければ，その車の馬力やトルクが大きくなる。

</td><td>

けん引（けんいん）

けん引自動車で故障車などをロープやクレーンで引っ張ったり，他の車を運んだりすること。

</td></tr>
<tr><td colspan="2">

徐行（じょこう）

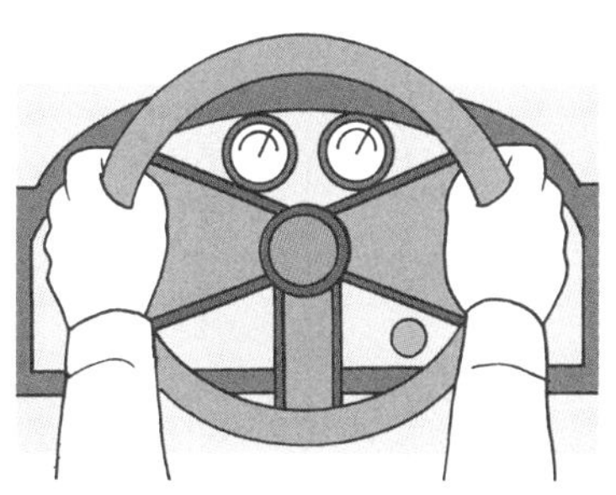

車が直ちに停止できそうな速度で走ること。

</td></tr>
</table>

(4) Các thuật ngữ khác

Tổng dung tích

Là giá trị được dùng để chỉ độ lớn của động cơ. Giá trị càng lớn thì mã lực và mô men xoắn của xe càng lớn.

Kéo xe

Là việc dùng xe ô tô kéo để kéo xe hư hỏng bằng dây hoặc cần kéo, hoặc chở một xe khác.

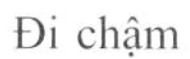

Đi chậm

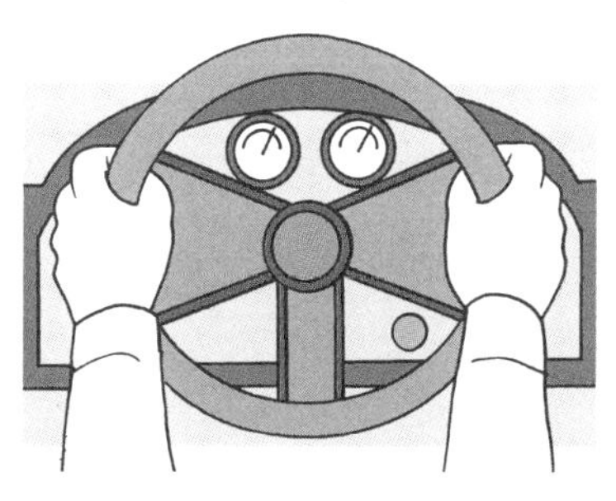

Là việc chạy với tốc độ có thể dừng xe ngay lập tức.

3. 押さえておきたい！交通ルール

(1) 歩行者のそばを通行するとき（ほこうしゃのそばをつうこうするとき）

歩行者などのそばを通行するとき	停止中の車のそばを通行するとき
 **安全な間隔（1〜1.5 m以上）**をあけるか，**徐行**しなければいけない。	 車のかげから人が飛び出したり，急にドアが開いたりするので十分に**注意**する。
停留所で停止中の路面電車のそばを通行するとき	安全地帯のそばを通行するとき
 乗降客や道路を横断する人がいなくなるまで**後方で停止**して待つ。	 歩行者がいるときは**徐行**して，いないときは**徐行の必要**はない。

3. NẮM CHẮC QUI TẮC GIAO THÔNG

(1) Khi đi bên cạnh người đi bộ

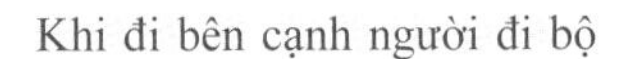

Khi đi bên cạnh người đi bộ

Phải đi chậm hoặc chừa một khoảng cách an toàn (1~1. 5m trở lên)

Khi đi bên cạnh xe đang dừng

Vì có thể cửa xe mở đột ngột hoặc có người đi ra từ khuất sau xe nên phải hết sức chú ý.

Khi đi bên cạnh xe điện mặt đất đang dừng tại trạm dừng.

Dừng lại ở phía sau đợi đến khi hành khách lên xuống và người sang đường đã hết.

Khi đi bên cạnh Vùng an toàn

Đi chậm khi có người đi bộ, khi không có người đi bộ thì không cần đi chậm.

以下のときは徐行して通行できる		子どもや身体の不自由な人のそばを通行するとき 下のような人が通行しているときは，**一時停止**か**徐行**して，安全に通行できるようにする。
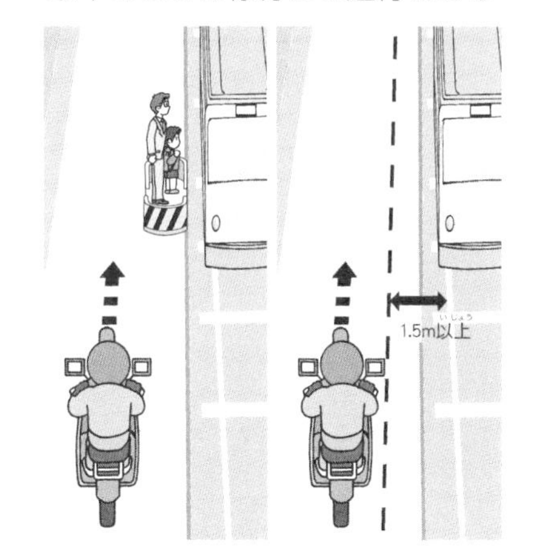 		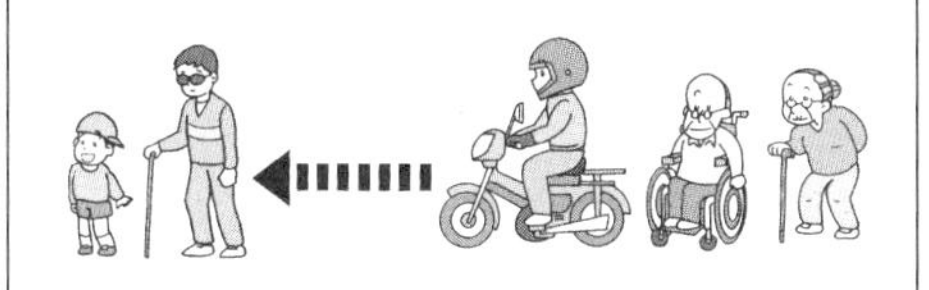 ①ひとり歩きしている子ども ②身体障害者用の車いすに乗っている ③盲導犬を連れている ④黄色か白色のつえをもっている ⑤通行に支障がある高齢者や身体障害者
安全地帯があるところ（乗降客が**いてもいなくても**徐行できる）	安全地帯がないところは，乗降者がいなければ路面電車との間に**1.5 m以上**の間をとって徐行できる。	

（2）車が通行するところ（くるまがつうこうするところ）

車は，**車道**を通行する。
車は，道路の**左側の部分**を通行する。
車は，中央線があるときは，**中央線から左側の部分を**通行する。

標識，標示によって通行区分が指定された道路

自動車は，指定されている通行区分に従うが，原付は速度が遅いため，右折などやむを得ない場合以外は**左側**の通行帯を通行すること。

Trường hợp dưới đây có thể đi chậm để đi qua

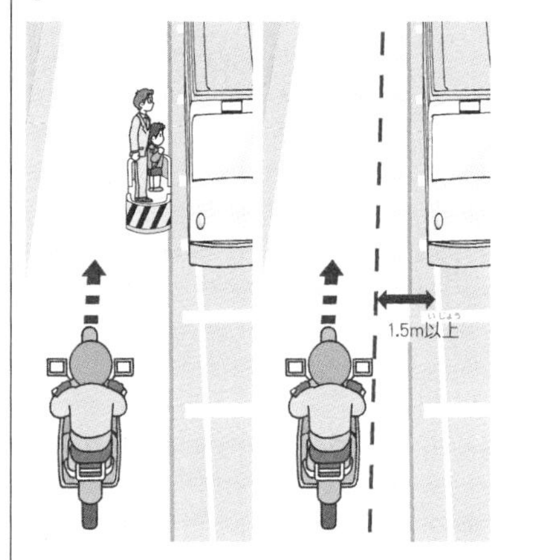

Nơi có Vùng an toàn (Có hay không có hành khách thì cũng có thể đi chậm)	Nơi không có Vùng an toàn và nếu không có hành khách thì giữ khoảng cách với xe điện từ 1, 5m trở lên sau đó có thể đi chậm.

Khi đi bên cạnh trẻ em hoặc người khuyết tật

Khi có những người sau đây đang đi thì phải dừng lại tạm thời hoặc đi chậm để cho họ di chuyển an toàn.

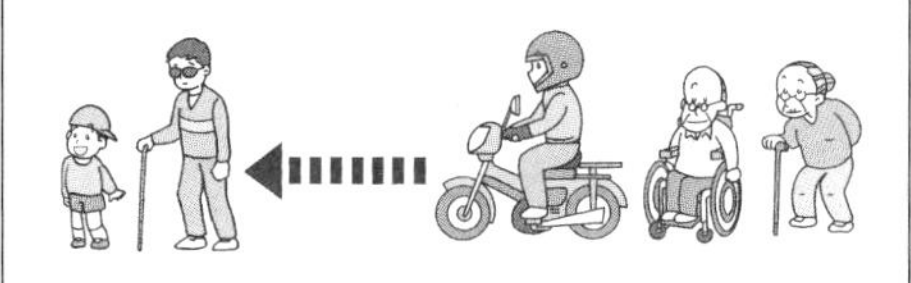

① Trẻ con đang đi bộ một mình

② Người khuyết tật ngồi xe lăn

③ Người dắt chó dẫn đường

④ Người mang gậy màu trắng hoặc màu vàng

⑤ Người lớn tuổi hoặc khuyết tật đi lại khó khăn

(2) Nơi xe lưu thông

Xe thì đi trên đường dành cho xe.

Xe đi ở phần đường bên trái.

Khi có vạch giữa đường thì xe sẽ đi ở phần đường bên trái tính từ vạch giữa đường.

Đường được chỉ định bằng biển báo và vạch kẻ đường

Xe ô tô thì tuân theo khu vực được chỉ định đó, nhưng xe máy thì vì tốc độ chậm nên trừ những trường hợp bắt buộc ví dụ như rẽ phải ra thì đi ở làn đường bên trái.

右側にはみ出して通行できる場合（みぎがわにはみだしてつうこうできるばあい）

道路が**一方通行**になっている。

道路工事などで**左側部分**だけでは通行できないとき。

こう配の急な道路の曲がり角付近で，**「右側通行」**の標示があるとき。

左側部分の幅が**6 m未満**の見通しのよい道路で，他の車を追い越そうとしているとき。

車両通行帯の通行（しゃりょうつうこうたいのつうこう）

＊車両通行帯のない道路では，車は**左側**を通行する。
＊２つの車両通行帯がある道路では，右側の通行帯は追い越しのためにあけておくので，**左側**を通行する。
＊３つ以上の車両通行帯がある道路では，原動機付自転車は速度が遅いため，右折などやむを得ない場合以外は最も**左側**の通行帯を通行する。

Trường hợp có thể đi lấn sang bên phải

Đường trở thành đường một chiều.	Có công trình đang thi công nên chỉ phần đường bên trái thì không đủ để đi qua.

Khi có vạch kẻ đường hiển thị "Đi bên phải" ở khu vực gần đến góc đường của đoạn cua gấp.	Khi định vượt cùng làn với xe khác trên đường có tầm nhìn tốt và phần đường bên trái có chiều rộng dưới 6m.

Lưu thông ở làn xe

* Trên đường không có làn xe, thì xe lưu thông ở bên trái.
* Trên đường có 2 làn xe, vì làn bên phải là dành cho xe vượt nên phải đi ở bên trái.
* Trên đường có 3 làn xe trở lên, vì xe máy có tốc độ chậm nên ngoại trừ trường hợp như là phải rẽ phải ra thì phải đi ở làn bên trái ngoài cùng.

（3）車が通行できないところ（くるまがつうこうできなところ）

標識や標示で禁止されている場所

通行止め

車両通行止め

歩行者専用

立ち入り禁止部分

歩行者専用通路

沿道に車庫があるなどで**通行が認められた車**は通行できる。その場合は歩行者に注意して**徐行**する。

軌道敷内（きどうしきない）

右左折，横断，転回をするために横切る場合や危険防止のため，やむを得ない場合や，**軌道敷内通行可**の標識によって通行が認められた自動車は，通行できる。

歩道，路側帯，自転車道

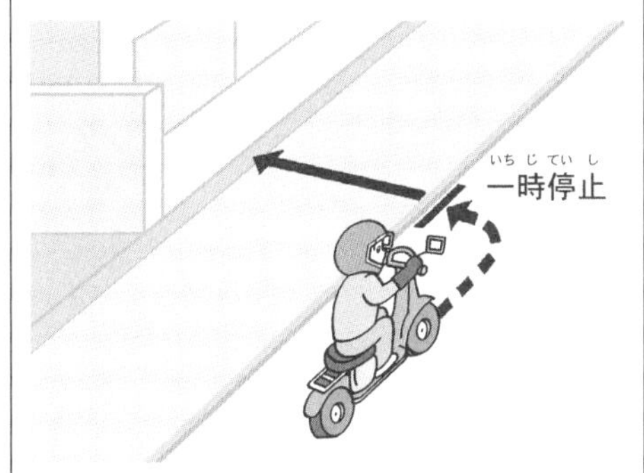

道路に面した場所に出入りのため，歩道や路側帯を**横切る**ことは可能。歩行者がいてもいなくてもその直前で**一時停止**すること。

渋滞などによる進入禁止（じゅうたいなどによるしんにゅうきんし）

＊渋滞しているときなどは，**交差点内や踏切や停止禁止部分**の中で動きがとれなくなるおそれがある場合は進入禁止。

(3) Nơi xe không được phép lưu thông

Nơi bị cấm bằng biển báo hoặc vạch kẻ đường Cấm lưu thông　　Cấm phương tiện giao thông Dành cho người đi bộ　　Nơi cấm đi vào  	Đường dành cho người đi bộ  Tại nơi có nhà xe ven đường đối với xe được phép lưu thông thì có thể lưu thông. Khi đó cần chú ý người đi bộ và đi chậm.
Bên trong đường ray  Trường hợp đi cắt ngang để rẽ trái phải, băng ngang, quay đầu xe, hoặc bất đắc dĩ để tránh tai nạn, hoặc xe được cho phép bởi biển báo được phép lưu thông trong đường ray thì được phép lưu thông.	Vỉa hè, khu vực lề đường, đường xe đạp 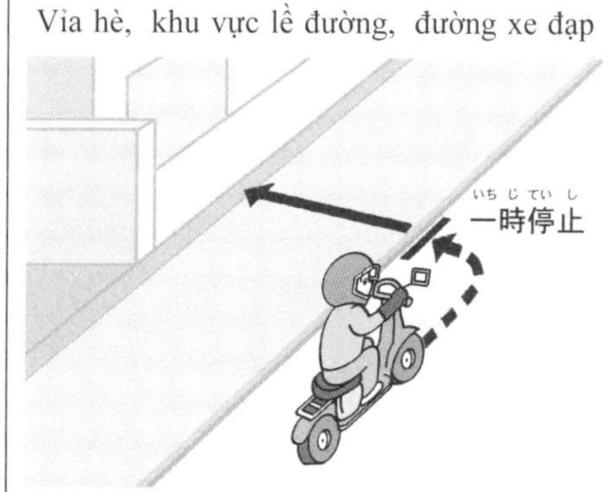 Để ra vào nơi ở mặt đường thì có thể băng qua vỉa hè hoặc khu vực lề đường. Kể cả có hay không có người đi bộ thì cũng tạm dừng ở ngay trước đó.

Cấm đi vào khi tắc đường

* Khi tắc đường, trường hợp có nguy cơ không di chuyển được ở trong giao lộ hoặc ở trong chắn tàu hoặc trong khu vực cấm dừng thì không được đi vào.

（4）乗車と積載の制限（じょうしゃとせきさいのせいげん）

原動機付自転車

乗車定員　運転者は1人のみ。

重量制限　重量制限は120kg以下。けん引できるのはリヤカー1台。その他のけん引は各都道府県によって異なる。

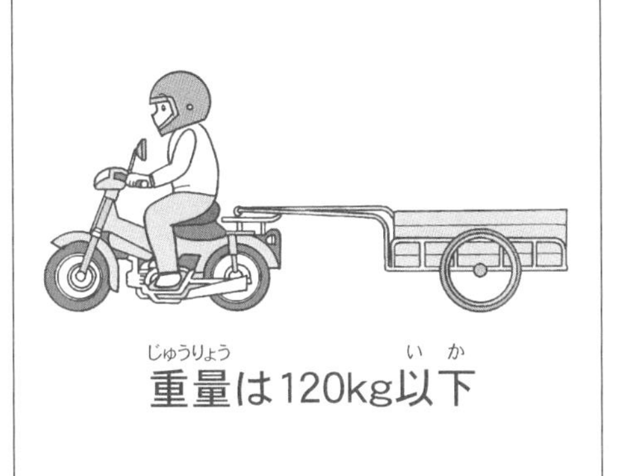

積載物の制限

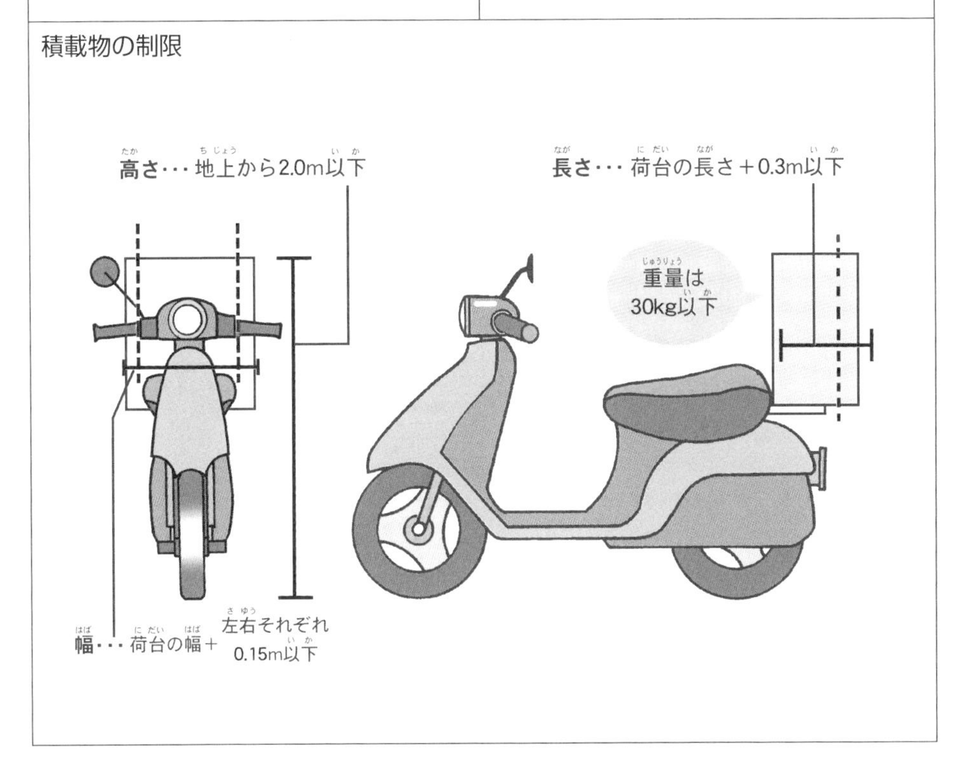

(4) Giới hạn chở người và đồ vật

Xe máy

Số người qui định: Chỉ 1 người lái xe.

Cấm chở 2 người

Giới hạn trọng lượng: Giới hạn trọng lượng là 120kg trở xuống. Có thể kéo 1 thùng xe phía sau. Các loại kéo khác thì tùy theo các địa phương quy định.

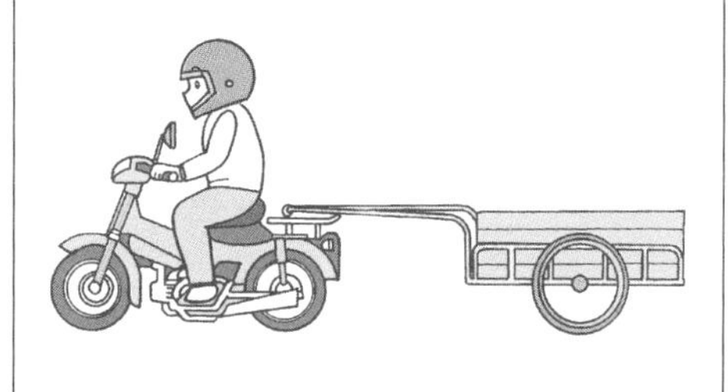

Trọng lượng 120kg trở xuống

Giới hạn vật được chở

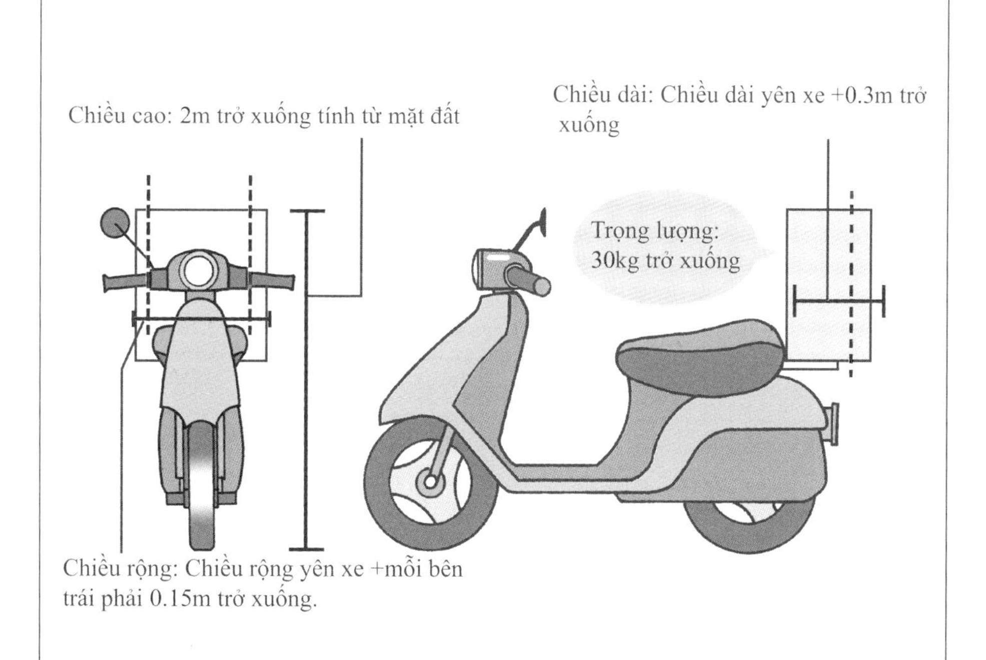

小型特殊自動車（とくしゅじどうしゃ）

乗車定員　運転者は１人のみ（運転者用以外に座席があるものは２人）
重量制限　500kg 以下

積載物の制限（せきさいぶつのせいげん）

長さ・・・自動車の長さ×1.1 以下
（長さ+長さの 10 分の 1）

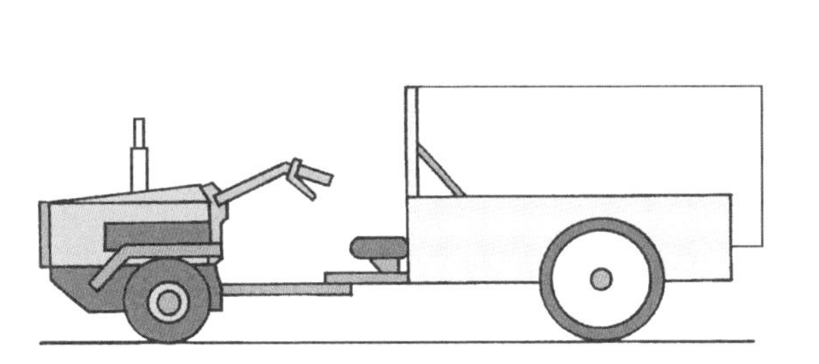

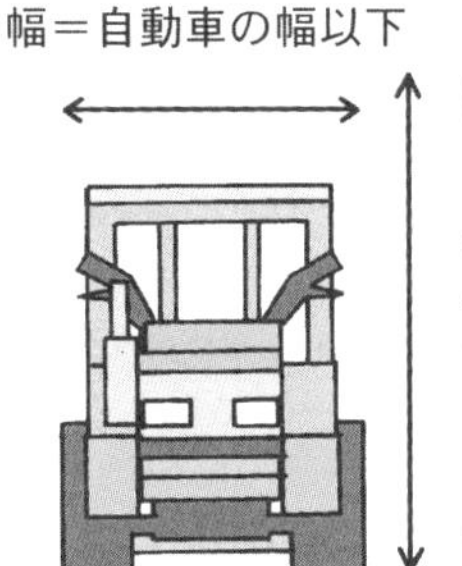

＊原付免許の学科試験は小型特殊自動車の試験と同じなので，小型特殊自動車についても覚えておこう。

Xe đặc thù cỡ nhỏ

Số người qui định: chỉ 1 người lái xe (có ghế ngoài ghế dành cho tài xế thì được 2 người)
Giới hạn trọng lượng: 500kg trở xuống

Giới hạn vật được chở

Chiều dài: Chiều dài xe × 1. 1 trở xuống
(chiều dài + 1/ 10 chiều dài)

Chiều rộng = chiều rộng xe trở xuống

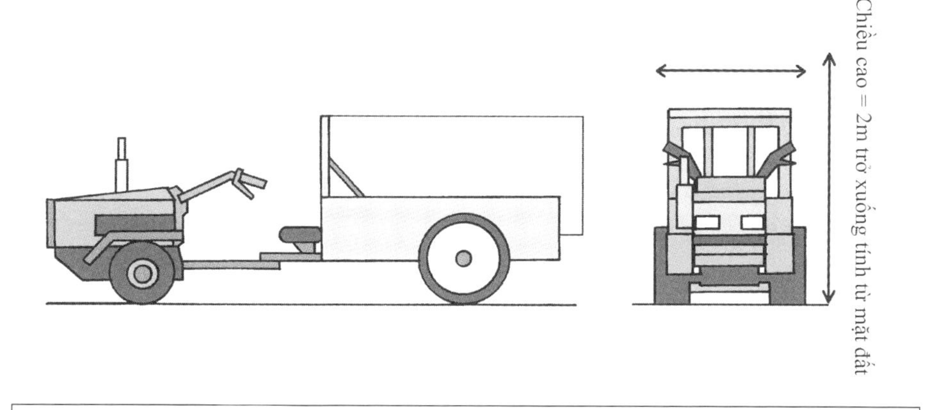

> ＊ Vì thi lý thuyết bằng lái xe máy giống thi của xe đặc thù cỡ nhỏ nên nhớ luôn về phần của xe đặc thù cỡ nhỏ.

（5）信号機の種類（しんごうきのしゅるい）

青色の灯火	黄色の灯火	赤色の灯火
	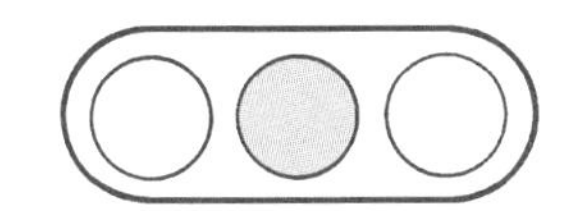	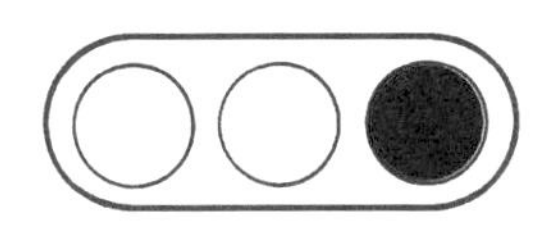
車，路面電車は**直進**，**右左折**できる。（軽車両と二段階右折の原付は除く）	**車**，**路面電車**は停止位置から先へは進んではならない。（停止位置に近づいて安全に停止できない場合はそのまま進める）	**車**，**路面電車**は停止位置を越えて，進んではいけない。（すでに右左折している場合はそのまま進める）

 青色矢印の灯火	黄色矢印の灯火
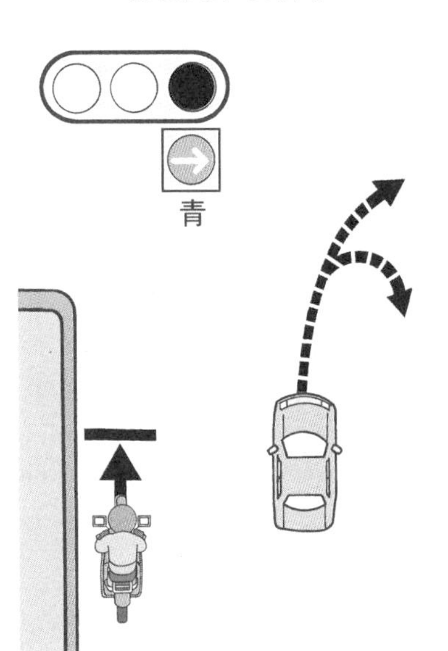	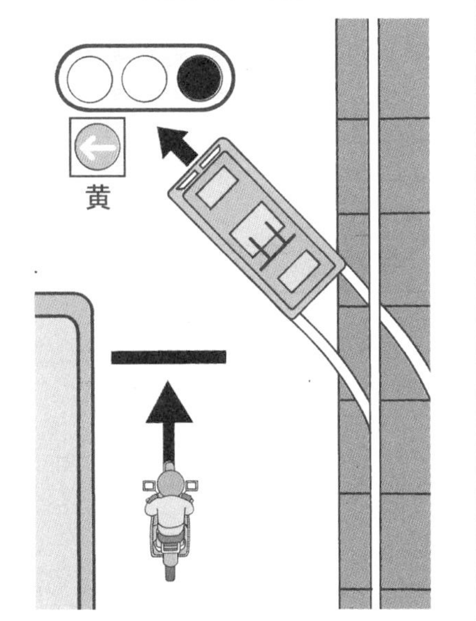
車は矢印の方向に進める。右の矢印の場合は**転回**もできる。（軽車両と二段階右折の原付は除く）	**路面電車**に対する信号。**矢印の方向**に進める。

(5) Các loại đèn tín hiệu

Đèn xanh	Đèn vàng	Đèn đỏ
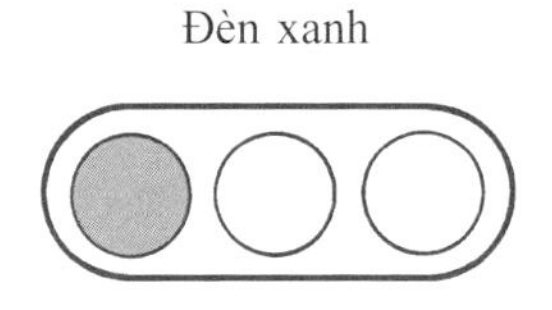	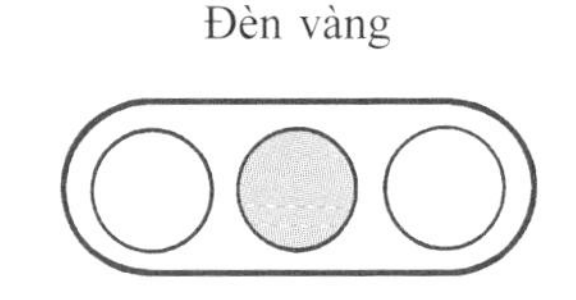	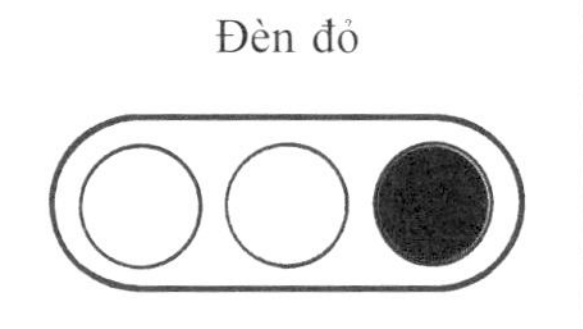
Xe, xe điện mặt đất có thể đi thẳng, rẽ trái rẽ phải. (Trừ xe máy rẽ phải 2 giai đoạn và xe thô sơ)	Xe, xe điện mặt đất không được tiến lên quá vị trí dừng. (Nếu đã đến gần vị trí dừng và không thể dừng lại an toàn thì có thể đi tiếp)	Xe, xe điện mặt đất không được tiến lên quá vị trí dừng. (Nếu đã rẽ trái phải rồi thì có thể đi tiếp)

Đèn mũi tên màu xanh	Đèn mũi tên màu vàng
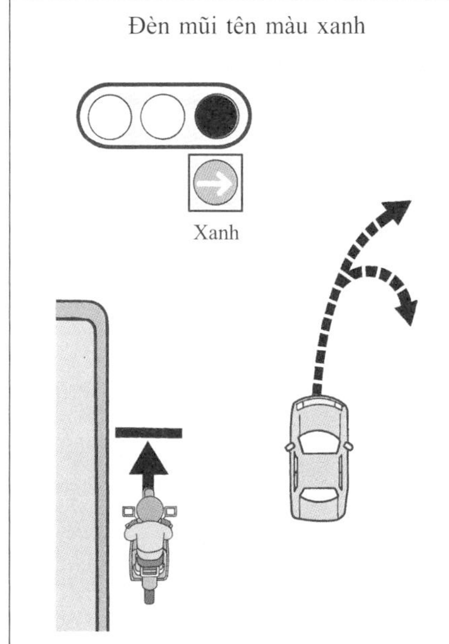	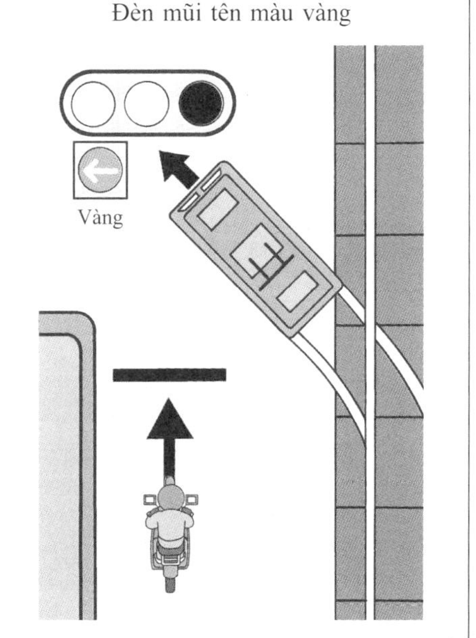
Xe có thể đi theo hướng mũi tên. Nếu mũi tên bên phải thì có thể quay đầu xe. (Trừ xe máy rẽ phải 2 giai đoạn và xe thô sơ)	Là tín hiệu dành cho xe điện mặt đất. Có thể đi theo hướng mũi tên.

赤色灯火の点滅

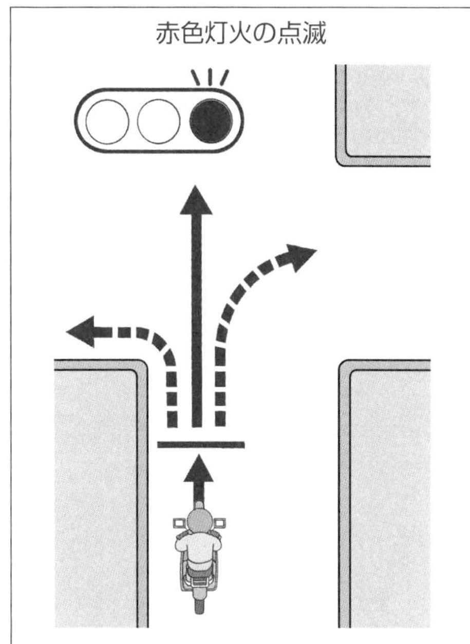

車，路面電車は停止位置で一時停止し，安全確認したあとに進める。

黄色灯火の点滅

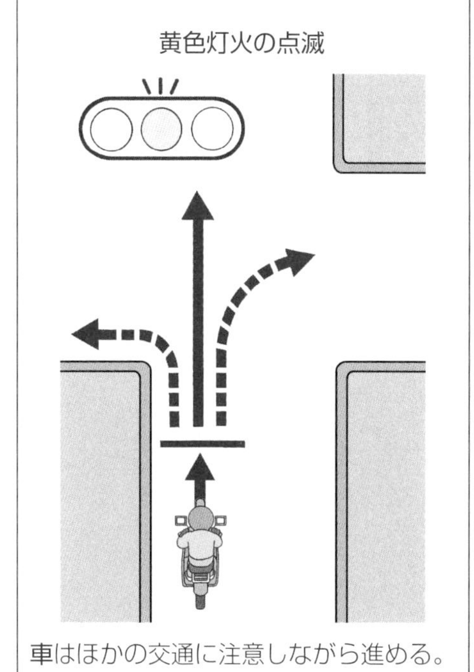

車はほかの交通に注意しながら進める。

原動機付自転車の二段階右折の標識があるところ

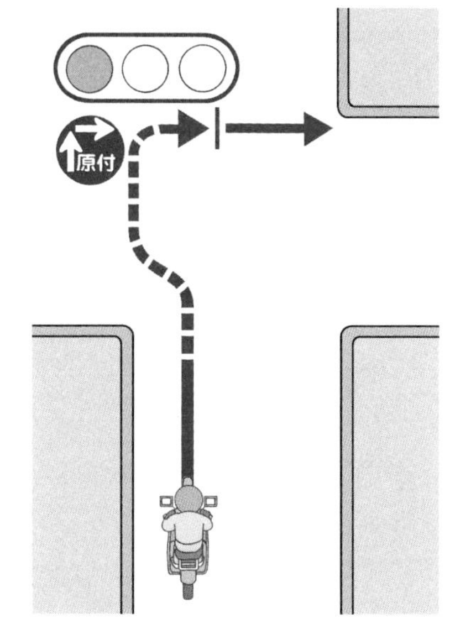

軽車両，原動機付自転車は，右折する位置まで進んで，その位置で向きを変更したあと，進むべき方向の信号機が青色になるまで待つ。

Đèn đỏ nhấp nháy

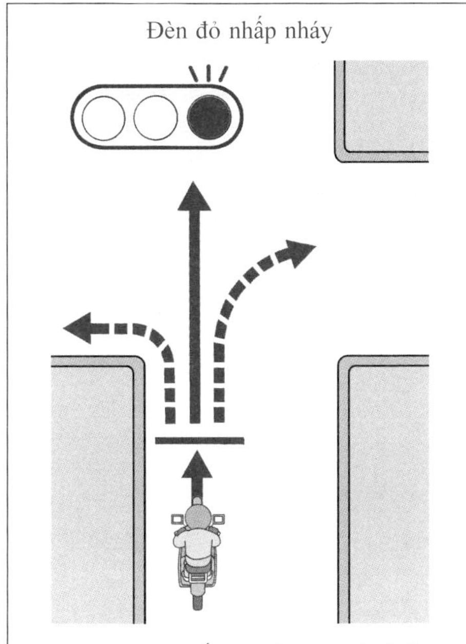

Xe, xe điện mặt đất tạm dừng ở vị trí dừng, xác nhận an toàn rồi có thể đi tiếp.

Đèn vàng nhấp nháy

Xe vừa chú ý tới các giao thông khác rồi có thể tiến tới.

Nơi có biển báo xe máy rẽ phải 2 giai đoạn

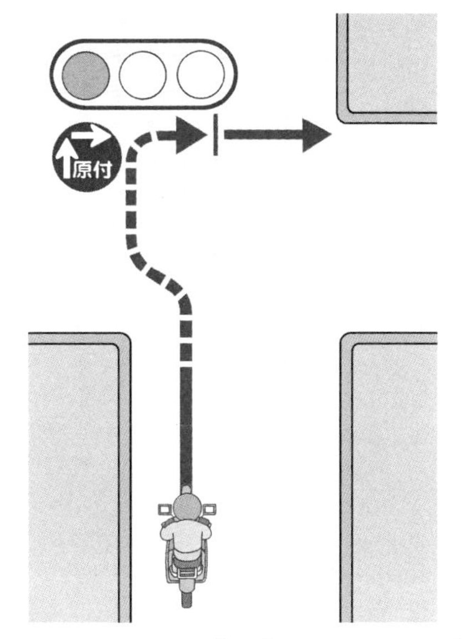

Xe thô sơ, xe máy tiến đến vị trí rẽ phải, đổi hướng ở vị trí đó, sau đó đợi đến khi đèn ở hướng định đi chuyển thành màu xanh.

（6）緊急自動車などの優先（きんきゅうじどうしゃなどのゆうせん）

緊急自動車とは

緊急用務の為に運転している消防用自動車やパトロールカー，救急用自動車などのこと。

交差点やその付近に緊急自動車が近づいてきた場合

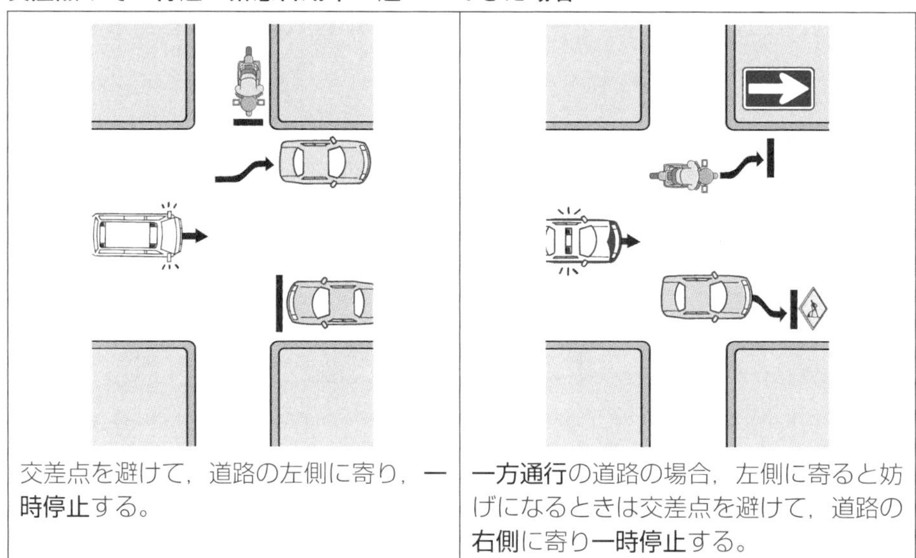

交差点を避けて，道路の左側に寄り，**一時停止**する。

一方通行の道路の場合，左側に寄ると妨げになるときは交差点を避けて，道路の**右側**に寄り**一時停止**する。

交差点やその付近以外で緊急自動車が近づいてきた場合

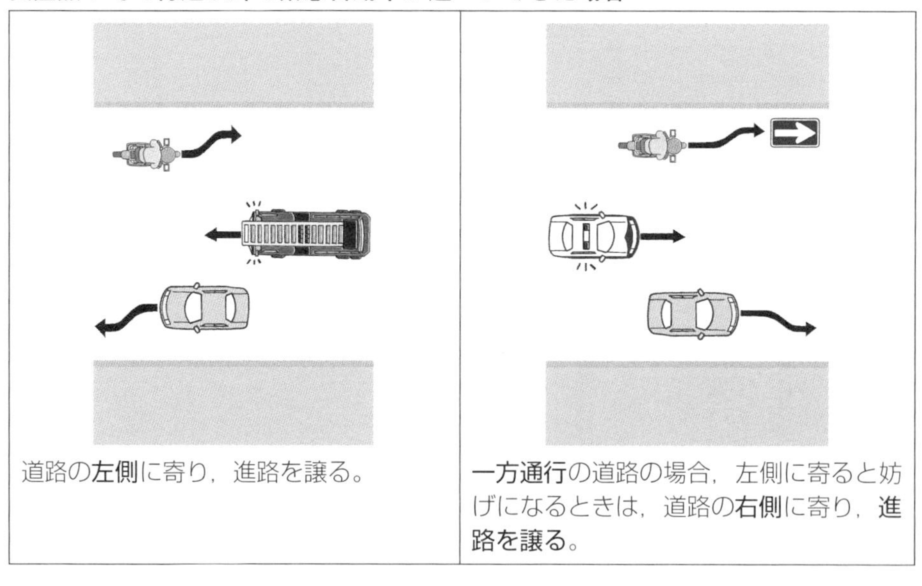

道路の**左側**に寄り，進路を譲る。

一方通行の道路の場合，左側に寄ると妨げになるときは，道路の**右側**に寄り，**進路を譲る**。

(6) Ưu tiên xe khẩn cấp

Xe khẩn cấp là
Các xe chữa cháy, xe tuần tra, xe cấp cứu, . . . đang được lái cho các nhiệm vụ khẩn cấp.

Trường hợp xe khẩn cấp đến gần giao lộ hoặc gần đó

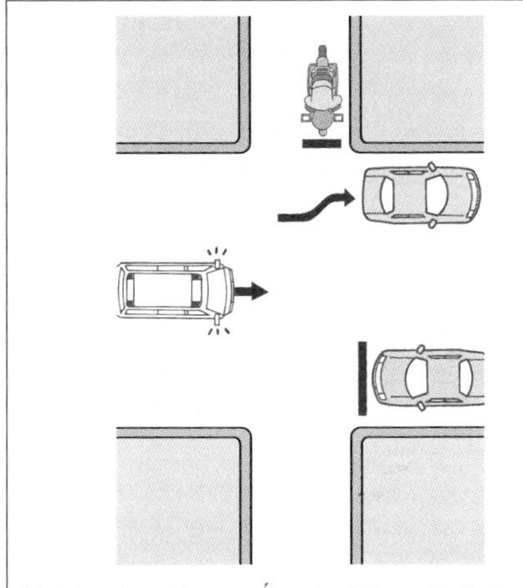

Tránh giao lộ ra, tấp vào bên trái đường rồi tạm thời dừng lại.

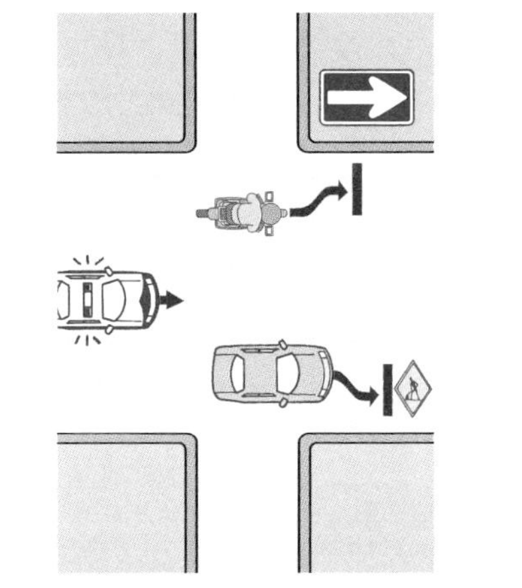

Trường hợp đường 1 chiều, nếu tấp vào bên trái sẽ gây cản trở giao thông thì tránh giao lộ, tấp vào bên phải đường rồi tạm thời dừng lại.

Trường hợp xe khẩn cấp đến gần nơi không phải là giao lộ hoặc gần đó

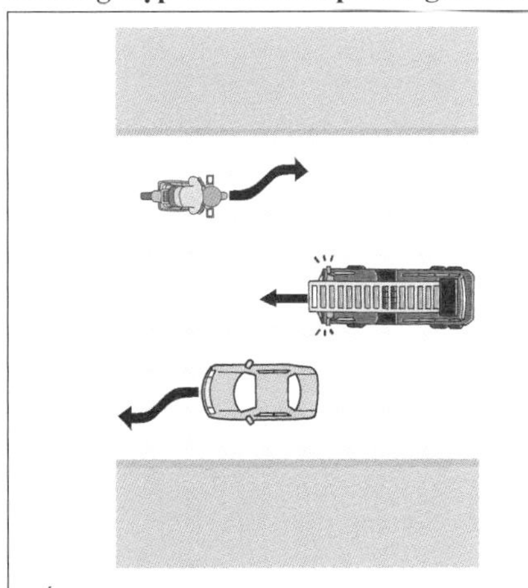

Tấp vào bên trái đường và nhường đường.

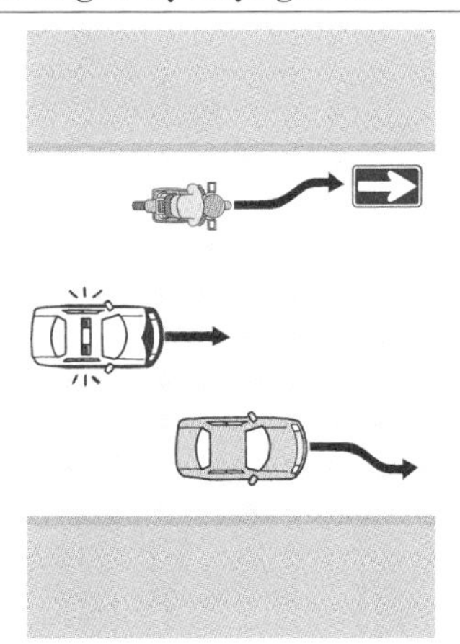

Trường hợp đường 1 chiều, nếu tấp vào bên trái có thể gây cản trở giao thông thì tấp vào bên phải đường và nhường đường.

（7）交差点を通行する際の注意点（こうさてんをつうこうするさいのちゅういてん）

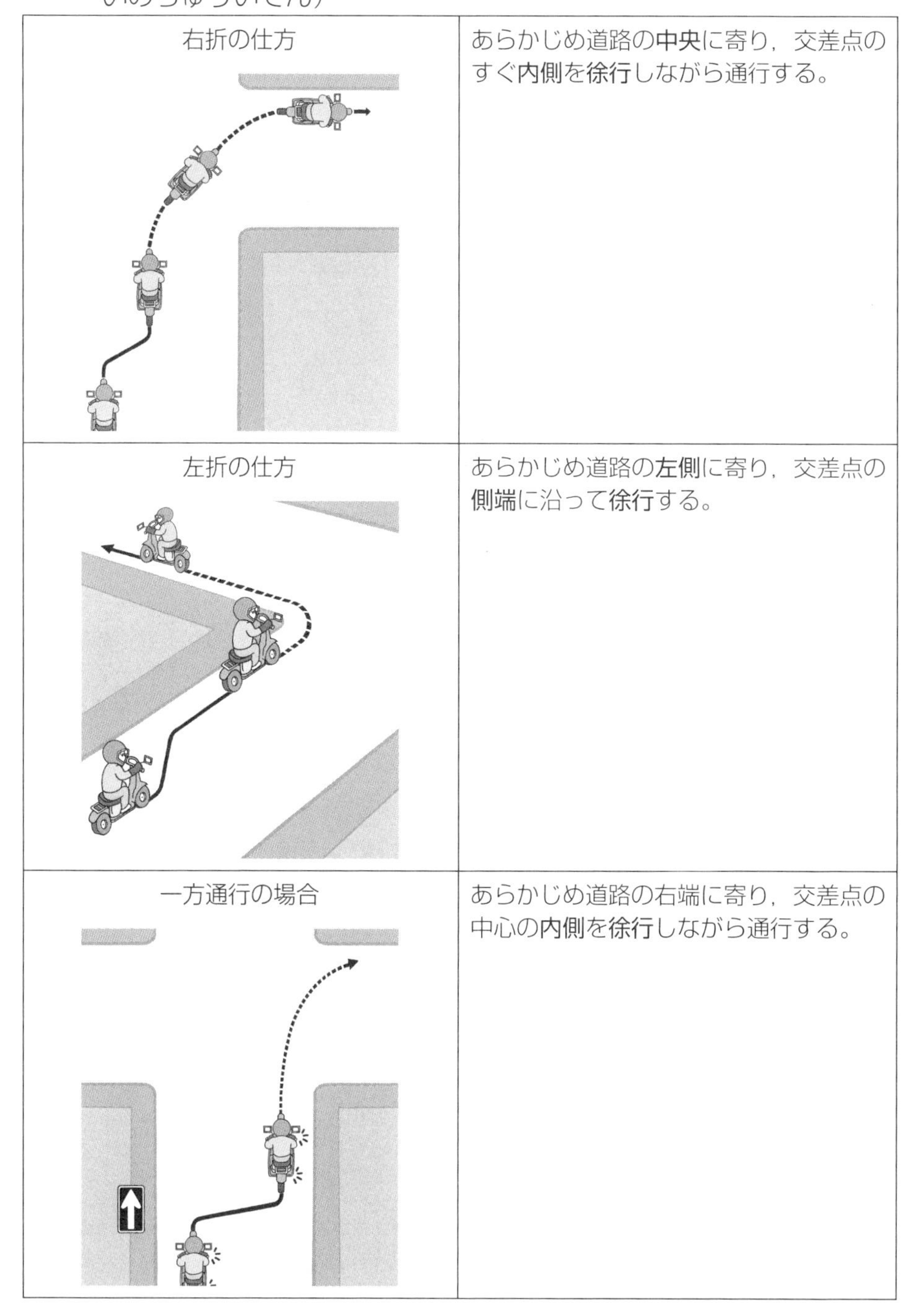

右折の仕方	あらかじめ道路の**中央**に寄り，交差点のすぐ**内側**を**徐行**しながら通行する。
左折の仕方	あらかじめ道路の**左側**に寄り，交差点の**側端**に沿って**徐行**する。
一方通行の場合	あらかじめ道路の右端に寄り，交差点の中心の**内側**を**徐行**しながら通行する。

（7）Điểm chú ý khi đi qua giao lộ

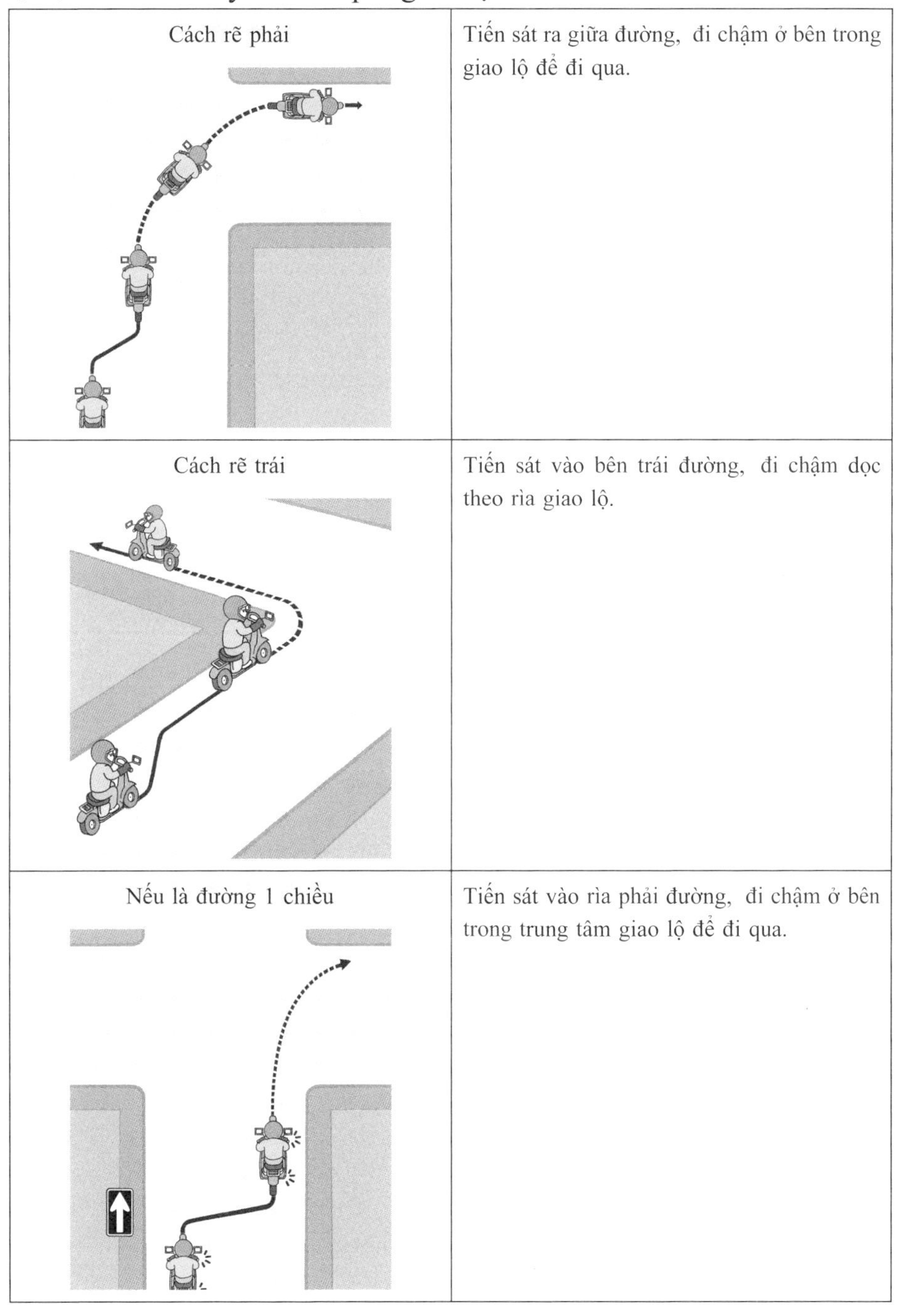

Cách rẽ phải	Tiến sát ra giữa đường, đi chậm ở bên trong giao lộ để đi qua.
Cách rẽ trái	Tiến sát vào bên trái đường, đi chậm dọc theo rìa giao lộ.
Nếu là đường 1 chiều	Tiến sát vào rìa phải đường, đi chậm ở bên trong trung tâm giao lộ để đi qua.

環状交差点の通行の仕方（かんじょうこうさてんのつうこうのしかた）

環状交差点とは
下のように通行部分がドーナツ状の，右回りに通行する交差点

<table>
<tr>
<td>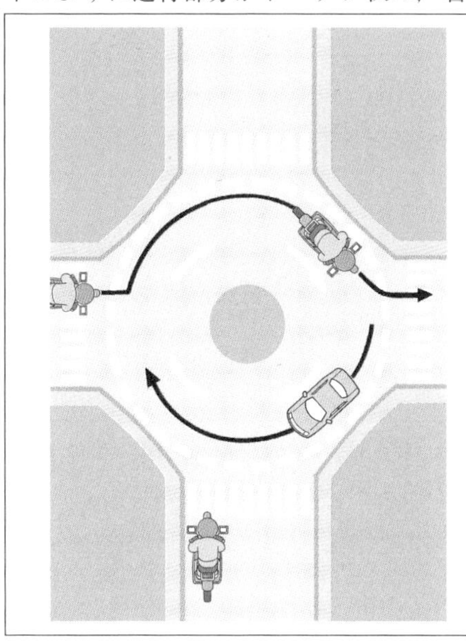</td>
<td>＊環状交差点に入るときは，徐行しながら環状交差点を通行している車両の通行を妨げない。
＊環状交差点内は，できる限り道路の左側端に沿って右回りに徐行する。
＊環状交差点から出るときは，出るところのひとつ前の出口通過直後に左折の合図を出し，交差点を出るまで合図を続ける。</td>
</tr>
</table>

二段階右折の仕方（にだんかいうせつのしかた）

<table>
<tr>
<td>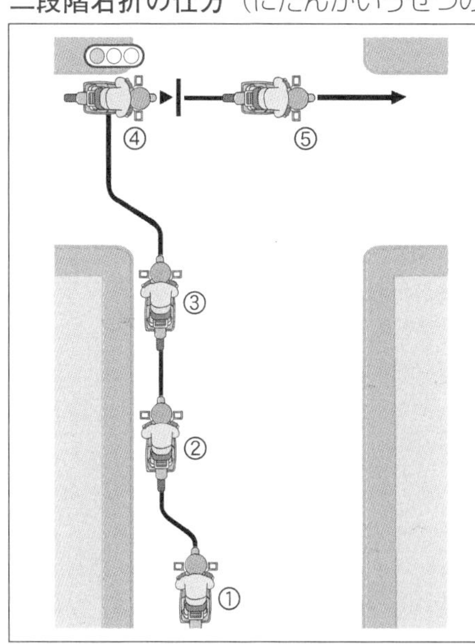</td>
<td>①あらかじめなるべく道路の左側に寄る。
②交差点の 30 m手前で右折の合図を出す。
③青信号で徐行しながら交差点の向こう側まで直進する。
④この位置で停止し，右に向きを変えて，合図をやめる。
⑤前の信号が青になったら直進する。</td>
</tr>
</table>

Cách đi qua giao lộ vòng xuyến

Giao lộ vòng xuyến là
Giao lộ có phần đường lưu thông giống hình bánh donut như bên dưới, đi theo chiều kim đồng hồ.

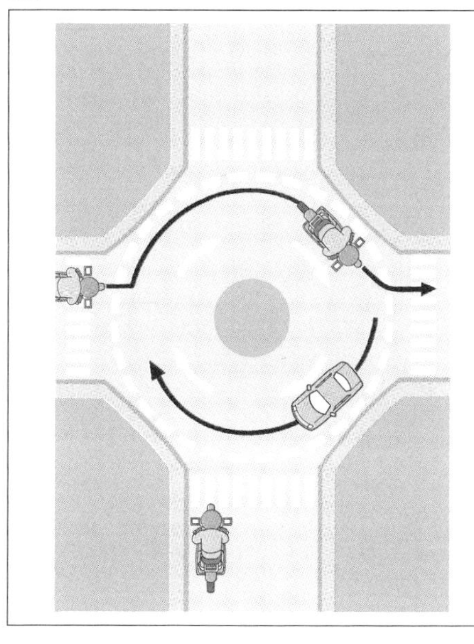

* Khi đi vào giao lộ vòng xuyến thì đi chậm và không cản trở lưu thông của phương tiện đang di chuyển ở giao lộ.
* Bên trong giao lộ vòng xuyến thì đi bên trái đường hết mức có thể và đi chậm theo chiều kim đồng hồ.
* Khi ra khỏi giao lộ vòng xuyến thì bật tín hiệu rẽ trái ngay sau khi đi qua lối ra trước lối ra của mình và giữ tín hiệu đến khi ra khỏi giao lộ.

Cách rẽ phải 2 giai đoạn

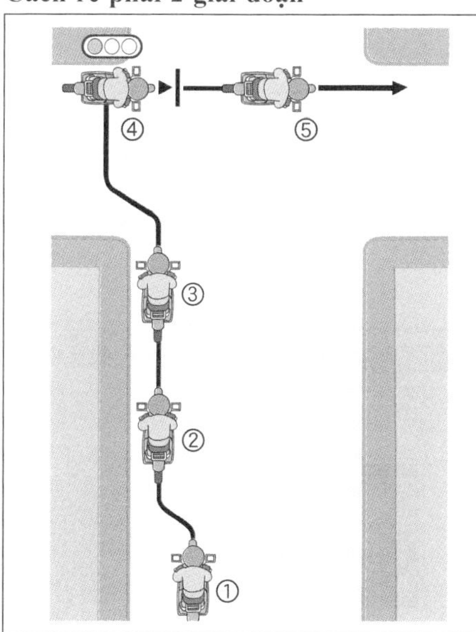

① Tấp vào bên trái đường hết mức có thể.
② Cách 30m nữa là đến giao lộ thì bật tín hiệu rẽ phải.
③ Đèn xanh thì đi chậm thẳng qua đến đối diện bên kia đường.
④ Dừng ở vị trí này, đổi hướng sang phải, tắt tín hiệu.
⑤ Đèn phía trước chuyển thành xanh thì đi thẳng.

二段階右折をしないといけない交差点（にだんかいうせつをしないといけないこうさてん）

①交通整理が行われており，**3つ以上**の車両通行帯がある道路の交差点。
②原動機付自転車の右折方法**「二段階」**の標識のある道路の交差点。

二段階右折してはいけない交差点（にだんかいうせつしてはいけないこうさてん）

①交通整理が行われており，車両通行帯が**2つ以下**の道路の交差点。
②**交通整理**が行われていない道路の交差点。
③原動機付自転車の右折方法**「小回り」**の標識がある道路の交差点。

（8）路線バスなどの優先（ろせんばすなどのゆうせん）

路線バスなどとは	路線バスの発進を妨げてはいけない
	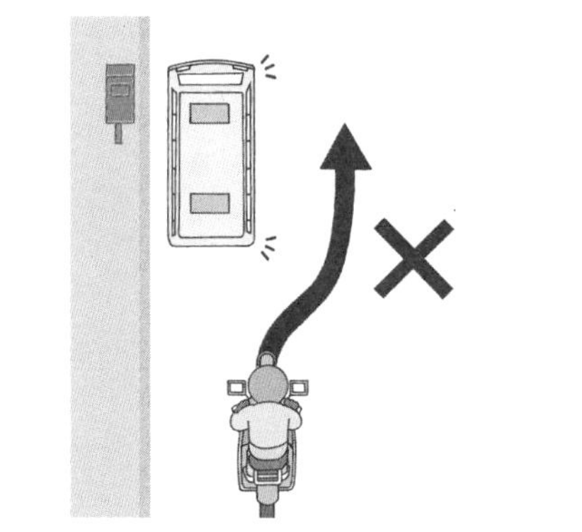
路線バス，通学バス，通園バスのこと。	路線バスなどが発進の合図をしたとき，車は**徐行**，または**一時停止**をしてその発進を妨げてはいけない。ただし，急ハンドルや急ブレーキで避けなければいけないときは先に**発進**できる。

路線バス等優先通行帯では

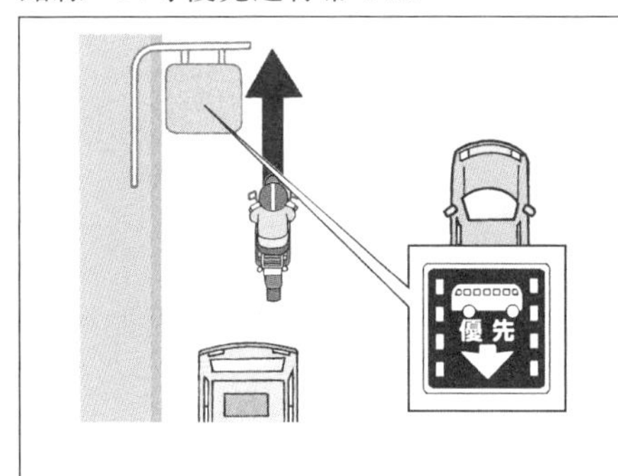

路線バス等優先通行帯の標識と標示

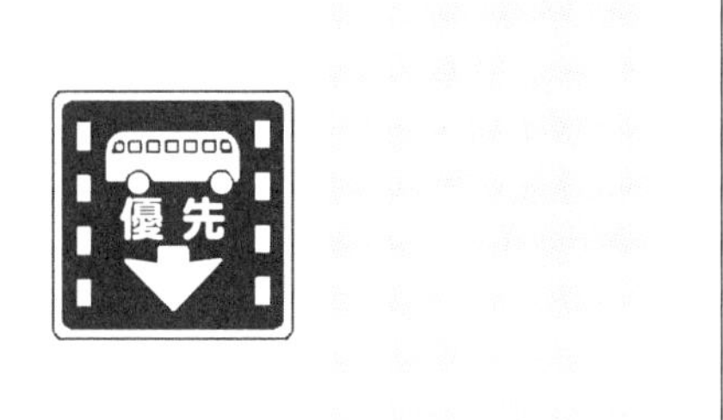

Giao lộ bắt buộc phải rẽ phải 2 giai đoạn

① Giao lộ của đường có trên 3 làn xe trở lên và có điều tiết giao thông.
② Giao lộ có biển báo phương pháp rẽ phải “2 giai đoạn” cho xe máy.

Giao lộ không được phép rẽ phải 2 giai đoạn

① Giao lộ có 2 làn xe trở xuống và có điều tiết giao thông.
② Giao lộ của đường không có điều tiết giao thông.
③ Giao lộ của đường có biển báo phương pháp rẽ phải là “ vòng nhỏ” cho xe máy.

(8) Ưu tiên xe buýt tuyến đường

Các xe buýt tuyến đường là 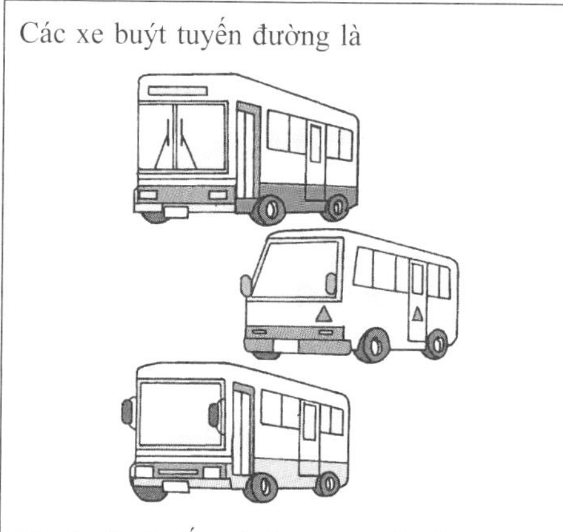 Xe buýt tuyến đường, xe buýt trường học, . . .	Không gây cản trở xe buýt tuyến đường xuất phát 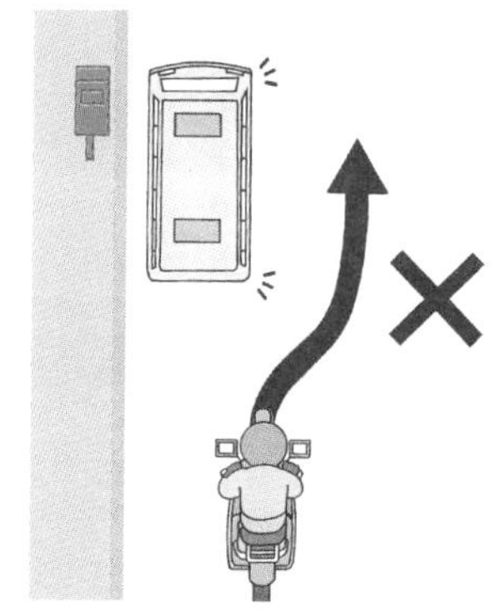 Khi xe buýt tuyến đường ra tín hiệu xuất phát thì phải đi chậm hoặc dừng lại tạm thời để không gây cản trở cho xe buýt xuất phát. Tuy nhiên, nếu phải phanh gấp hoặc bẻ lái gấp để tránh thì có thể xuất phát trước xe buýt.

Làn đường ưu tiên xe buýt tuyến đường

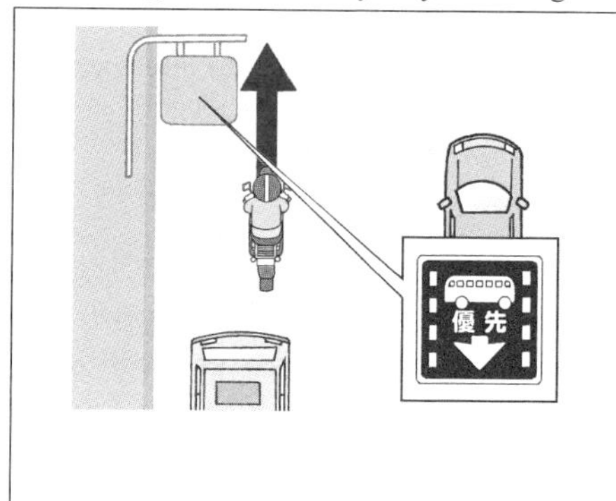 	Biển báo và vạch kẻ đường của làn đường ưu tiên xe buýt tuyến đường 

＊路線バスなど以外に，**自動車**，**原動機付自転車**，軽車両も通行できる。
＊路線バスなどが近づいてきたときは，すぐに**進路を譲る**。
＊混雑時などで出られなくなるおそれがあるときは，初めから**通行**してはいけない。

バス専用通行帯では

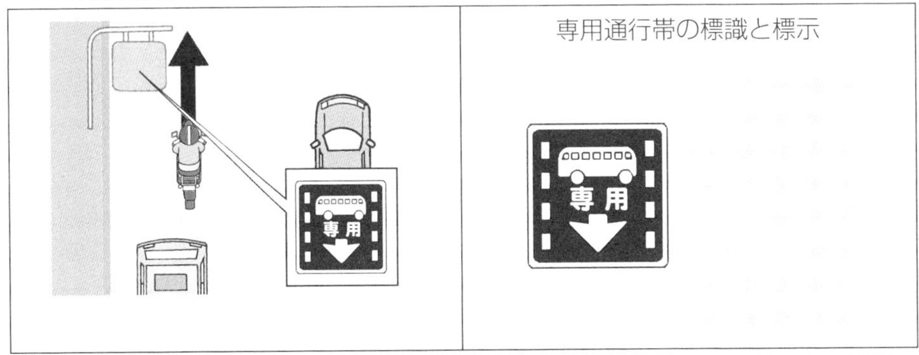

＊**原動機付自転車**，**小型特殊自動車**，**軽車両**は通行できるが，それ以外の車は通行できない。
＊右左折や，工事などでやむを得ない場合は通行できる。

（9）信号のない交差点の優先順位（しんごうのないこうさてんのゆうせんじゅんい）

優先道路の標識がある道路。交差点の中まで中央線が引かれている道路。

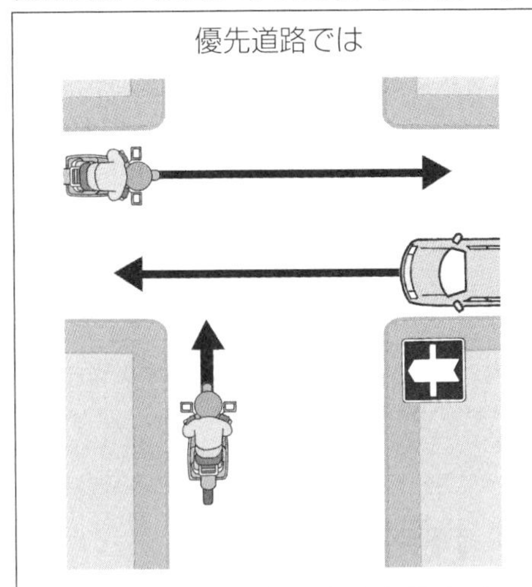

徐行しながら，左右の安全を確かめて，優先道路を通行する車の**進行を妨げてはいけない**。

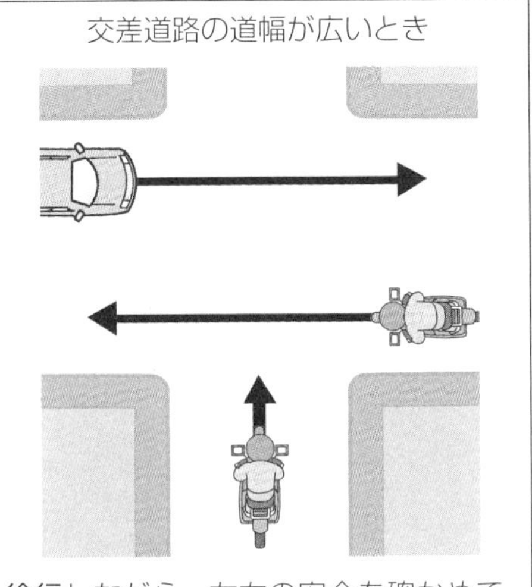

徐行しながら，左右の安全を確かめて，道幅が広い道路を**通行する車の進行を妨げてはいけない**。

＊ Ngoài xe buýt tuyến đường ra thì xe ô tô, xe máy, xe thô sơ cũng có thể lưu thông,

＊ Khi có xe buýt đến gần thì nhường đường ngay.

＊ Khi có nguy cơ không thể ra khỏi làn khi xe đông đúc thì ngay từ đầu không được đi vào làn.

Làn xe chuyên dụng cho xe buýt là

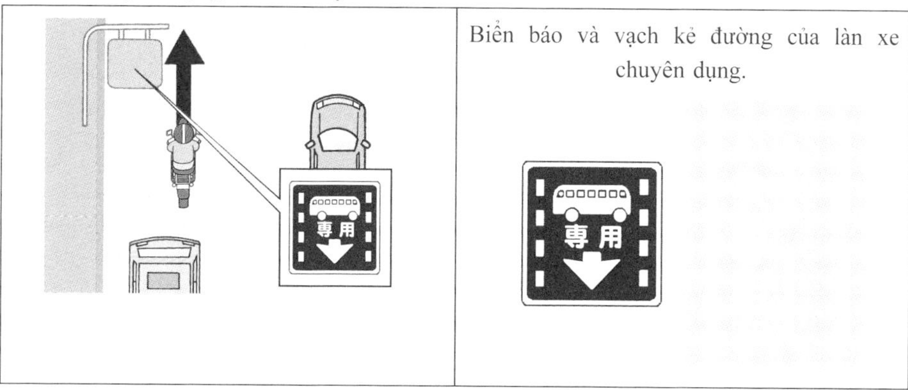

Biển báo và vạch kẻ đường của làn xe chuyên dụng.

＊ Xe máy, xe đặc thù cỡ nhỏ, xe thô sơ có thể lưu thông nhưng ngoài các xe đó thì không được lưu thông.

＊ Trường hợp bắt buộc khi có công trình thi công hoặc rẽ trái phải thì có thể lưu thông.

(9) Thứ tự ưu tiên ở giao lộ không có tín hiệu

Đường ưu tiên nghĩa là

Đường có biển báo đường ưu tiên. Đường có vạch kẻ giữa đường kéo dài đến giữa giao lộ.

Ở đường ưu tiên

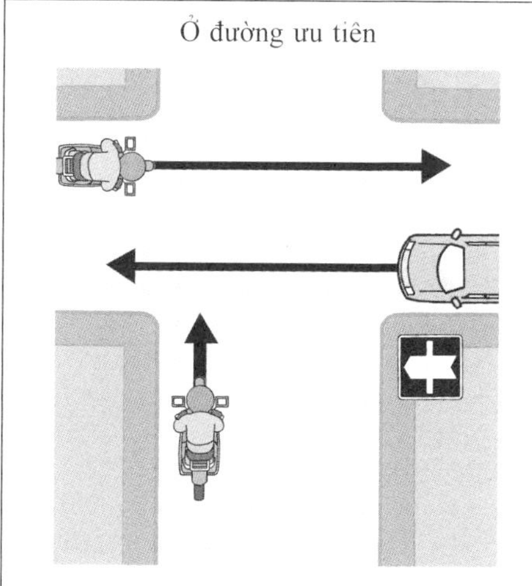

Đi chậm, xác nhận an toàn trái phải và không được gây cản trở lưu thông của xe đang đi trên đường ưu tiên.

Khi bề ngang của đường giao nhau rộng

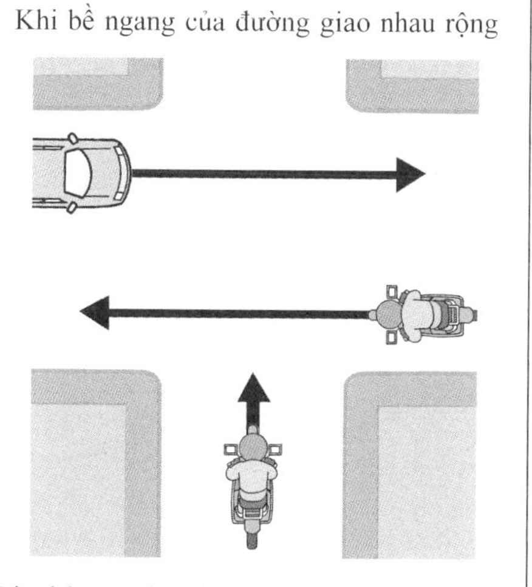

Đi chậm, xác nhận an toàn trái phải và không được gây cản trở lưu thông của xe đang đi trên đường có bề ngang rộng.

（10）踏切の安全な渡り方（ふみきりのあんぜんなわたりかた）

踏切の通過方法

踏切の直前で**一時停止**して，目と耳で安全確認して渡る。

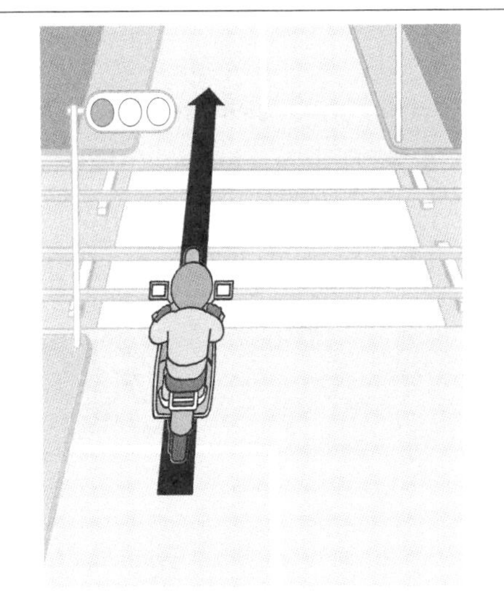

踏切に信号機があるところでは，その信号に従って渡る。青信号の場合は，**安全確認**するが，**一時停止**は不要。

遮断機がおりはじめているときは

遮断機が降りたり，警報機が鳴っているときは，踏切内に**入ってはいけない**。

前方の道路が渋滞しているときは

そのまま進入すると，踏切内で動きがとれなくなってしまうので，混雑時には踏切内に**入ってはいけない**。

(10) Cách qua nơi chắn tàu an toàn

Phương pháp đi qua nơi chắn tàu

 Tạm dừng trước chắn tàu, xác nhận an toàn bằng tai và mắt rồi mới đi qua.	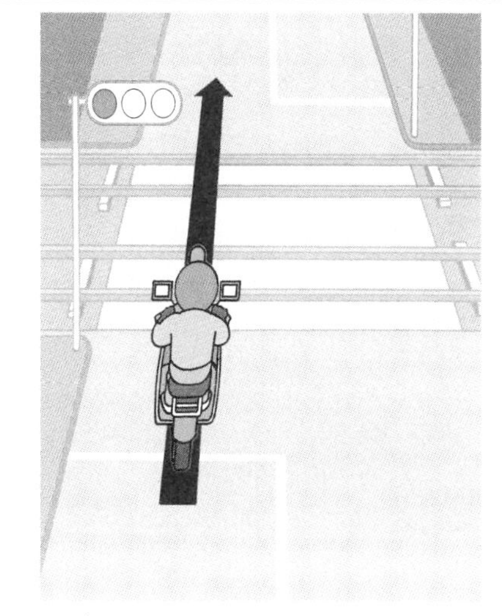 Nơi chắn tàu có đèn giao thông thì tuân theo đèn giao thông đó để đi qua. Nếu đèn xanh, xác nhận an toàn nhưng không cần phải dừng lại tạm thời.
Khi thanh chắn bắt đầu hạ xuống  Khi thanh chắn hạ xuống và còi cảnh báo kêu thì không được phép đi vào bên trong chắn tàu.	Khi đường phái trước đang tắc 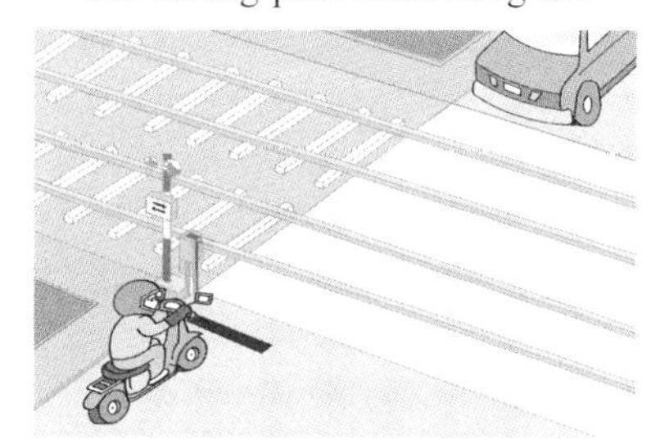 Nếu cứ như thế đi vào thì có thể không di chuyển được bên trong nơi chắn tàu, nên khi đường đông thì không được đi vào bên trong chắn tàu.

(11) 追越し，追抜き（おいこし，おいぬき）

追越し		追抜き	
	進路を**変更して**，進行中の前の車の前方に出ることをいう。		進路を**変更せずに**，進行中の前の車の前方に出ること。

追越しの仕方（おいこしのしかた）

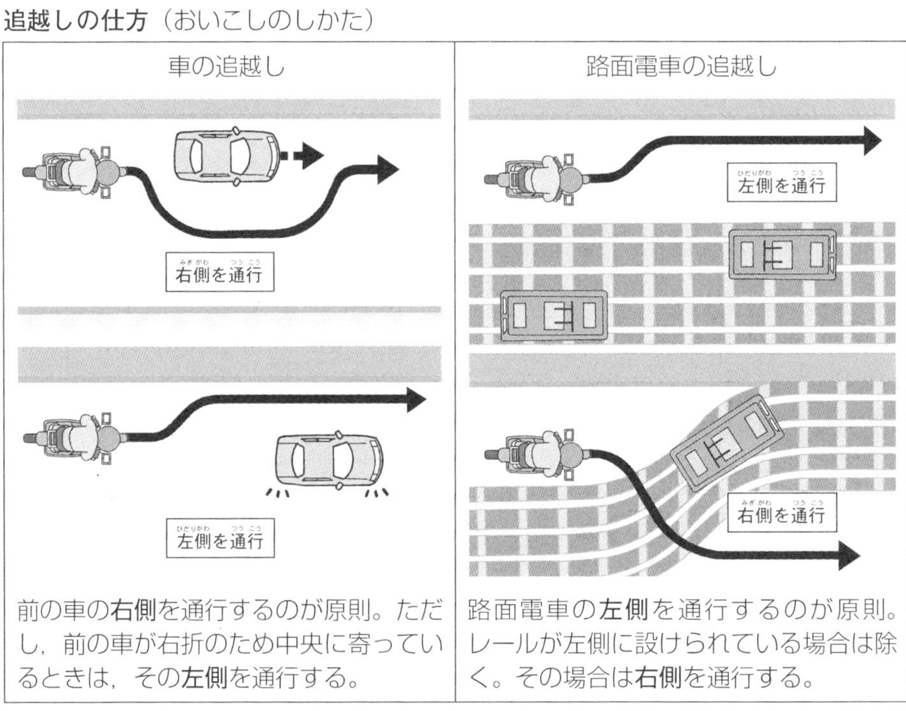

車の追越し	路面電車の追越し
前の車の**右側**を通行するのが原則。ただし，前の車が右折のため中央に寄っているときは，その**左側**を通行する。	路面電車の**左側**を通行するのが原則。レールが左側に設けられている場合は除く。その場合は**右側**を通行する。

(11) Vượt cùng làn, vượt khác làn

Vượt cùng làn		Vượt khác làn	
	Là việc thay đổi tuyến đường để đi lên trước xe đang lưu thông phía trước.		Là việc đi lên trước xe đang lưu thông phía trước mà không cần thay đổi tuyến đường.

Cách vượt cùng làn

Vượt ô tô cùng làn	Vượt xe điện mặt đất
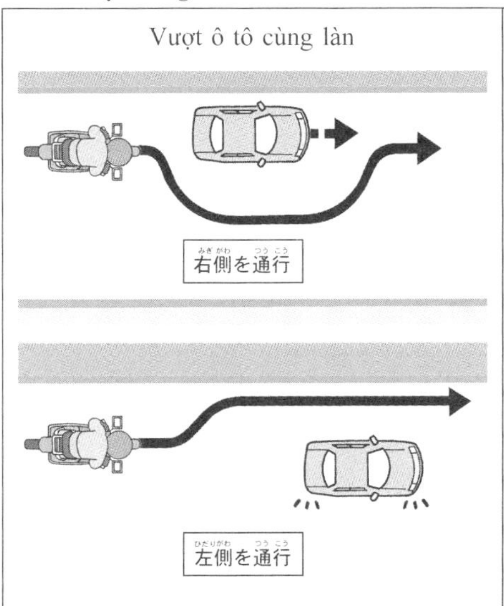	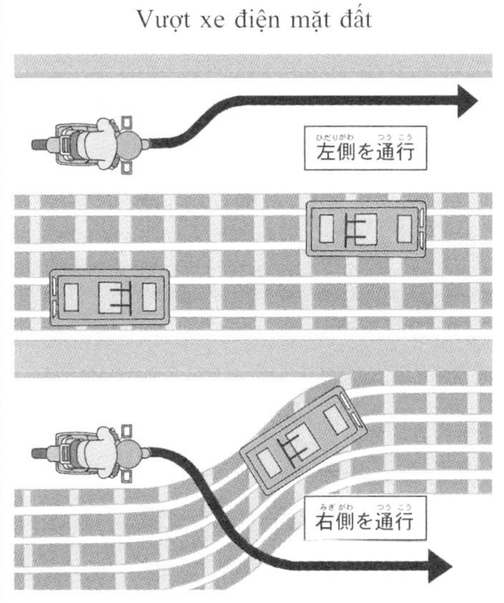
Về nguyên tắc thì vượt qua bên phải của xe phía trước. Tuy nhiên, nếu xe phía trước đang tấp ra giữa đường để chuẩn bị rẽ phải thì vượt qua phía bên trái của xe đó.	Về nguyên tắc thì vượt qua bên trái của xe điện mặt đất. Trừ trường hợp đường ray được lắp đặt bên trái. Trường hợp đó thì vượt qua từ bên phải.

標識の意味（ひょうしきのいみ）

追越しのための右側部分は，はみ出し通行禁止	追越し禁止
 道路の右側部分にはみ出しての追越しは禁止されている（はみ出さなければ追越しできる）	 右側部分にはみ出さなくても，追越しは禁止されている。
追い越されるときの注意点 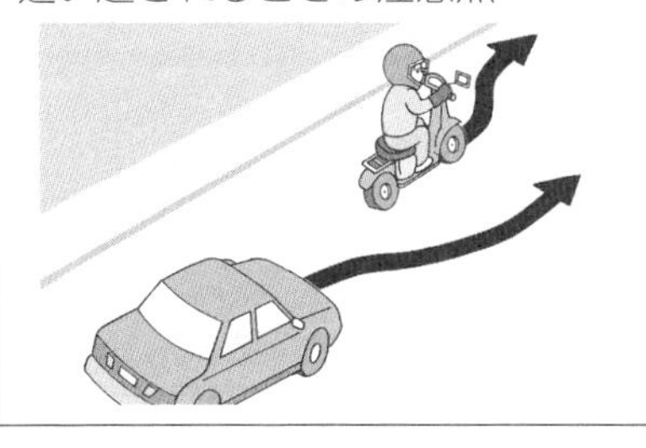	①他の車に追い越されるときは，追越しが終わるまで速度を上げない。 ②追越しに十分な余地がない場合，できる限り左側に寄り，進路を譲る。

Ý nghĩa của biển báo

Cấm đi lấn sang phần đường bên phải để vượt	Cấm vượt
 Lấn sang phần đường bên phải để vượt thì bị cấm (Nếu không lấn sang thì có thể vượt)	 Kể cả không lấn sang phần đường bên phải thì cũng cấm vượt.
Điểm chú ý khi bị vượt 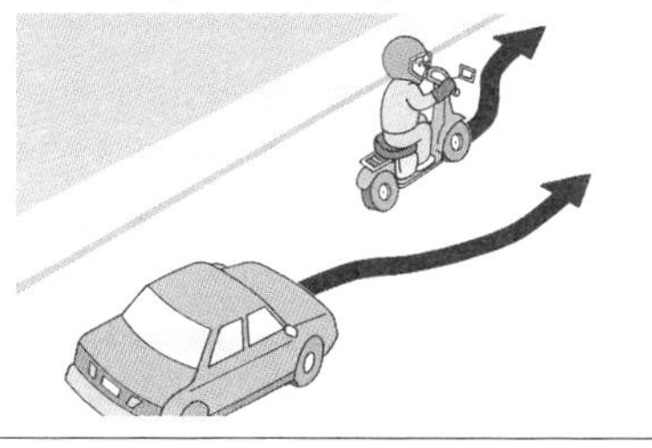	① Khi bị xe khác vượt thì không tăng tốc độ cho đến khi xe đó vượt xong. ② Trường hợp không có đủ khoảng trống để vượt thì tấp sát vào bên trái đường và nhường đường.

(12) 追越しが禁止されている場合（おいこしがきんしされているばあい）

前の車が，右折などのため**右側**に進路変更しているとき。

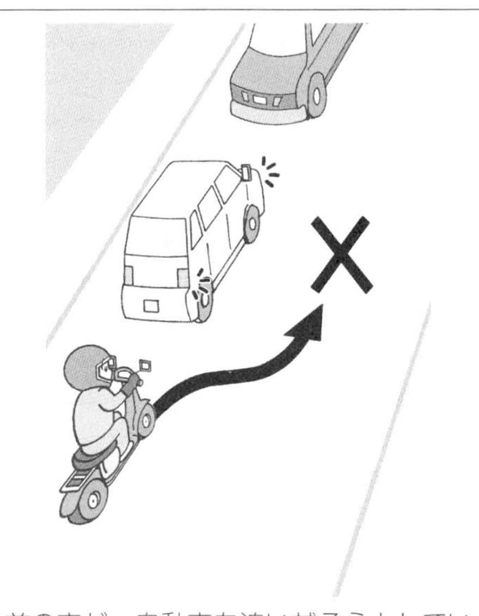

前の車が，自動車を追い越そうとしているとき。**二重追越し**という。前の車が原動機付自転車を追い越そうとしているときは，**追越し**可能。

道路の**右側**に入って追越ししようとする場合に，反対方向からの車や路面電車の**進行を妨げるとき。**

後ろの車が，自分の車を追い越そうとしているとき。

(12) Trường hợp bị cấm vượt cùng làn

Khi xe phía trước đang đổi hướng sang bên phải để chuẩn bị rẽ phải.	Khi xe phía trước đang định vượt qua xe ô tô. Gọi là vượt 2 lớp. Khi xe phía trước định vượt xe máy thì có thể vượt.

Trường hợp nếu đi vào bên phải của đường để vượt sẽ gây cản trở lưu thông của xe đến từ hướng dối diện hoặc xe điện.	Xe phía sau đang định vượt xe của mình.

(13) 追越し禁止場所（おいこしきんしばしょ）

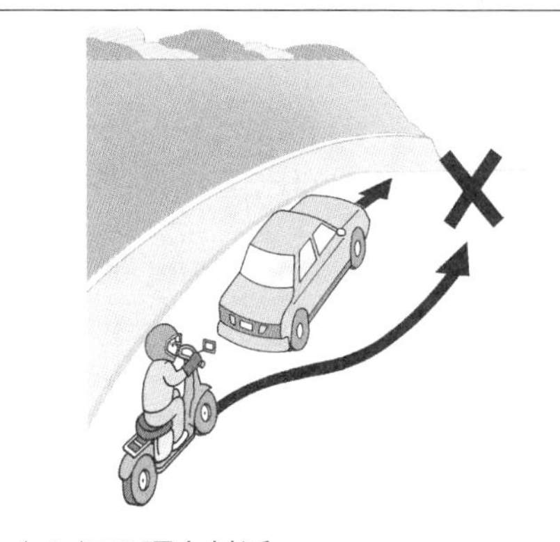

上り坂の**頂上付近**。

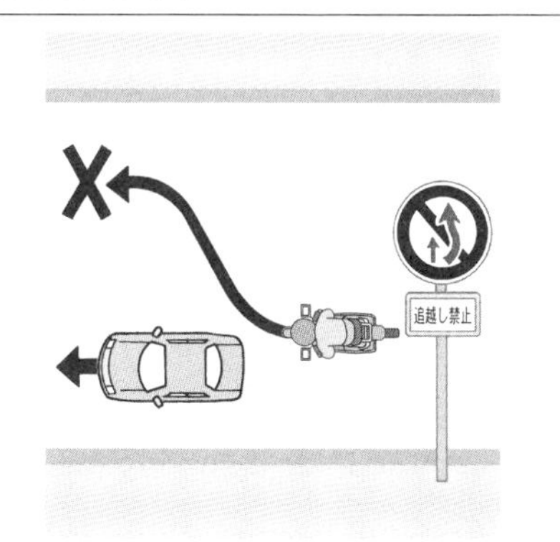

標識によって，追越しが禁止されている。

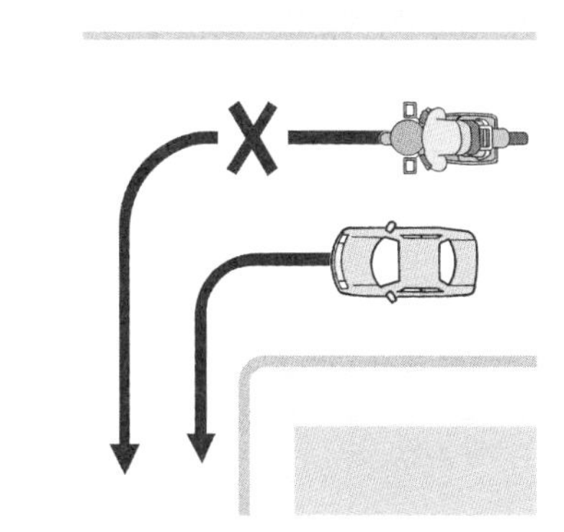

道路の**曲がり角**付近。

トンネルの中。（車両通行帯がある場合は可能）

こう配の**急な下り坂**。（上り坂では禁止されていない。）

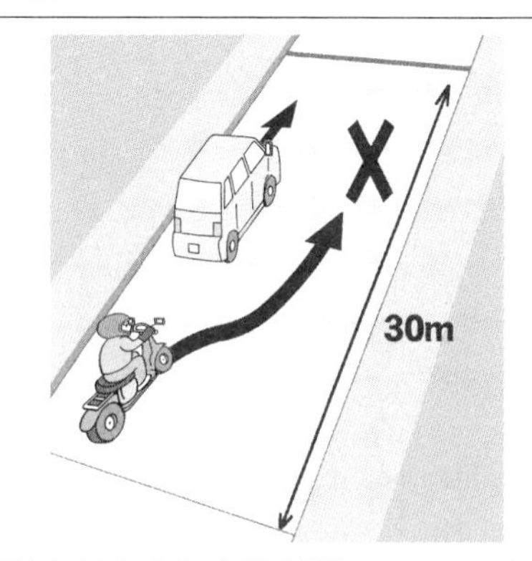

横断歩道や**自転車横断帯**とその手前から30 m以内の場所。

(13) Nơi cấm vượt cùng làn

Gần đỉnh dốc lên.

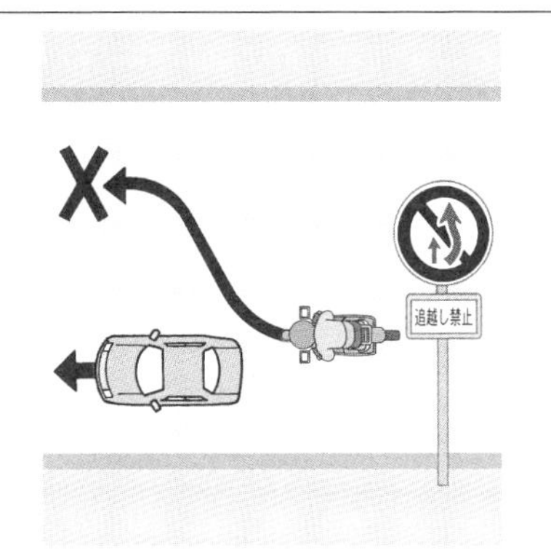

Có biển báo cấm vượt.

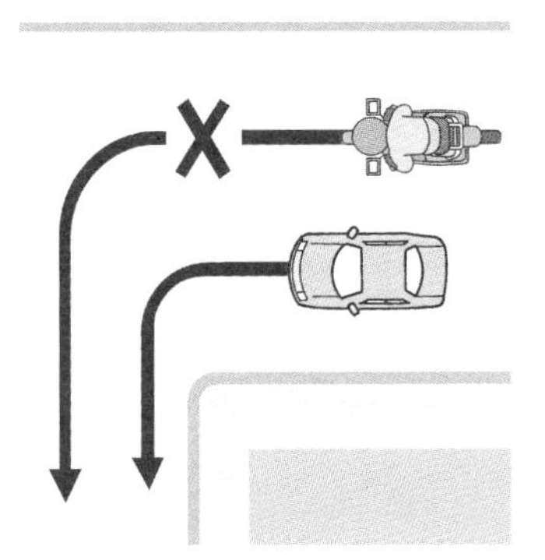

Gần ngã rẽ của đường.

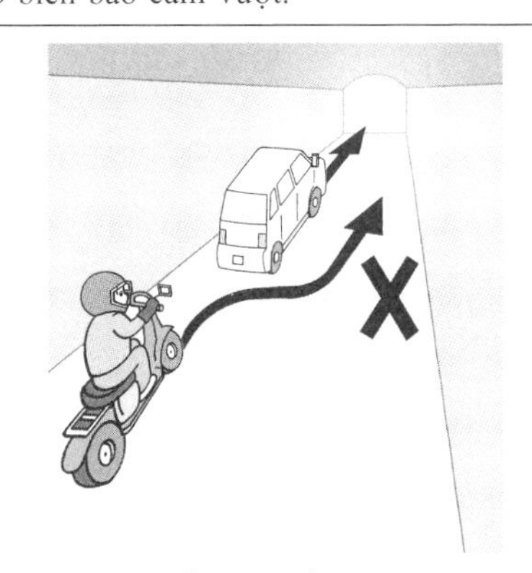

Trong đường hầm. (Nếu có làn xe thì có thể)

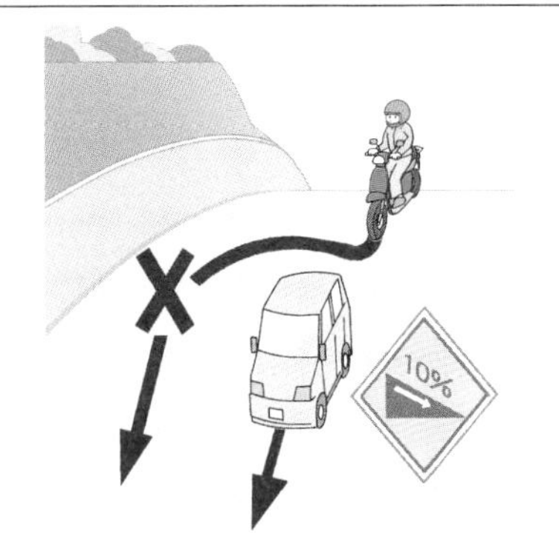

Nơi dốc xuống đứng. (Dốc lên thì không bị cấm)

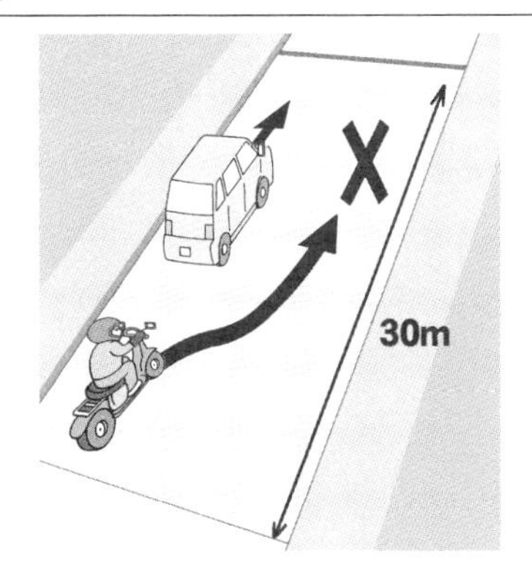

Trong vòng 30m phía trước nơi trước vạch sang đường cho người đi bộ hoặc làn sang đường cho xe đạp.

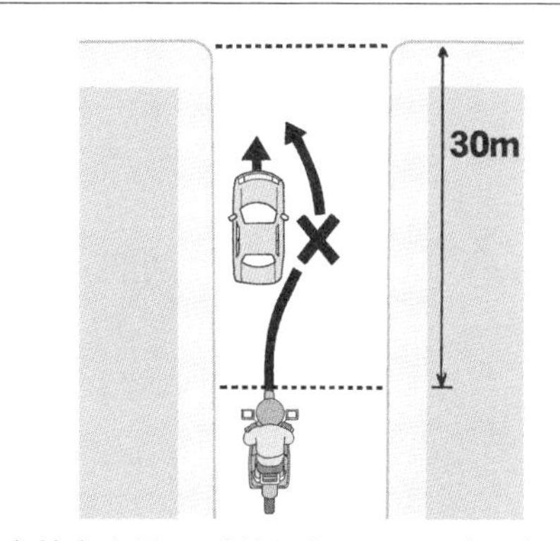 交差点とその手前から 30 m以内の場所。 （優先道路を通行している場合は可能）	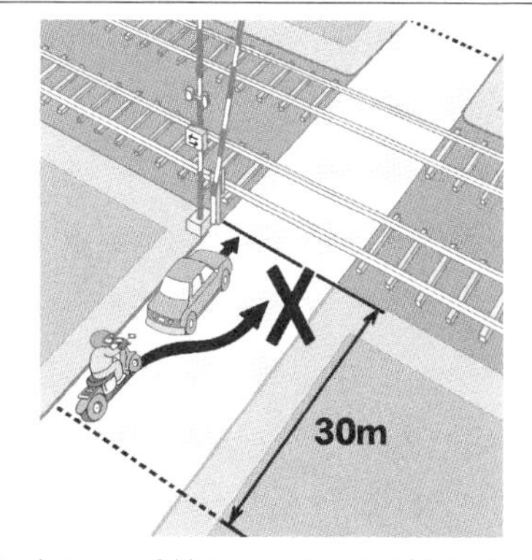 踏切とその手前から 30 m以内の場所。

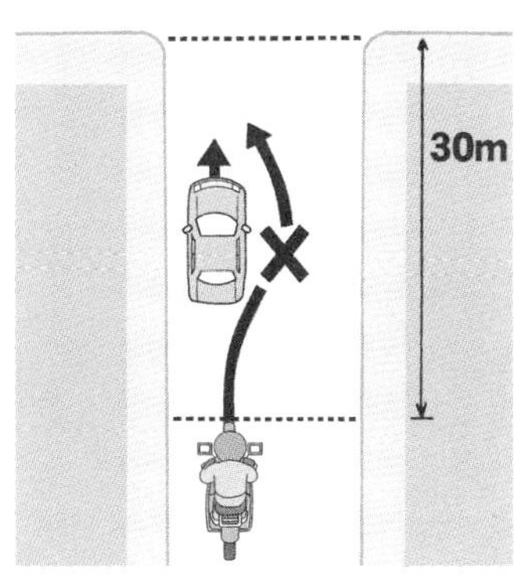 	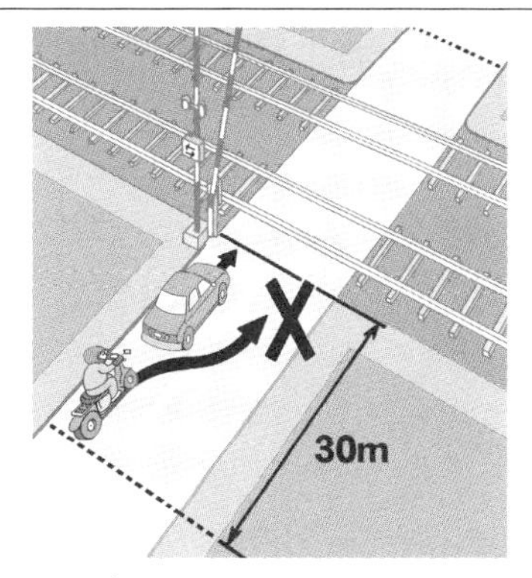
Tại giao lộ và trong vòng 30m trước đó. (Trường hợp đang đi trên đường ưu tiên thì có thể)	Tại nơi chắn tàu và trong vòng 30m trước đó.

(14) 駐車禁止場所（ちゅうしゃきんしばしょ）

駐車と停車

駐車とは車がすぐに運転できない状態の停止。

停車とはすぐに運転できる短時間の停止。

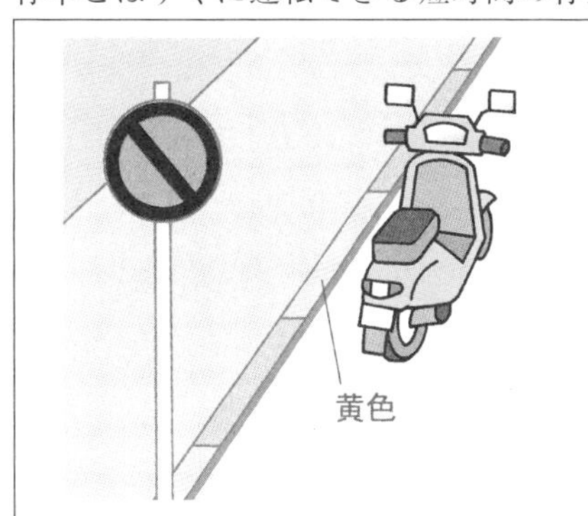

駐車禁止の標識や標示がある場所。

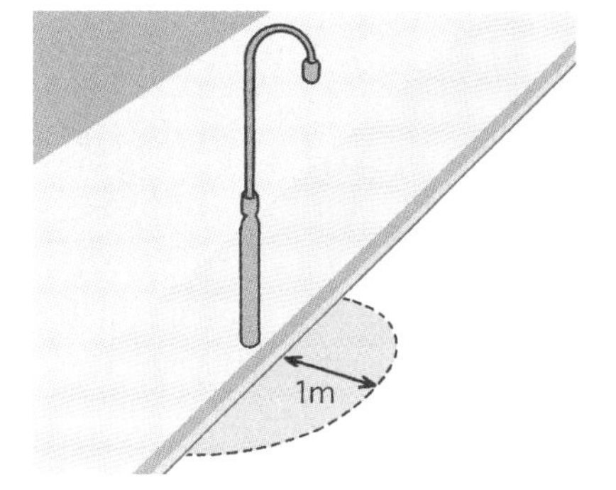

火災報知機から１m以内の場所。

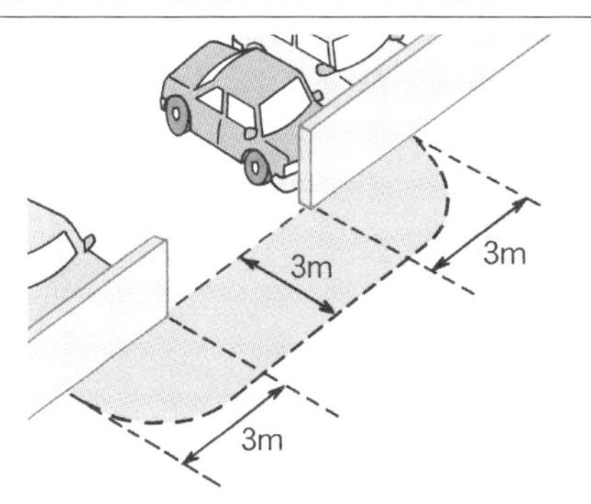

駐車場や車庫などの自動車用の出入口から３m以内の場所

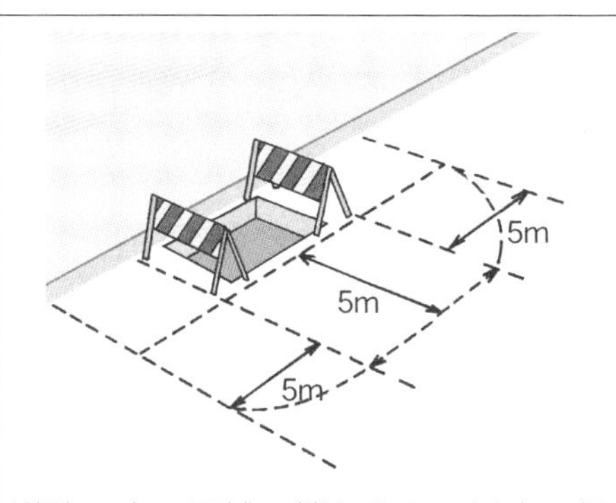

道路工事の区域の端から５m以内の場所。

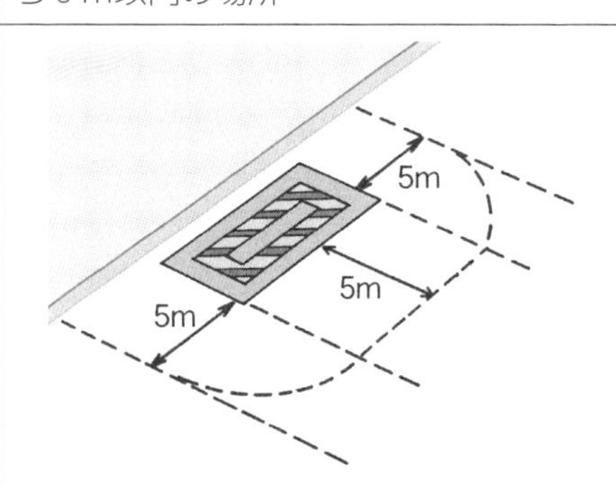

消火栓，指定消防水利の標識，消防用防火水槽の取り入れ口から５m以内の場所。

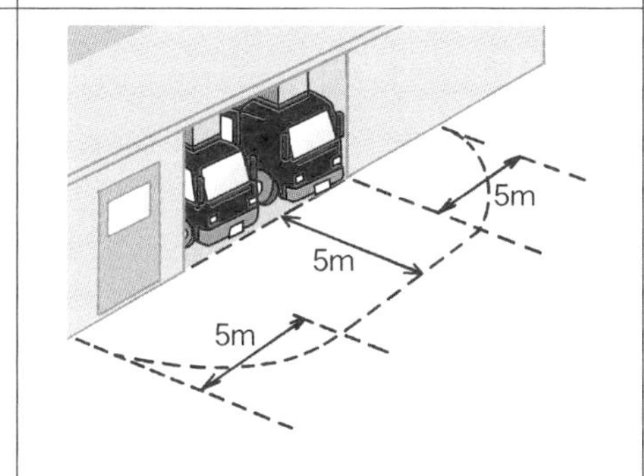

消防用機械器具の置き場や，消防用防火水槽などの出入口から５m以内の場所。

(14) Nơi cấm đậu xe

Đậu xe và dừng xe

Đậu xe nghĩa là tình trạng dừng xe mà không thể lái xe ngay được.

Dừng xe nghĩa là dừng trong thời gian ngắn có thể lái xe ngay được.

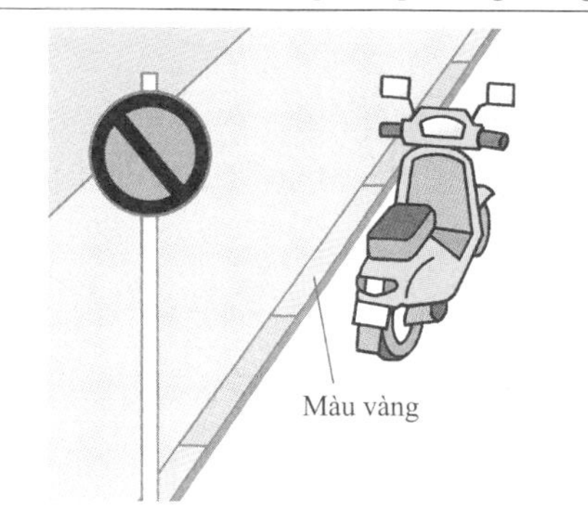

Nơi có biển báo hoặc vạch kẻ đường cấm đậu xe.

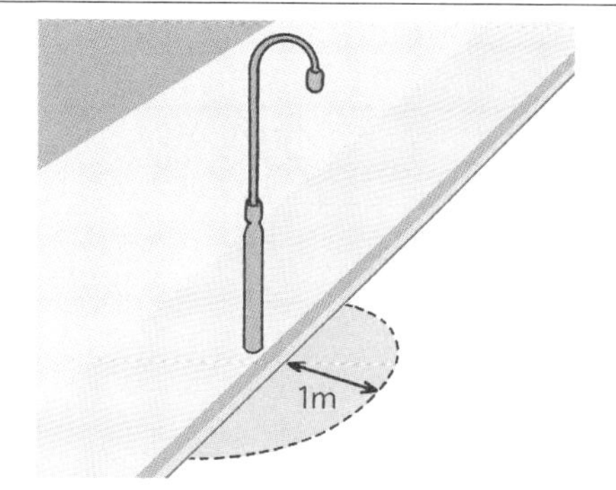

Trong vòng 1m từ thiết bị báo cháy.

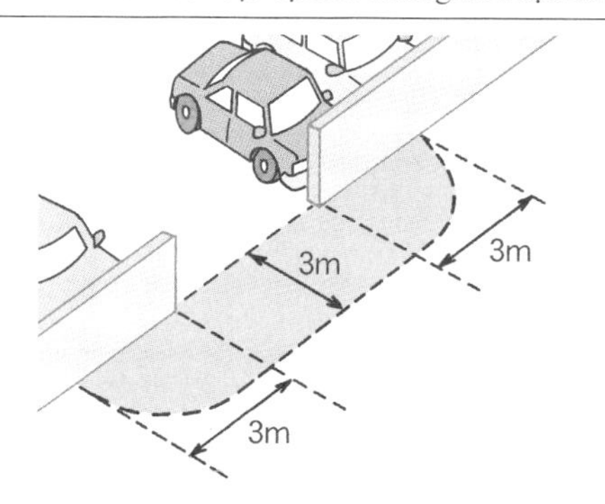

Trong vòng 3m từ cửa ra vào dành cho xe ô tô ở bãi đậu xe hoặc nhà xe.

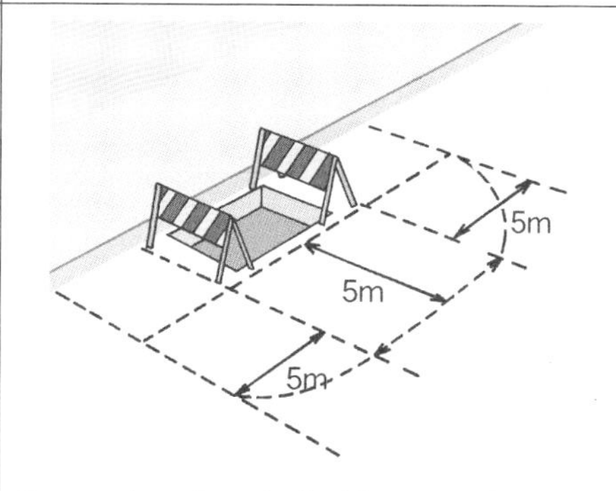

Trong vòng 5m từ rìa khu vực công trình đường.

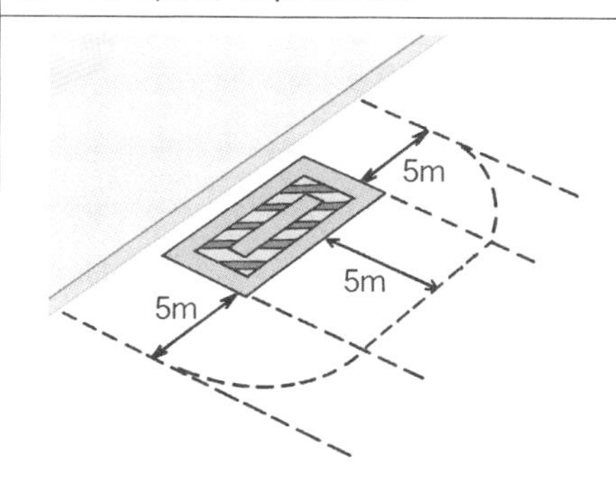

Trong vòng 5m từ trụ nước chữa cháy, vị trí có biển báo nguồn nước chữa cháy chỉ định hoặc cửa lấy nước từ bể nước chữa cháy.

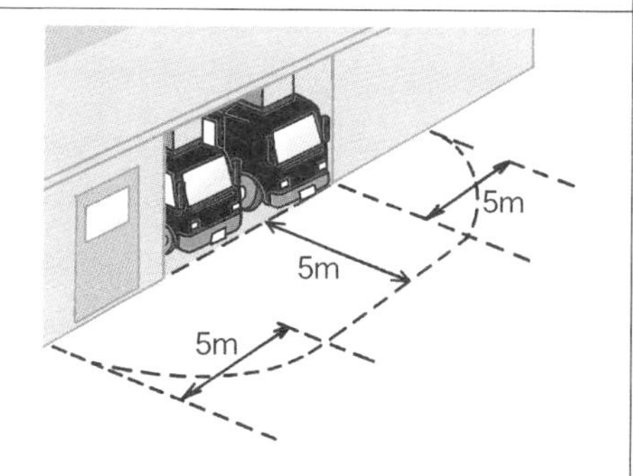

Trong vòng 5m từ cửa ra vào của nơi đặt máy móc thiết bị chữa cháy hoặc bể nước chữa cháy.

(15) 駐停車禁止場所（ちゅうていしゃきんしばしょ）

駐車も停車も禁止されている場所

駐停車禁止の標識，標示がある場所。

坂の頂上付近や上がりも下りもこう配の急な坂。

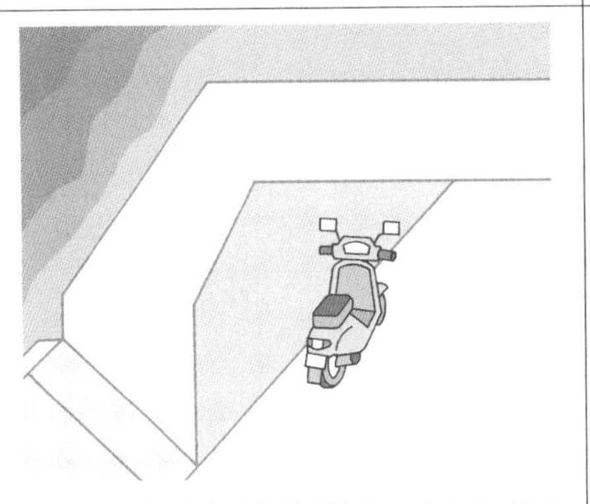

トンネル内（車両通行帯のありなしにかかわらず禁止）。

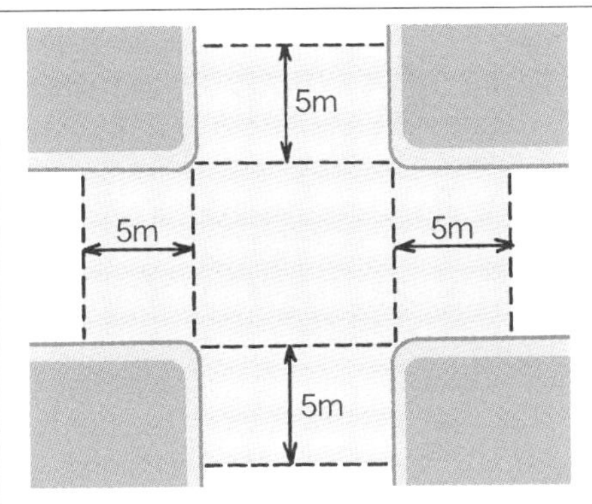

交差点とその端から５ｍ以内の場所。

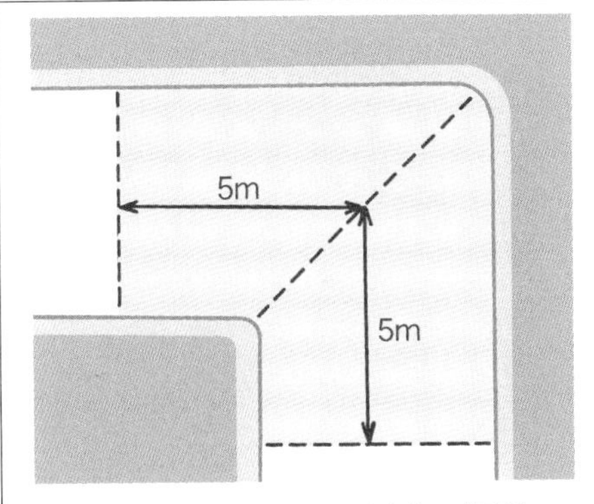

道路の曲がり角から５ｍ以内の場所。

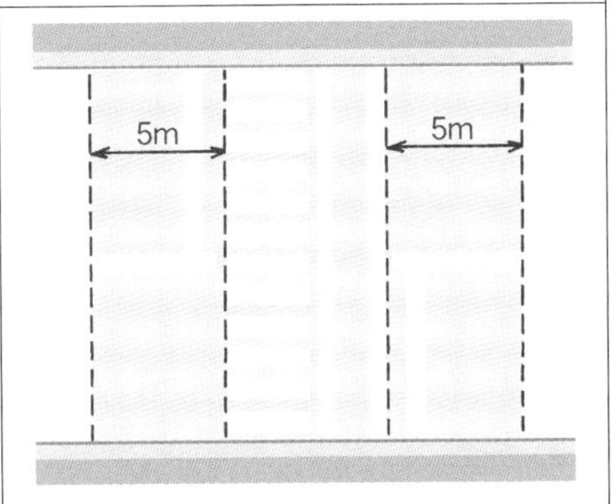

横断歩道や自転車横断帯とその端から５ｍ以内の場所。

(15) Nơi cấm đậu và cấm dừng xe

Nơi bị cấm đậu và cấm dừng xe

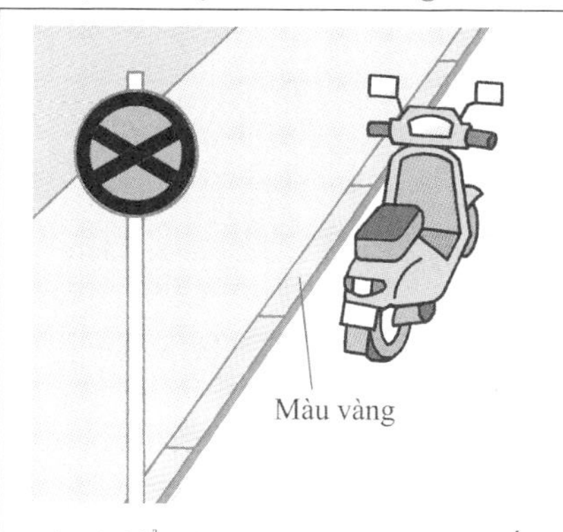

Nơi có biển báo, vạch kẻ đường Cấm đậu dừng xe.

Gần đỉnh dốc lên hoặc cả dốc lên và dốc xuống có độ dốc lớn.

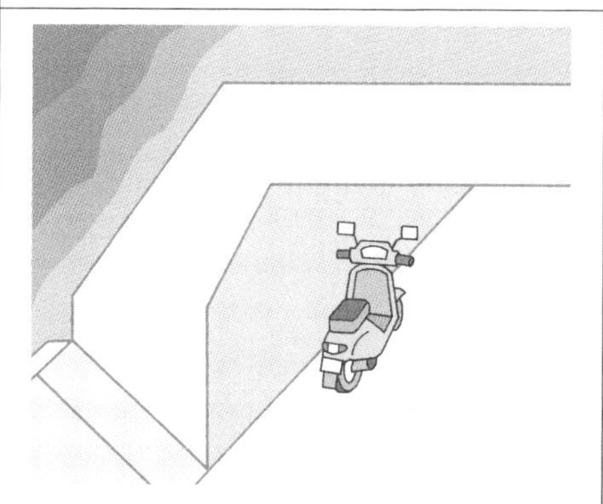

Bên trong đường hầm. (Bất kể có hay không có làn xe đều cấm)

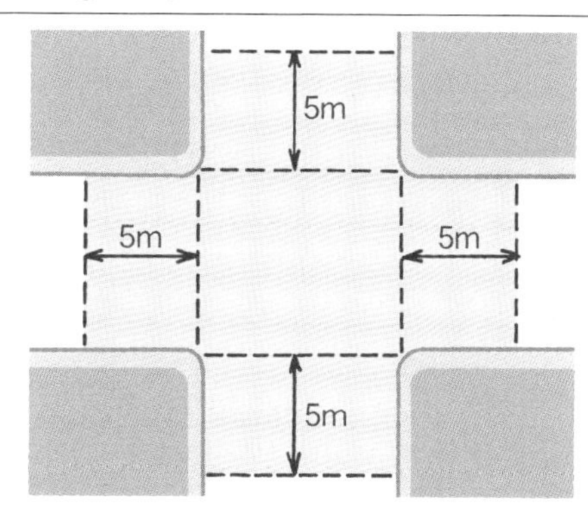

Giao lộ và trong vòng 5m từ góc giao lộ đó.

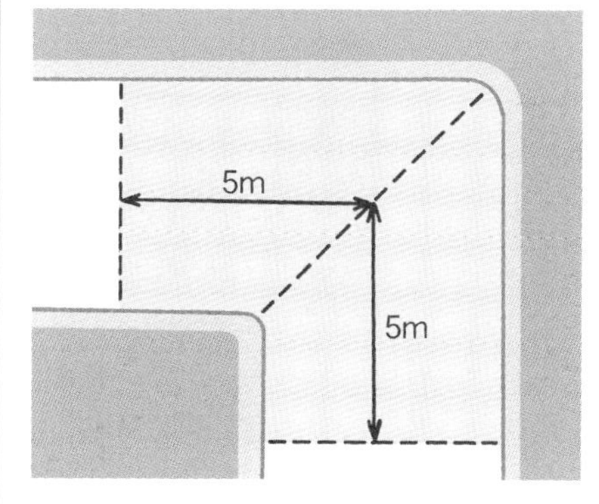

Trong vòng 5m từ góc rẽ của đường.

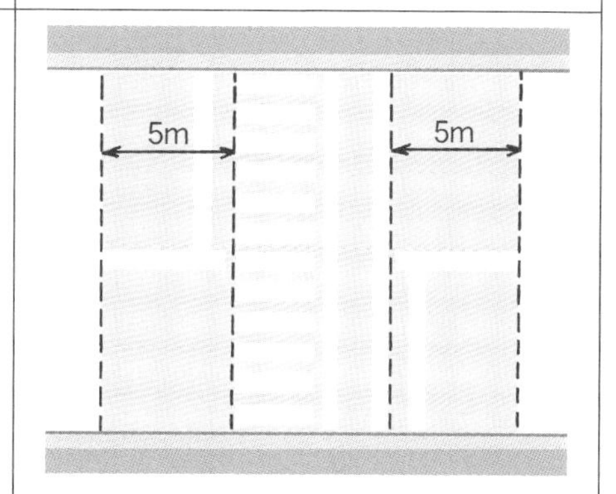

Tại vạch sang đường cho người đi bộ hoặc nơi sang đường cho xe đạp và trong vòng 5m trước sau đó.

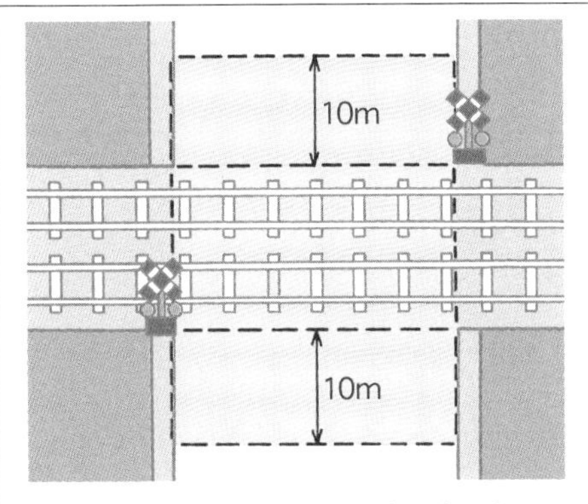

踏切とその端から 10 m以内の場所。

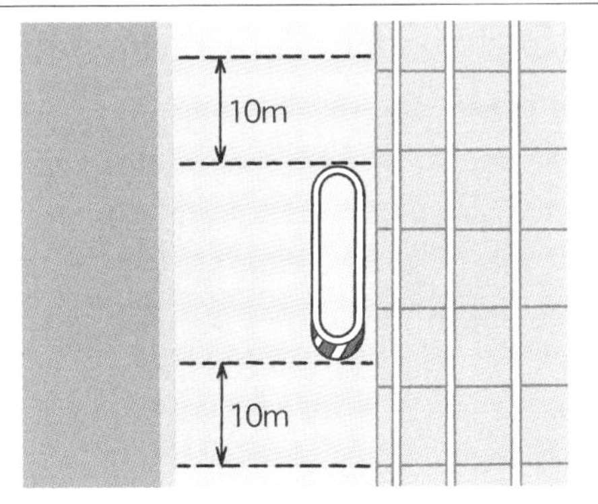

安全地帯の左側とその前後 10 m以内の場所。

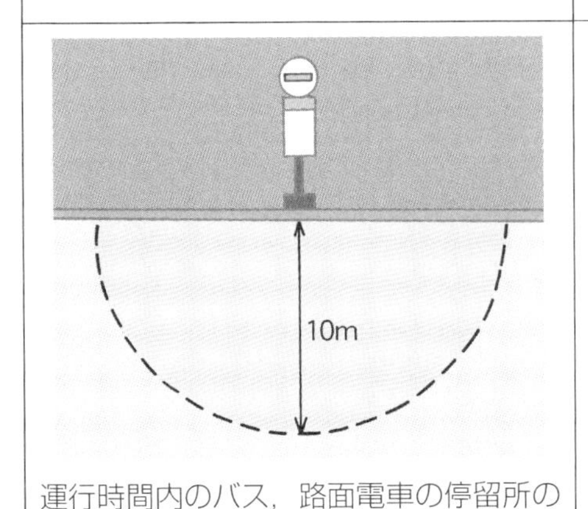

運行時間内のバス，路面電車の停留所の標示板から 10 m以内の場所。

(16) 駐停車の仕方（ちゅうていしゃのしかた）

歩道や路側帯のない道路の場合

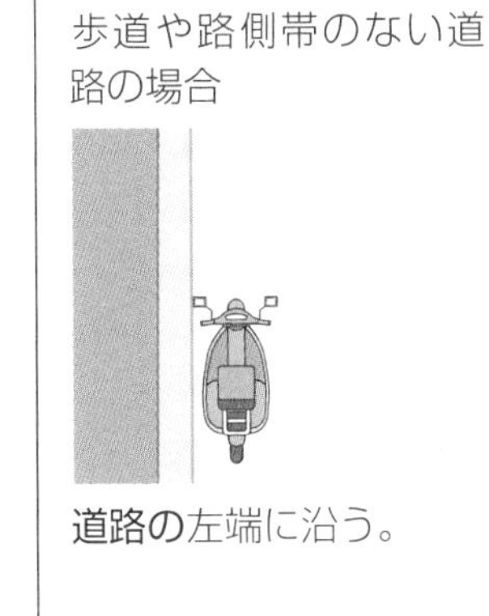

道路の左端に沿う。

路側帯のある道路の場合

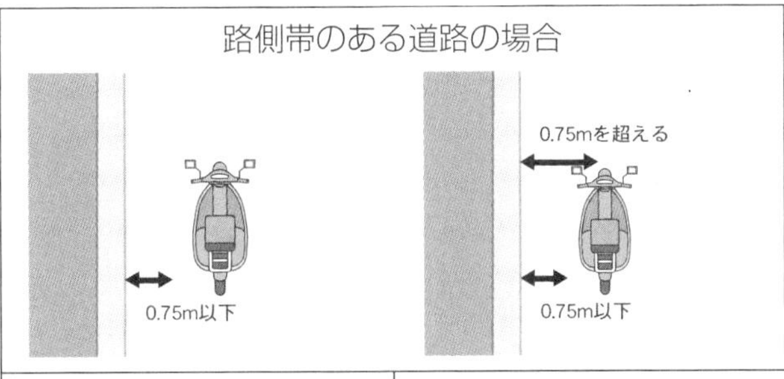

路側帯が**幅 0.75 m以下**場合，車道の左端に沿う。

路側帯が**幅 0.75 mを超える**場合，路側帯に入り，左側に 0.75 m以上の余地をあける。

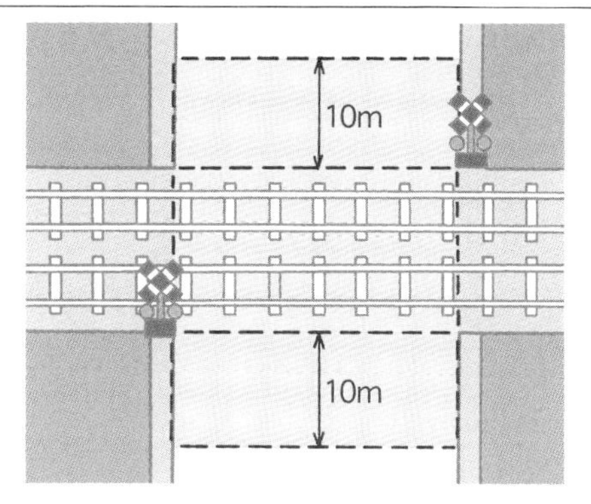 Tại nơi chắn tàu và trong vòng 10m trước sau từ mép của chắn tàu đó.	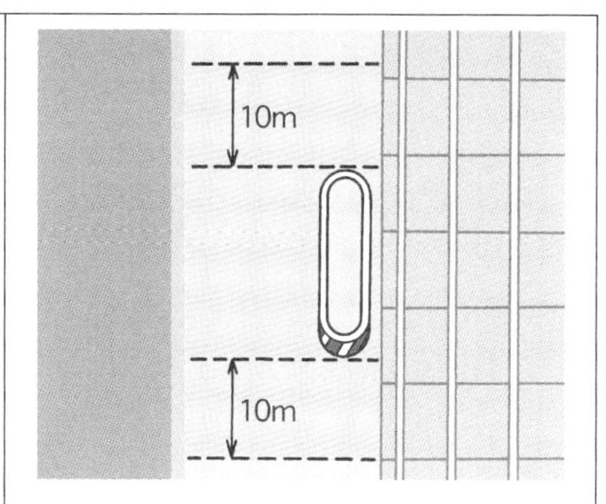 Bên trái vùng an toàn và trong vòng 10m trước sau đó.
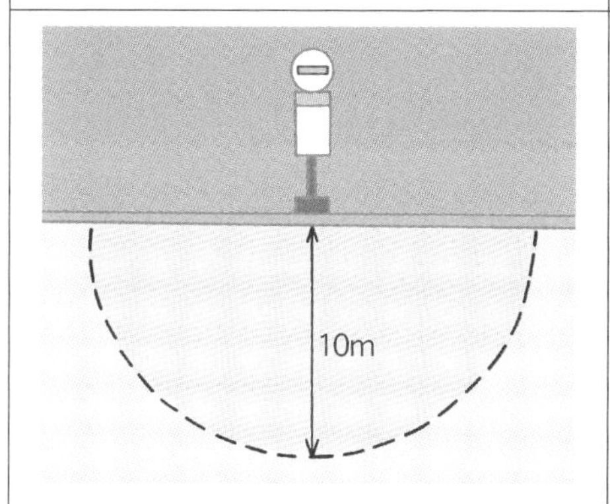 Trong vòng 10m từ trụ biển báo của trạm dừng xe điện mặt đất, xe buýt trong giờ lưu thông.	

(16) Cách đậu và dừng xe

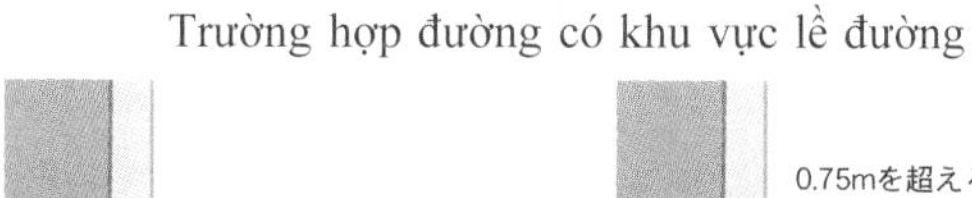

Trường hợp đường không có vỉa hè, khu vực lề đường	Trường hợp đường có khu vực lề đường	
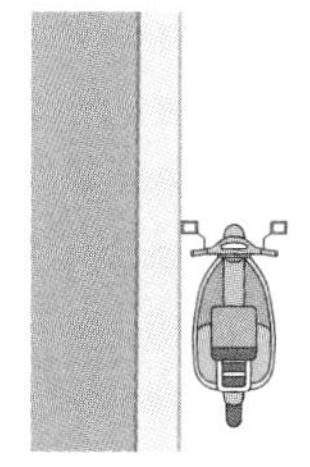	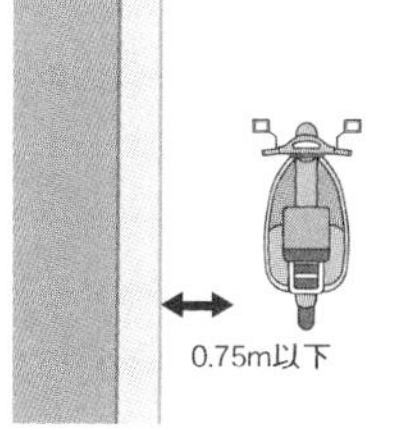 	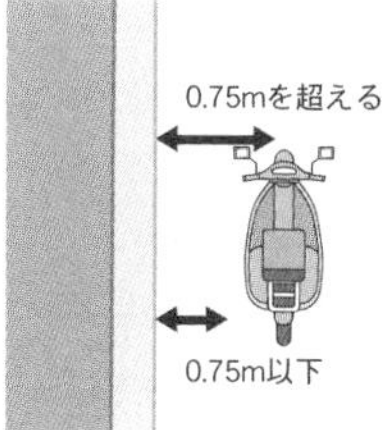
Dọc bên trái đường.	Nếu khu vực lề đường rộng 0. 75m trở xuống thì dọc theo rìa bên trái của đường dành cho xe.	Nếu khu vực lề đường rộng hơn 0. 75m thì đi vào khu vực lề đường, cách bên trái một khoảng 0. 75m trở lên.

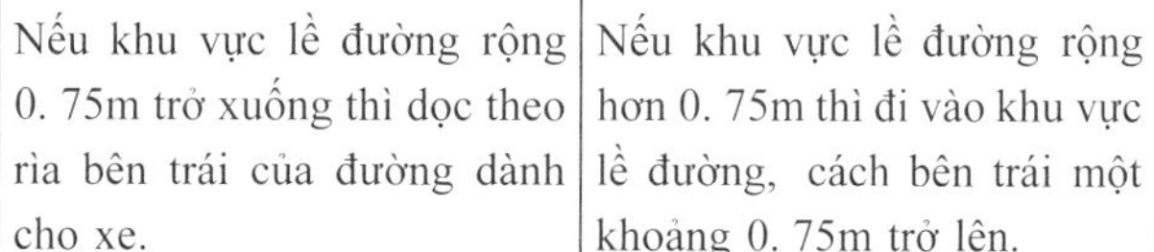

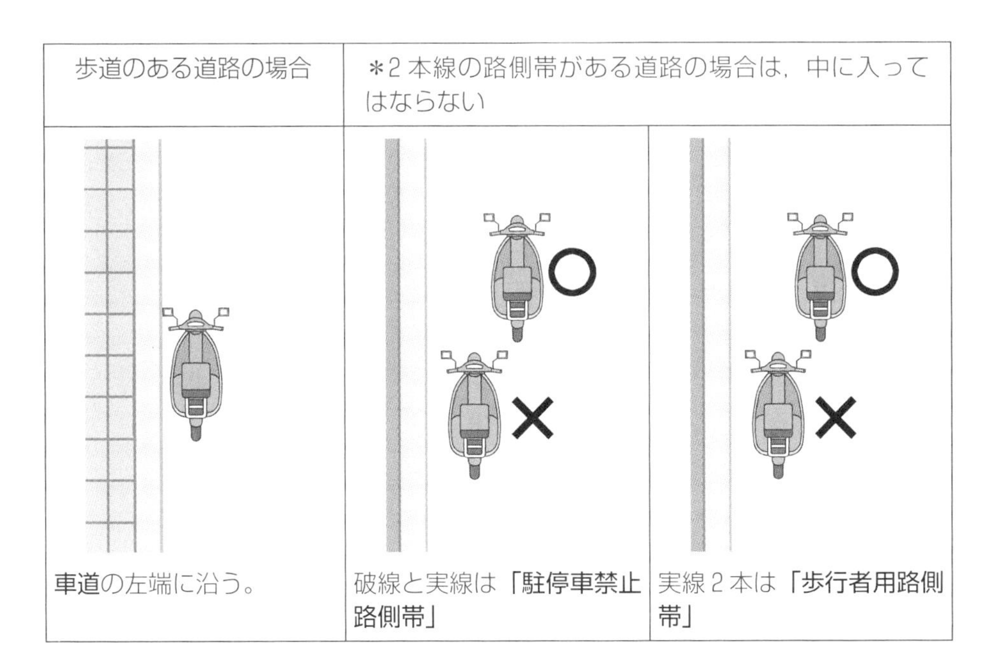

歩道のある道路の場合	＊2 本線の路側帯がある道路の場合は，中に入ってはならない	
車道の左端に沿う。	破線と実線は「駐停車禁止路側帯」	実線 2 本は「歩行者用路側帯」

無余地駐車の禁止

・車の右側の道路上に 3.5 m以上の余地がない場所では，駐車禁止。
・標識によって余地が指定されている場所では，車の右側にその長さ以上の余地をあけなければならない。

余地がなくても以下の場合は駐車できる

・**荷物の積み下ろし**を行う場合で，運転者がすぐに運転できる場合。
・**傷病者の救護**のため，やむを得ない場合。

Trường hợp đường có vỉa hè	*Trường hợp đường có khu vực lề đường có 2 vạch liền thì không được phép vào trong	
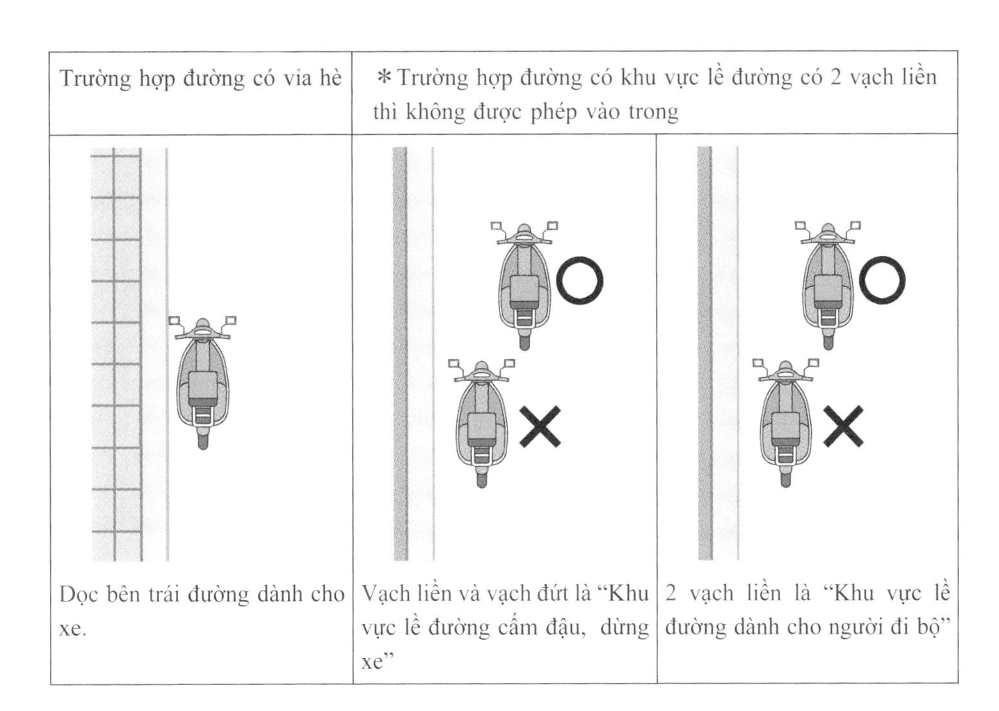		
Dọc bên trái đường dành cho xe.	Vạch liền và vạch đứt là "Khu vực lề đường cấm đậu, dừng xe"	2 vạch liền là "Khu vực lề đường dành cho người đi bộ"

Cấm đậu xe mà không chừa khoảng trống

- Cấm đậu xe ở nơi đường không có đủ khoảng trống 3. 5m trở lên từ bên phải xe.
- Trường hợp được chỉ định khoảng trống bằng biển báo thì phải chừa khoảng trống bên phải xe từ số qui định trở lên.

Trường hợp có thể đậu xe kể cả không có khoảng trống

- Trường hợp bốc dỡ hàng và người lái xe có thể lái xe ngay được.
- Trường hợp bắt buộc để cứu trợ người bị thương, bị bệnh.

(17) おさらい！徐行する場所，しなければいけない時

◎徐行する場所，しなければいけない時をもう一度，確認しよう！

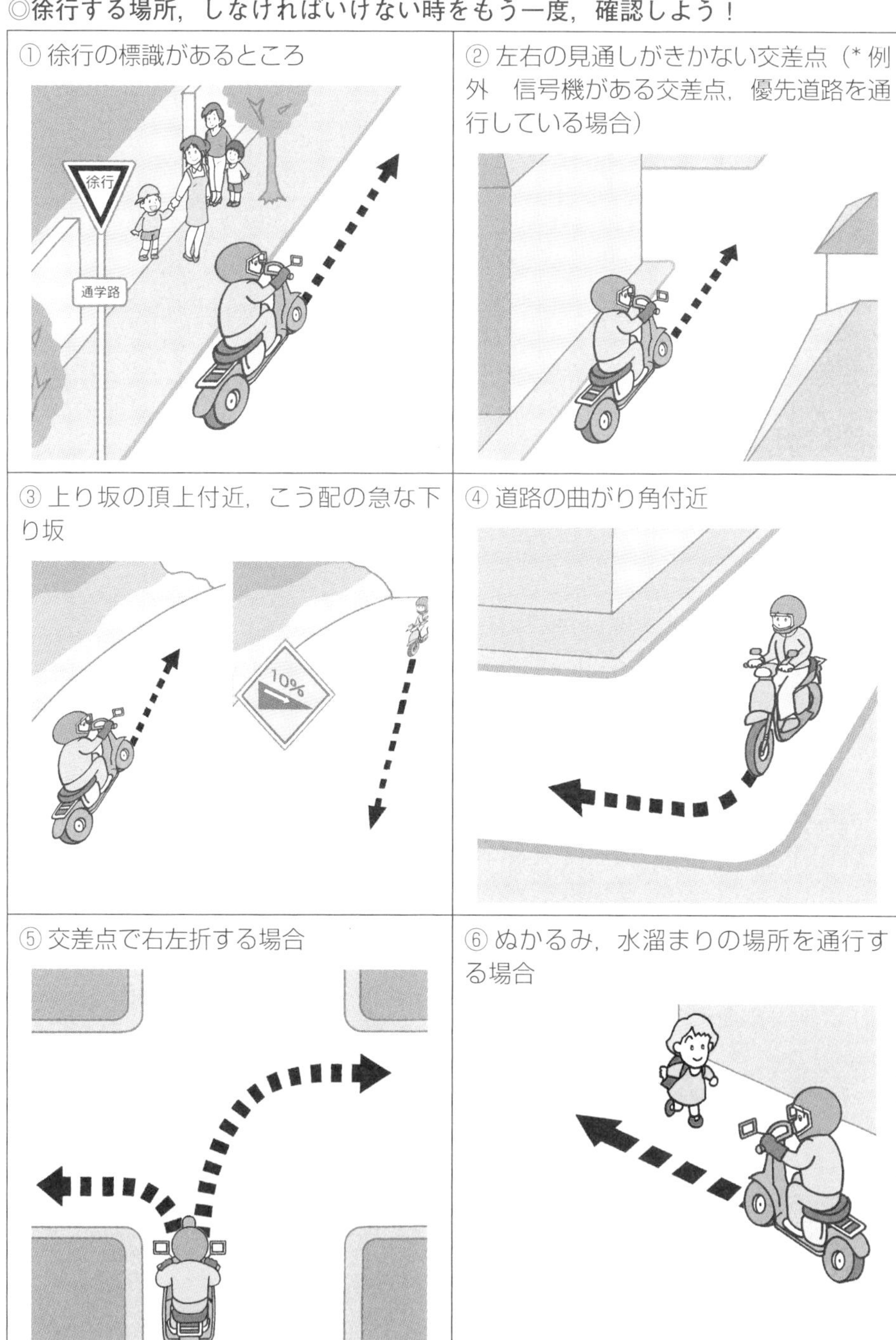

(17) Nhắc lại! thời gian và địa điểm đi chậm

◎ **Cùng nhắc lại 1 lần nữa về thời gian và địa điểm đi chậm!**

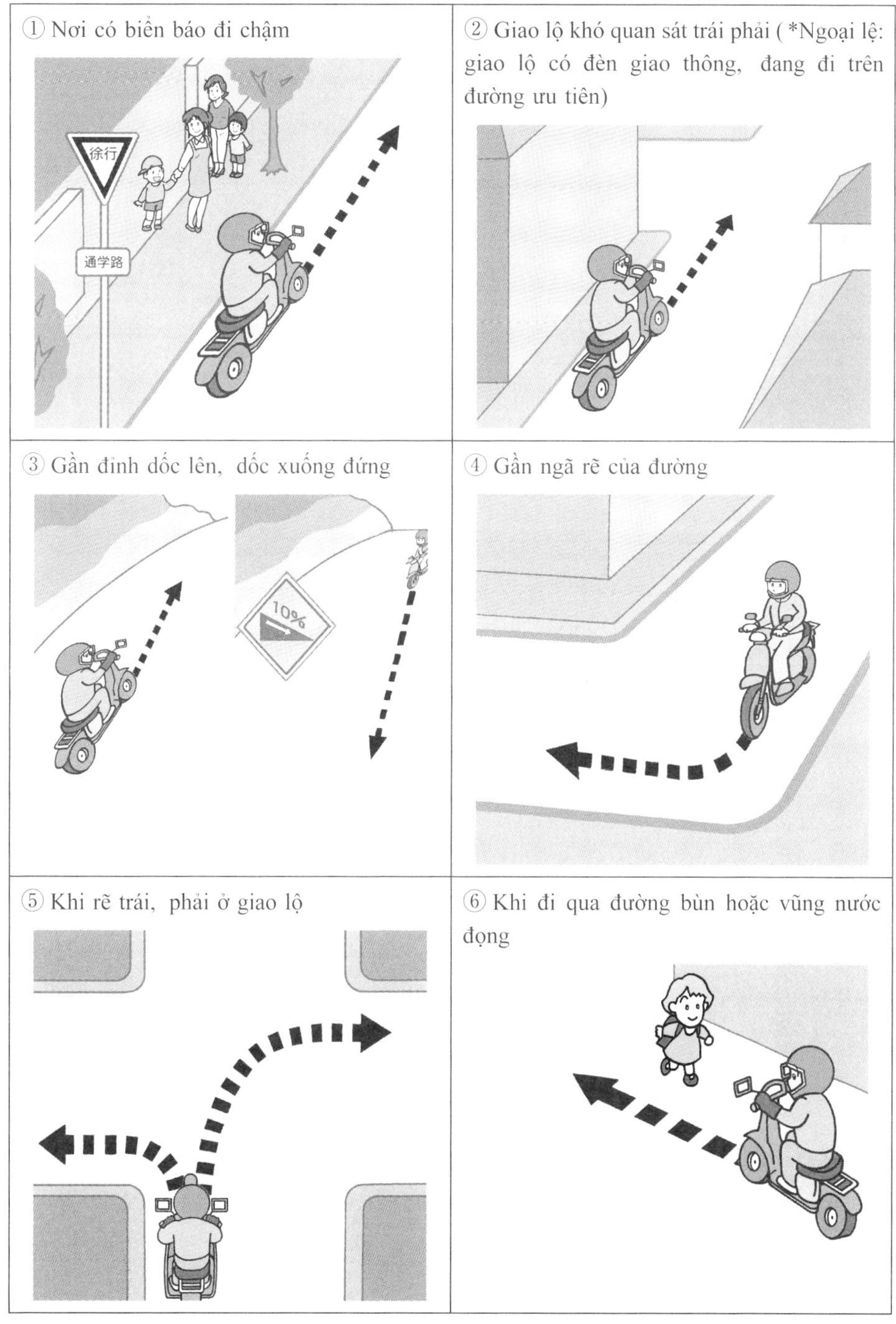

⑦ 優先道路または道幅の広い道路に進入する場合

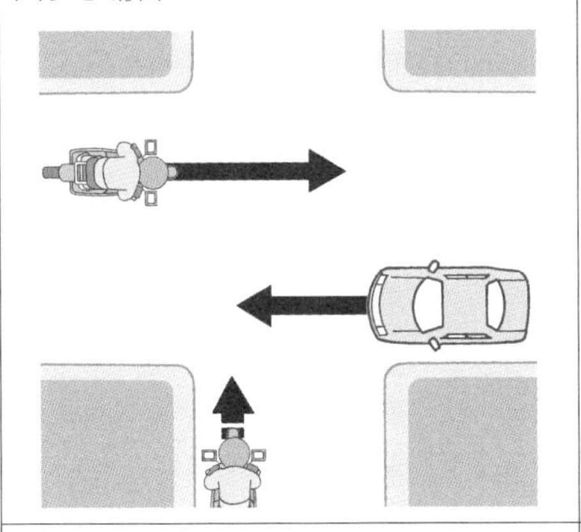

⑧ 道路外に出るため，右左折をする場合

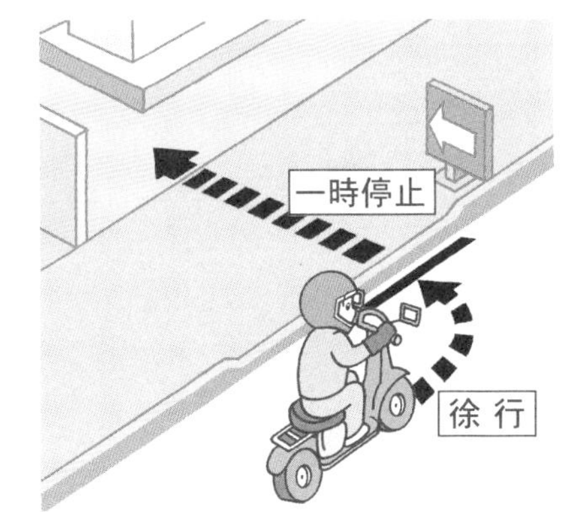

⑨ 歩行者用道路の許可を受けて通行する場合

⑩ 歩行者のいる安全地帯の横を通過する場合

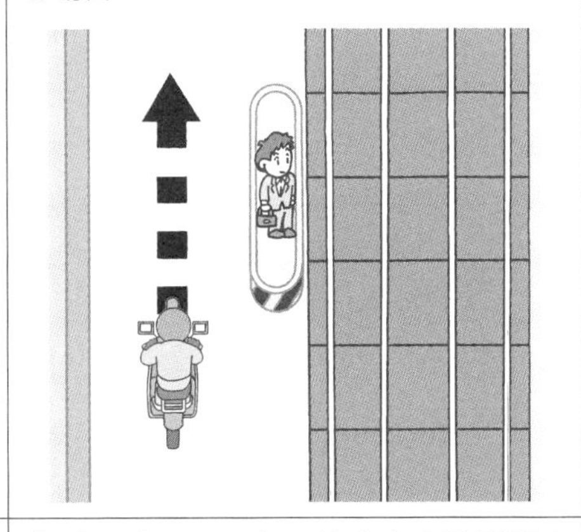

⑪ 乗り降りのため，停車中の通学，通園バスの横を通行する場合

⑫ 乗り降りのいない停止中の路面電車との間隔が 1.5 m以上とれる場合

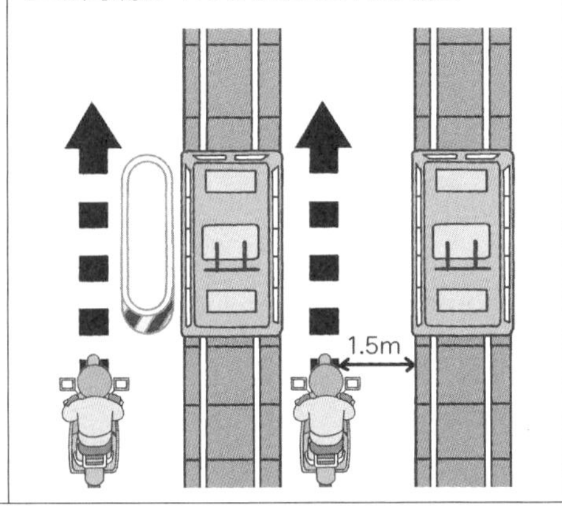

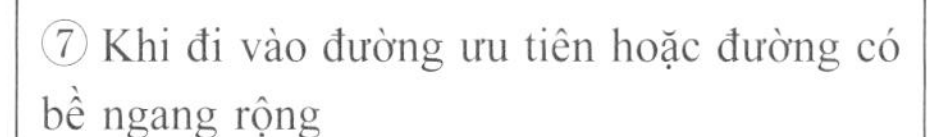
⑦ Khi đi vào đường ưu tiên hoặc đường có bề ngang rộng

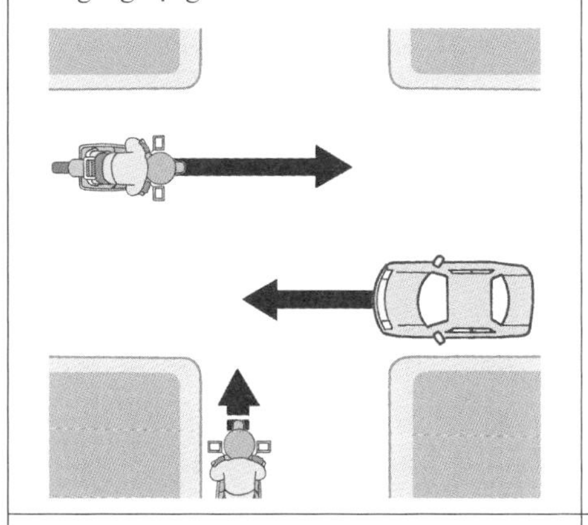

⑧ Khi rẽ trái phải để đi ra khỏi đường

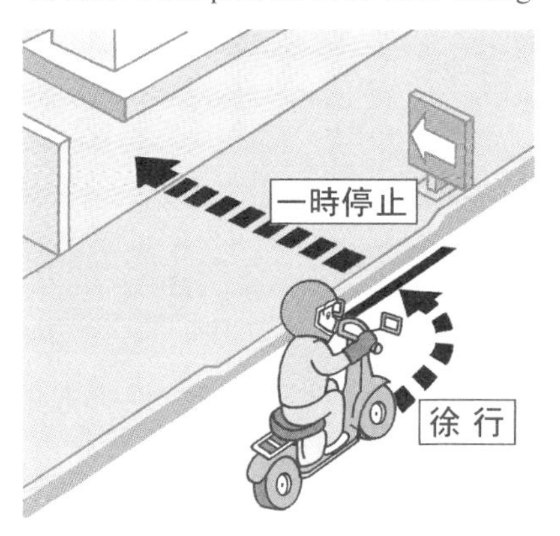

⑨ Khi được phép và đi trên đường dành cho người đi bộ

⑩ Khi đi qua bên cạnh vùng an toàn có người đi bộ

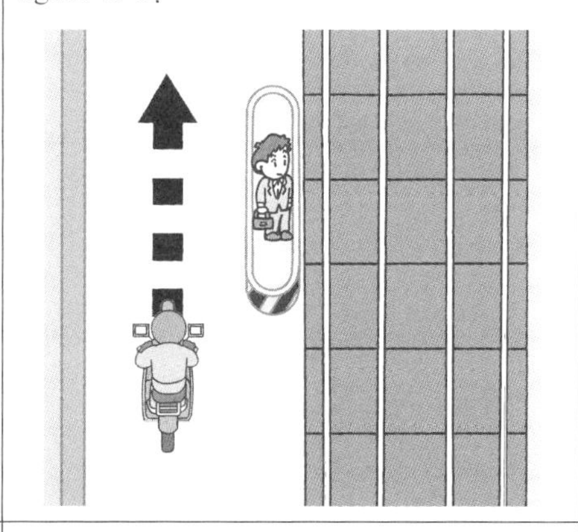

⑪ Khi đi qua bên cạnh xe buýt trường học đang dừng để học sinh lên xuống

⑫ Khoảng cách với xe điện đang dừng mà không có người lên xuống 1. 5m trở lên

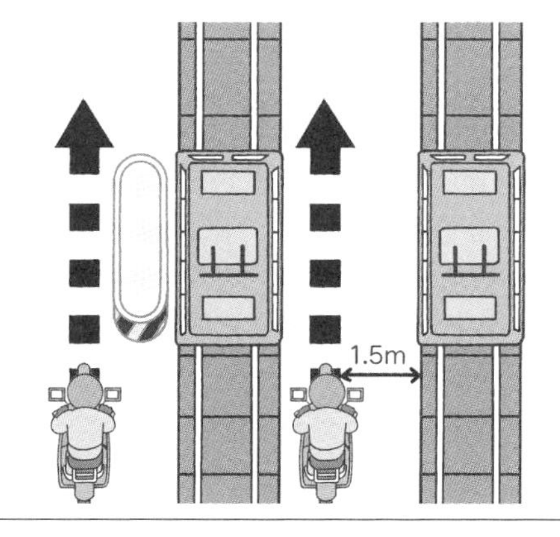

(18) 警察官などの手信号の意味

＊警察官などとは…警察官と交通巡視員のことをいう

警察官などの手信号や灯火信号の意味

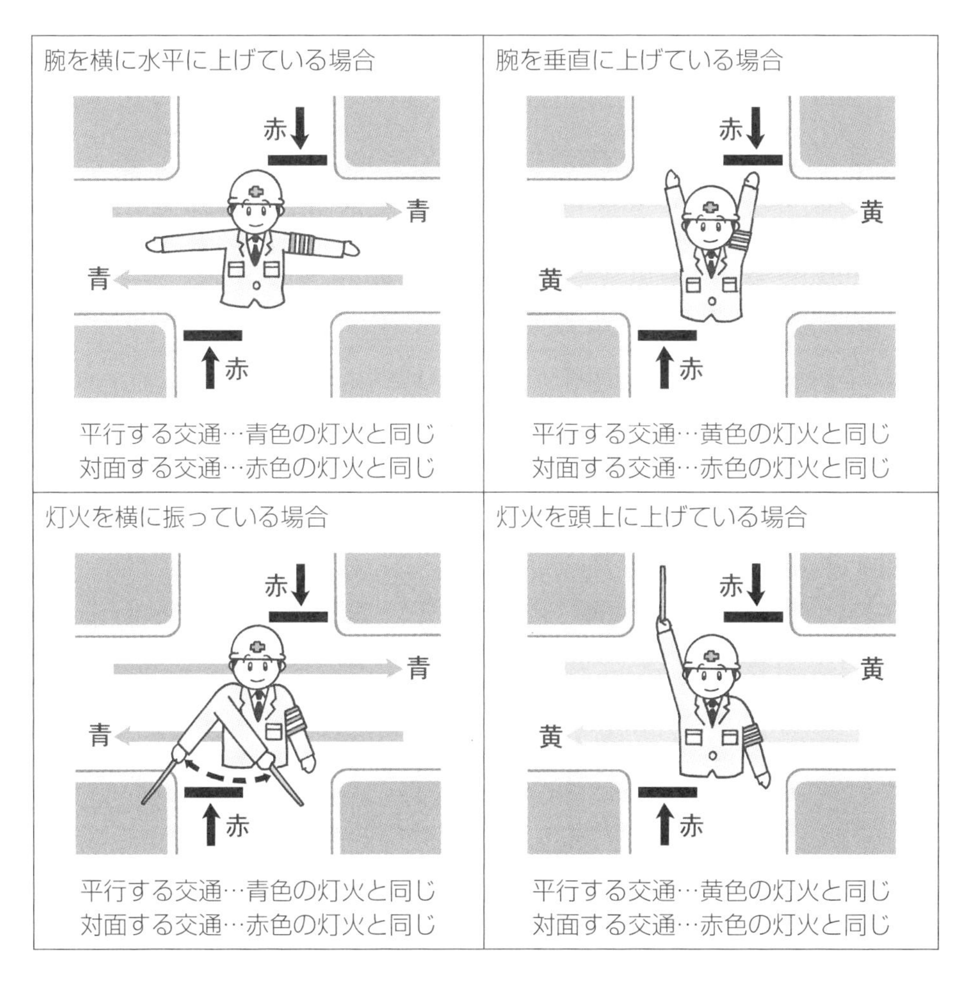

信号機の信号と警察官などの手信号や灯火信号が，異なる場合は**警察官など**の信号に従う。

(18) Ý nghĩa tín hiệu tay của cảnh sát giao thông, v. v. . .

＊ Cảnh sát. . . nghĩa là cảnh sát và nhân viên tuần tra giao thông.

Ý nghĩa tín hiệu đèn hoặc tín hiệu tay của cảnh sát, . . .

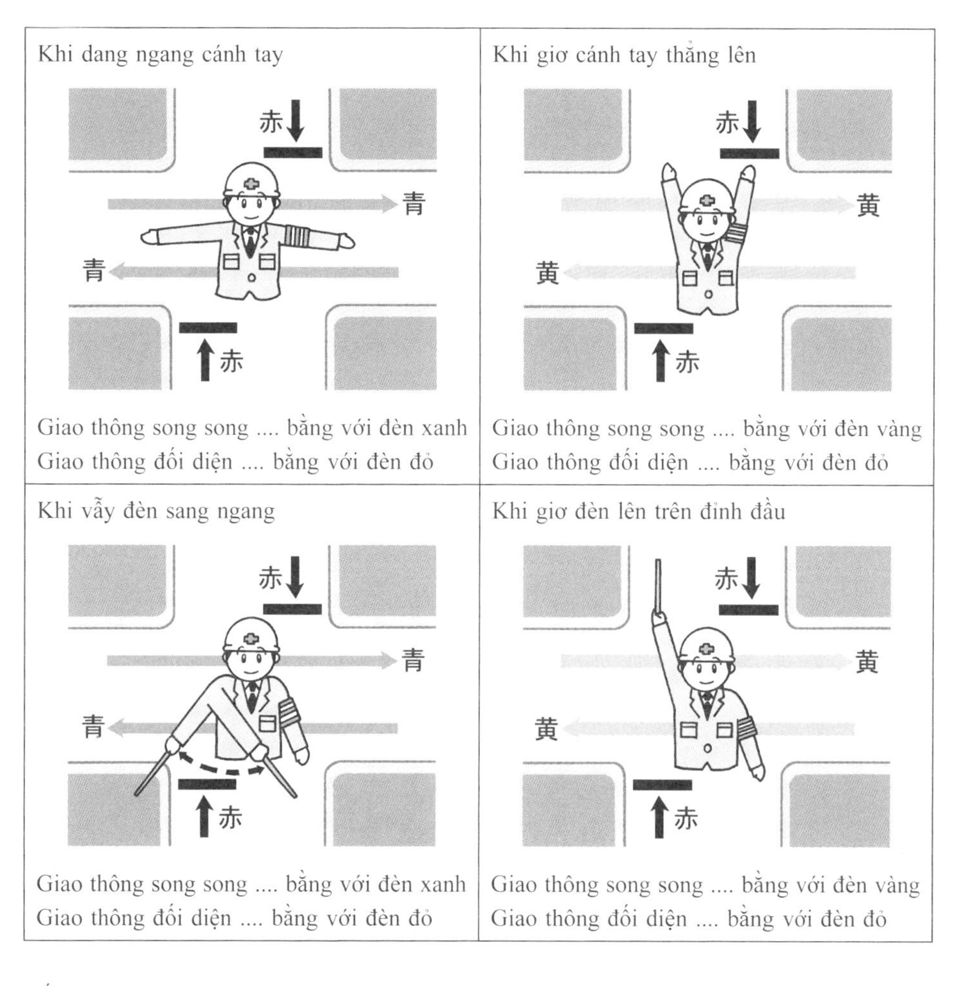

Nếu tín hiệu của đèn giao thông và tín hiệu tay hoặc tín hiệu đèn của cảnh sát, . . khác nhau thì tuân theo tín hiệu của cảnh sát, ...

4．危険な場合や場所での運転（きけんなばあいやばしょでのうんてん）

（1）緊急事態がおきたとき（きんきゅうじたいがおきたとき）

① 対向車と正面衝突のおそれがある場合	② 後輪が横滑りした場合

できる限り**左側**に寄り，**警音器とブレーキ**を使う。道路外に危険がなければ，ためらうことなく道路外に出る。	ブレーキをかけずに，**スロットル**をゆるめる。同時に**後輪が滑る方向**にハンドルを切り，車体を立て直す。
③ 下り坂でブレーキが効かなくなる場合	④ スロットルが戻らない場合

減速チェンジの後に，エンジンブレーキを効かせながら，**減速**します。それでも減速しなければ，**道路外**に停止を試みる。	ただちに**点火スイッチ**を切る。エンジンの回転を止めて，ブレーキをかけながら道路の**左端**に停止する。

4. LÁI XE NƠI HOẶC TÌNH HUỐNG NGUY HIỂM

(1) Khi tình huống khẩn cấp xảy ra

① Trường hợp có nguy cơ va chạm với xe đối diện

Tấp sát nhất có thể về bên trái, phanh và bấm còi. Nếu bên ngoài đường không nguy hiểm thì lập tức ra khỏi đường.

② Trường hợp bánh sau bị trượt

Không bóp phanh, thả lỏng tay ga, đồng thời bẻ tay lái về hướng bánh sau trượt để thân xe thăng bằng lại.

③ Trường hợp mất phanh khi xuống dốc

Sau khi chuyển chế độ giảm tốc, vừa phanh động cơ để giảm tốc độ. Nếu như thế vẫn không giảm tốc độ được thì thử dừng xe ở bên ngoài đường.

④ Trường hợp tay ga bị kẹt

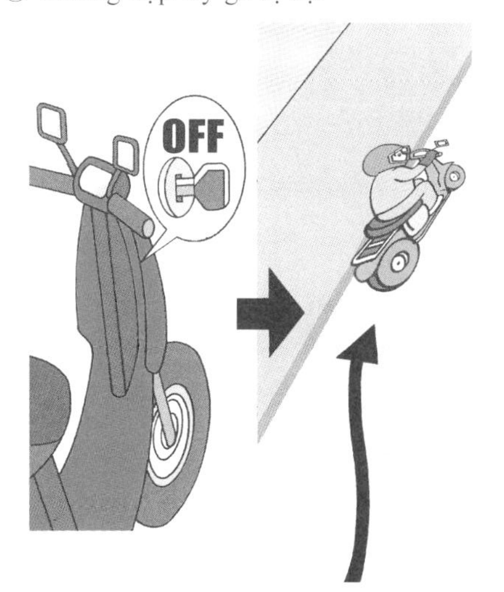

Lập tức ngắt công tắc chìa khóa. Dừng động cơ, vừa phanh vừa tấp vào bên lề trái của đường để dừng lại.

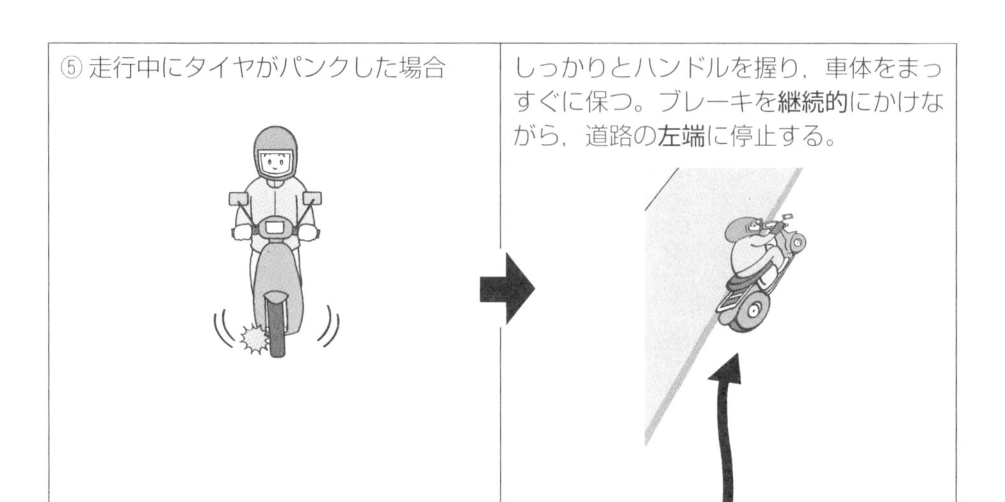

⑤ 走行中にタイヤがパンクした場合

しっかりとハンドルを握り，車体をまっすぐに保つ。ブレーキを**継続的**にかけながら，道路の**左端**に停止する。

(2) 交通事故がおきたとき（こうつうじこがおきたとき）

① 事故の続発を防止

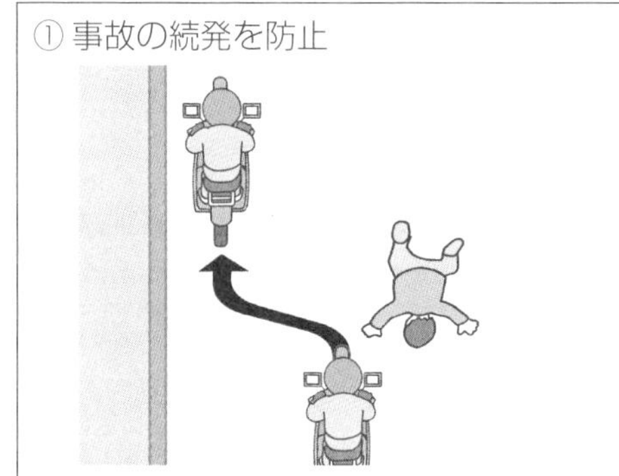

事故の**続発防止**のため，安全な場所に車を移動する。

② 負傷者の救護

負傷者がいる場合は，すぐに**救急車**を呼んで**応急救護**措置を行う。

③ 警察官へ報告

警察官に事故が発生した場所や状況など**報告**する。

⑤ Trường hợp nổ bánh xe khi đang di chuyển

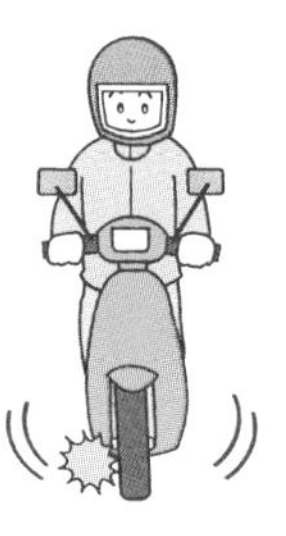

Nắm chắc tay lái, cố gắng giữ xe thăng bằng. Bóp phanh liên tục rồi tấp vào lề trái để dừng lại.

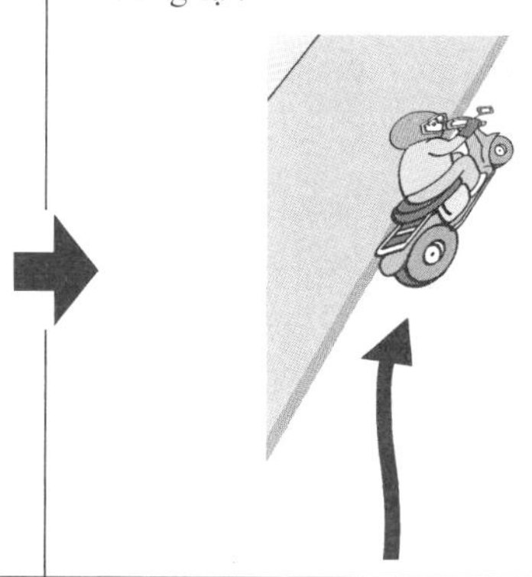

(2) Khi có tai nạn xảy ra

① Phòng tránh tai nạn liên tiếp

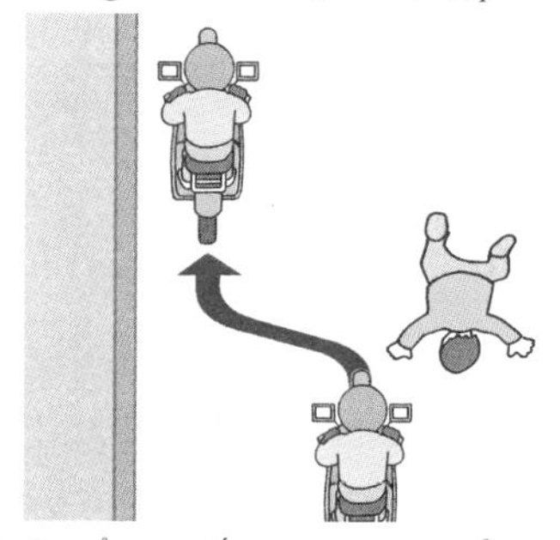

Di chuyển xe đến nơi an toàn để phòng tránh tai nạn liên tiếp.

② Cứu hộ người bị thương

Khi có người bị thương thì lập tức gọi xe cứu thương và thực hiện các biện pháp cứu hộ khẩn cấp.

③ Báo cho cảnh sát

Báo cho cảnh sát biết nơi xảy ra tai nạn, tình trạng tai nạn, . . .

(3) 大地震が発生した時(だいじしんがはっせいしたとき)

① **急ブレーキ**を避けて,車を**停止**する。ラジオや携帯などで地震情報を確認。

② 車を置いて避難する場合は,できる限り道路外の場所に車を**移動**する。

③ やむを得ず道路上に車を置いて避難した場合は,**鍵をつけたまま**にするか,誰でも**移動**できるようにする。

④ 避難する場合は,混雑を防ぐため,車での**移動**は避ける。

(3) Khi xảy ra động đất lớn

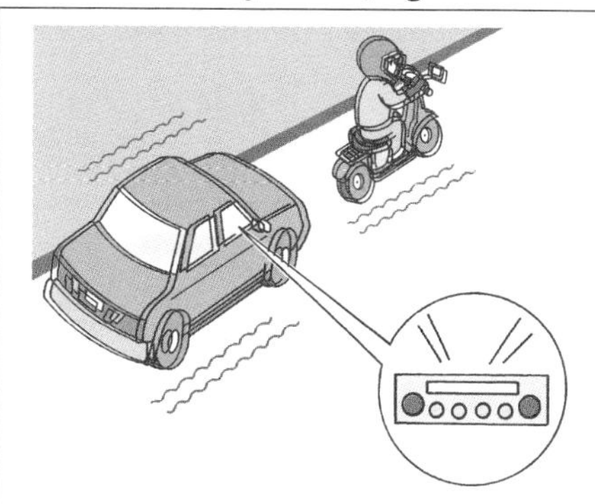	
① Tránh phanh gấp, dừng xe lại. Xác nhận thông tin động đất bằng radio hoặc điện thoại di động.	② Trường hợp bỏ lại xe để đi lánh nạn thì cố gắng di chuyển xe đến nơi bên ngoài đường.

③ Trường hợp buộc phải bỏ lại xe trên đường để đi lánh nạn thì cắm nguyên chìa khóa để bất cứ ai cũng có thể di dời xe được.	④ Trường hợp đi lánh nạn, hạn chế di chuyển bằng xe ô tô để tránh ùn tắc.

5．まちがえやすい数字のまとめ

色んな数字に関する問題が出題されるのでテーマにわけて，覚えよう！「○m以内」「時速○ km」などの数字の問題や，「手前○m以内」と「前後○m以内」の違いに気をつけて，「以上」「以下」「以内」「越える」「未満」などの意味も覚えておこう。

（1）積載制限（せきさいせいげん）

- 普通自動車の積載制限は，地上からの高さ 3.8 m以下，自動車の長さ × 1.1 m以下，自動車の幅以下
- 原動機付自転車の積載制限は，地上からの高さ 2.0 m以下，積載装置の長さ+ 0.3 m以下，積載装置の幅+それぞれの左右 0.15 m以下
- 原動機付自転車の最大積載量は 30kg（リヤカーでのけん引き時は 120kgまで。* リヤカーのけん引の許可は都道府県によって異なる）

区分	積載物の大きさと積載の方法
普通自動車 準中型自動車 中型自動車 大型特殊自動車 大型自動車	自動車の長さ×1.1m以下 自動車の幅以下 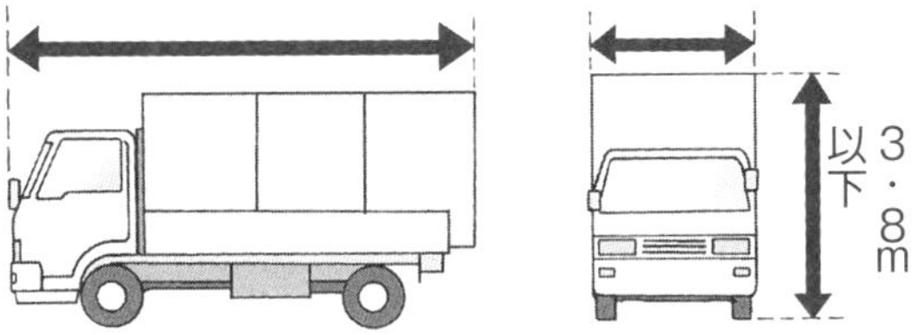 3.8m以下 三輪の普通自動車，総排気量 660cc 以下の普通自動車は高さ 2.5 m以下
大型特殊二輪車 普通自動二輪車	積載装置の長さ+0.3m以下 積載装置の幅+左右0.15m以下 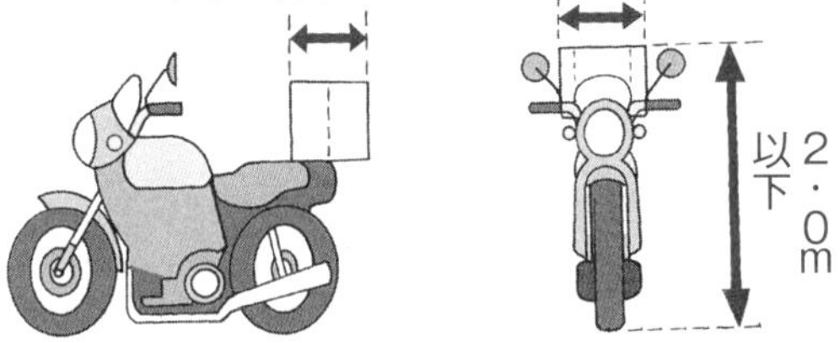 2.0m以下
原動機付自転車	同上

5. TÓM TẮT NHỮNG SỐ DỄ NHẦM LẪN

Vì có nhiều câu liên quan đến những con số sẽ được ra đề nên chúng ta hãy phân loại dữ liệu để dễ nhớ hơn nào! Cẩn thận không nhầm lẫn số liệu của những câu "trong vòng ○ m" "vận tốc ○ km/ h" hoặc "Trong vòng ○ m phía trước" với "Trong vòng ○ m trước sau", và hãy nhớ kỹ ý nghĩa của những từ "trở lên", "trở xuống", "trong vòng", "vượt quá", "chưa đến".

(1) Giới hạn chở của xe

- Giới hạn chở của xe ô tô thông thường là chiều cao 3, 8m trở xuống tính từ mặt đất, chiều dài xe x 1. 1m trở xuống, chiều rộng của xe trở xuống.
- Giới hạn chở của xe máy là: chiều cao 2, 0m trở xuống tính từ mặt đất, chiều dài yên chở + 0. 3m trở xuống, chiều rộng yên chở + mỗi bên trái phải 0. 15m trở xuống.
- Trọng lượng chở tối đa của xe máy là 30kg (khi kéo thùng xe phía sau là đến 120kg. * Việc cho phép kéo thùng xe thì tùy theo địa phương sẽ khác nhau)

Phân biệt	Độ lớn của vật được chở và Cách chở
Xe thông thường **Xe cỡ chuẩn trung** **Xe cỡ trung** **Xe đặc thù cỡ lớn** **Xe cỡ lớn**	Chiều dài xe × 1. 1 m trở xuống 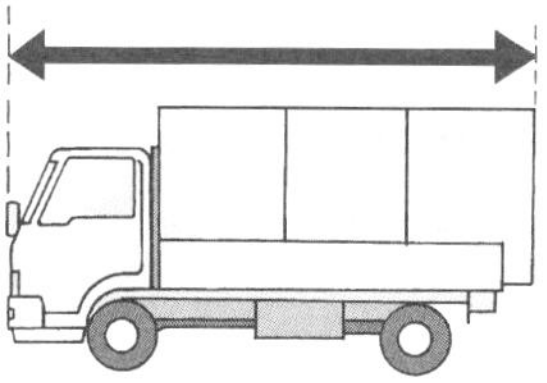 Chiều rộng xe trở xuống 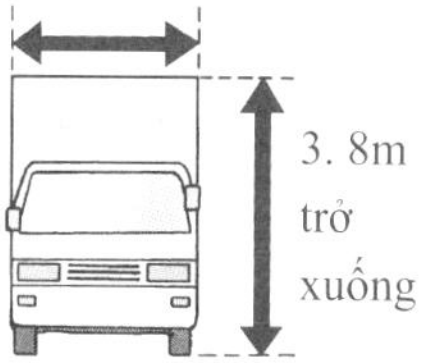 3. 8m trở xuống Xe 3 bánh thông thường, xe ô tô thông thường có tổng dung tích dưới 660cc thì chiều cao vật được chở là 2. 5m trở xuống.
Xe 2 bánh đặc thù cỡ lớn **Xe 2 bánh tự động thông thường**	Chiều dài yên chở + 0. 3 m trở xuống 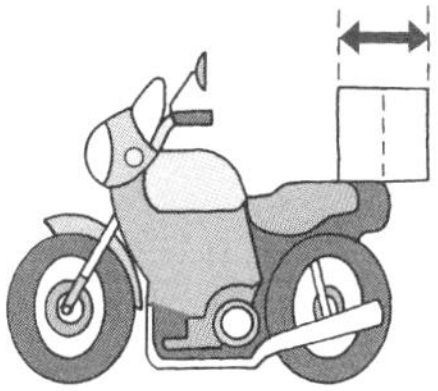 Chiều rộng yên chở + trái phải 0. 15 m trở xuống. 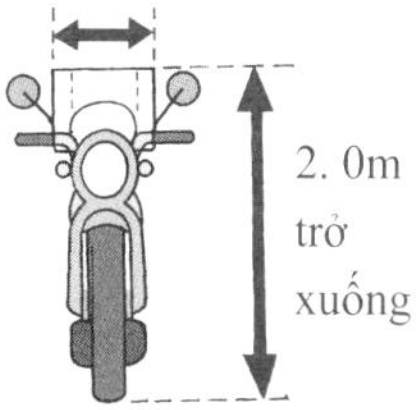 2. 0m trở xuống
Xe máy	Giống như trên

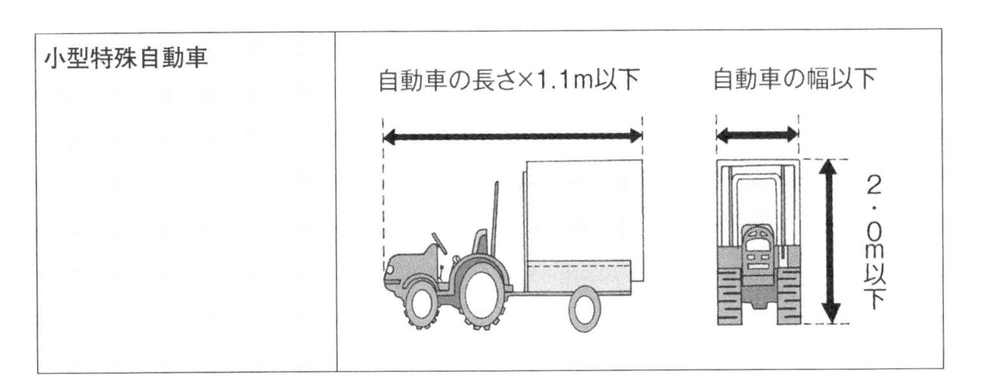

（2）規制速度と法定速度（きせいそくどとほうていそくど）

●標識や標示で最高速度が指定されている道路は，その**規制速度**内で運転する。

●標識や標示で最高速度が指定されていない道路は，以下の**法定速度**内で運転する。

区分	最高速度
大型，中型，準中型乗用自動車 大型，中型，準中型貨物自動車 大型特殊自動車 けん引自動車 普通貨物自動車 普通乗用自動車 大型自動二輪車 普通自動二輪車 総排気量 660cc 以下の自動車 ミニカー	時速 60km
原動機付自転車	時速 30km

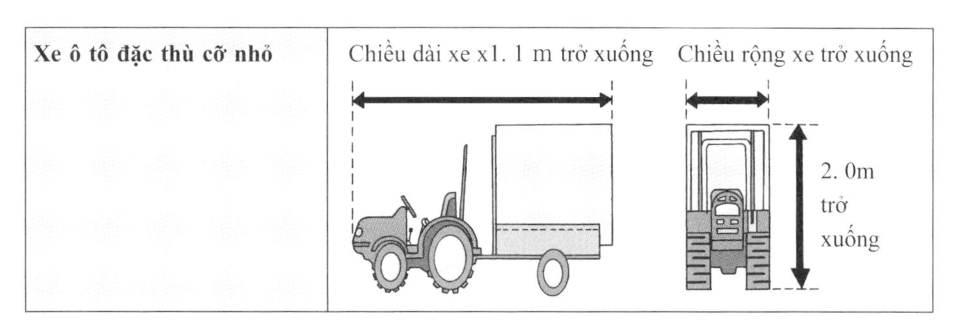

(2) Tốc độ quy định và tốc độ luật định

- Ở đường được chỉ định tốc độ tối đa bằng biển báo hoặc vạch kẻ đường thì đi trong giới hạn tốc độ quy định đó.
- Ở đường không được chỉ định tốc độ tối đa bằng biển báo hoặc vạch kẻ đường thì đi trong giới hạn tốc độ luật định dưới đây.

Phân biệt	Tốc độ tối đa
Xe ô tô khách cỡ lớn, cỡ trung, cỡ trung tiêu chuẩn **Xe ô tô tải cỡ lớn, cỡ trung, cỡ trung tiêu chuẩn** **Xe đặc thù cỡ lớn** **Xe kéo xe khác** **Xe ô tô tải thông thường** **Xe ô tô thông thường** **Xe 2 bánh cỡ lớn** **Xe 2 bánh thông thường** **Xe ô tô có tổng dung tích 660cc trở xuống** **Xe mini**	60km/ h
Xe máy	30km/ h

（3） けん引するときの最高速度（けんいんするときのさいこうそくど）

車両総重量 2000kg 以下の故障車などを，その 3 倍以上の車両総重量の車でけん引するとき。		時速 40km
それ以外の場合で故障車などをけん引するとき。		時速 30km
原動機付自転車や 125cc 以下の普通自動二輪車でけん引するとき		時速 25km

（4） 追越し禁止（おいこしきんし）

●何m以内なのかをしっかり覚えて，前後か手前かについても整理しておこう！

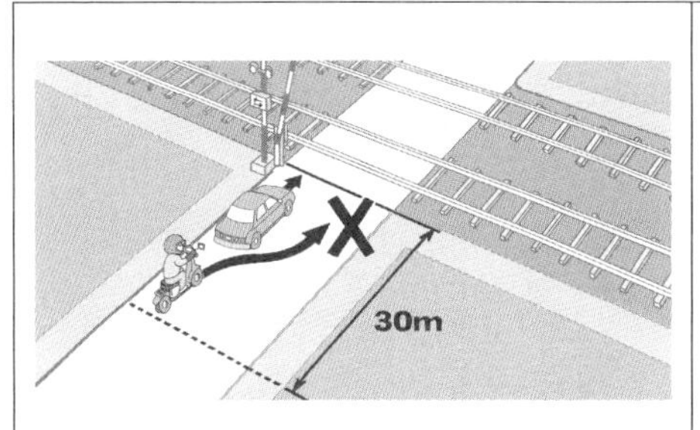

踏切とその手前から 30 m以内の場所は追越し禁止。

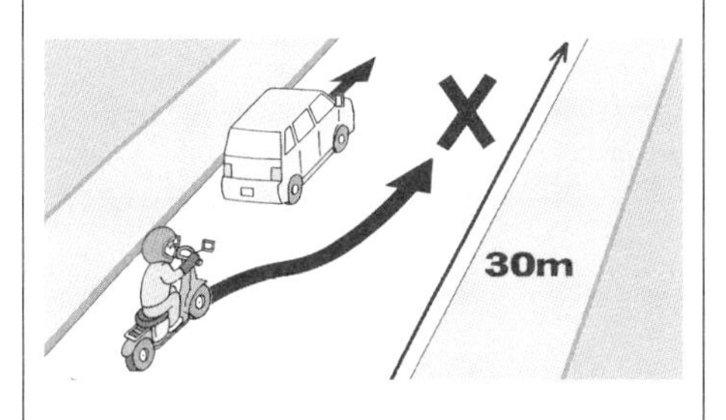

横断歩道，自転車横断帯とその手前から 30 m以内の場所は追越し禁止。

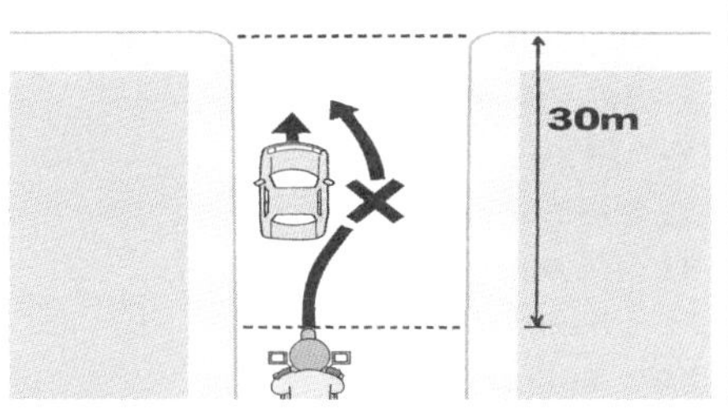

交差点とその手前から 30 m以内の場所は追越し禁止。（優先道路を通行しているときは例外）

(3) Tốc độ tối đa khi kéo xe khác

Khi kéo xe hư hỏng có tổng trọng lượng dưới 2000kg bằng xe có tổng trọng lượng gấp 3 xe đó trở lên		40km/ h
Khi kéo xe bị hỏng trong các trường hợp khác.		30km/ h
Khi kéo bằng xe máy hoặc xe 2 bánh tự động thông thường dưới 125cc		25km/ h

(4) Cấm vượt cùng làn

● Hãy nhớ chắc chắn các mốc như là: trong vòng bao nhiêu m, ở phía trước hay trước sau!

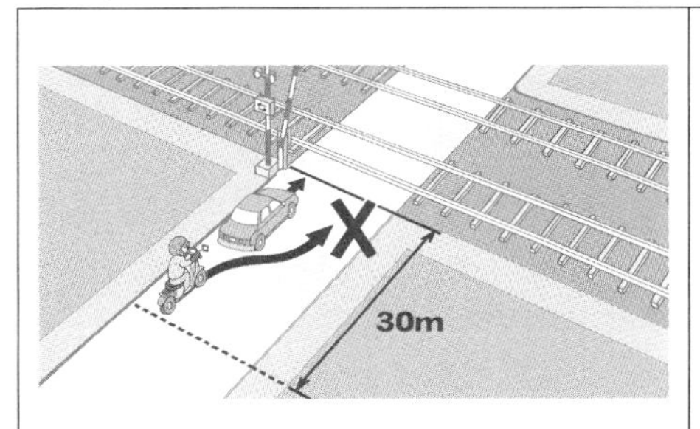

Trong vòng 30m phía trước nơi chắn tàu thì cấm vượt.

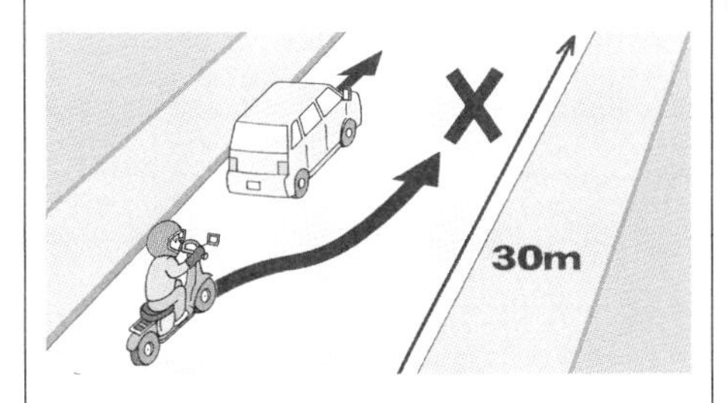

Trong vòng 30m phía trước vạch sang đường cho người đi bộ, dãy qua đường cho xe đạp thì cấm vượt.

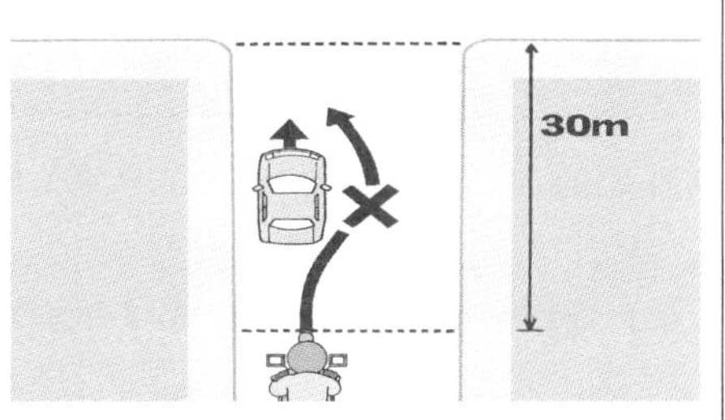

Trong vòng 30m phía trước giao lộ thì cấm vượt. (ngoại trừ trường hợp đang đi trên đường ưu tiên)

（5）徐行（じょこう）

●徐行とは

車がただちに停止できるような速度で進行すること	ブレーキ操作から1m以内で停止できる速度	おおむね時速10km以下の速度

（6）歩行者などの保護（ほこうしゃなどのほご）

●歩行者や自転車のそばを通行するときは1〜1.5m以上の安全な間隔をあける。

（7）合図を出すとき，場所（あいずをだすとき，ばしょ）

●右左折，転回の合図は30m手前で出す（環状交差点は除く）。
●進路を変えるときの合図は約3秒前に出す。
●環状交差点を出るときは直前の出口の側方を通過したとき（入るときは合図しない）。

（8）駐車禁止場所（ちゅうしゃきんしばしょ）

●道路工事の区域の端から5m以内の場所
●火災報知機から1m以内の場所
●自動車専用の出入口（駐車場や車庫）から3m以内の場所
●消防用機械器具の置き場や消防用防火水槽，これらの道路に接する出入口から5m以内の場所
●消火栓，指定消防水利の標識がある位置や，消防用防火水槽の取入口から5m以内の場所

（9）駐停車禁止の場所と時間（ちゅうていしゃきんしのばしょとじかん）

●荷物の積み下ろしのために5分を超えると，駐車。5分以内なら停車
●交差点とその端から5m以内の場所
●道路の曲がり角から5m以内の場所
●横断歩道，自転車横断帯とその端から前後5m以内の場所
●運行時間中のバス，路面電車の停留所の標示板（柱）から10m以内の場所
●踏切とその端から前後10m以内の場所
●安全地帯の左側とその前後10m以内の場所

(5) Đi chậm

● Đi chậm nghĩa là

Là đi với vận tốc mà có thể dừng xe ngay được	Tốc độ mà có thể dừng xe trong vòng 1m sau khi phanh	Tốc độ khoảng 10km/h trở xuống

(6) Bảo hộ người đi bộ

● Khi đi bên cạnh người đi bộ hoặc xe đạp thì giữ khoảng cách an toàn là 1~1,5m trở lên.

(7) Thời gian, vị trí bật tín hiệu

● Tín hiệu rẽ trái phải, quay đầu sẽ bật trước đó 30m. (Trừ giao lộ vòng xuyến)
● Tín hiệu khi thay đổi lộ trình thì bật trước đó 3 giây.
● Khi rời khỏi giao lộ vòng xuyến thì bật khi đã qua khỏi lối ra trước lối ra của mình. (khi vào giao lộ không bật tín hiệu)

(8) Nơi cấm đậu xe

● Trong vòng 5m từ rìa khu vực công trình đường.
● Trong vòng 1m từ thiết bị báo cháy.
● Trong vòng 3m từ cửa ra vào dành cho xe ô tô (bãi đậu xe hoặc nhà xe)
● Trong vòng 5m từ cửa ra vào tiếp xúc với đường của nơi đặt máy móc thiết bị chữa cháy hoặc bể nước chữa cháy.
● Trong vòng 5m từ trụ nước chữa cháy, vị trí có biển báo nguồn nước chữa cháy chỉ định hoặc cửa lấy nước từ bể nước chữa cháy.

(9) Thời gian và nơi cấm đậu cấm dừng xe

● Nếu vượt quá 5 phút để bốc xếp hành lý là đậu xe. Nếu trong vòng 5 phút thì là dừng xe.
● Giao lộ và trong vòng 5m từ góc giao lộ đó.
● Trong vòng 5m từ góc rẽ của đường
● Vạch sang đường cho người đi bộ, cho xe đạp và trong vòng 5m trước sau đó.
● Trong vòng 10m từ trụ biển báo trạm dừng xe điện mặt đất, xe buýt trong giờ lưu thông.
● Nơi chắn tàu và trong vòng 10m trước sau từ mép của chắn tàu đó.
● Bên trái vùng an toàn và trong vòng 10m trước sau đó.

(10) 路側帯のある道路での駐停車（ろそくたいのあるどうろでのちゅうていしゃ）

一本線の路側帯がある道路

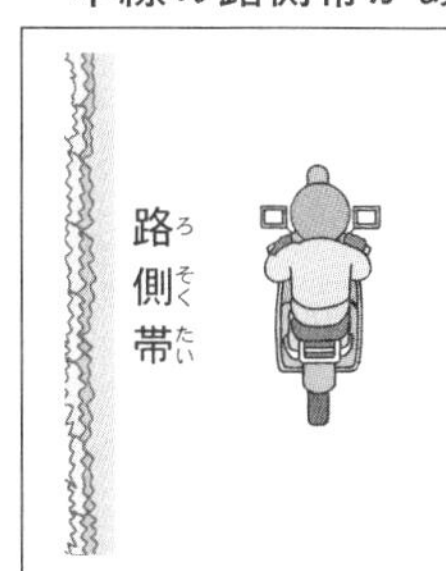	路側帯の幅が 0.75 m以下の場合は車道の左端に沿って中には入らない。	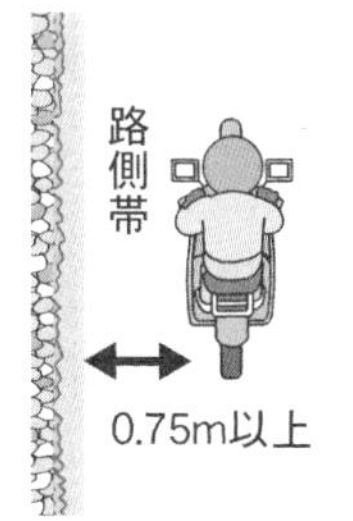	路側帯の幅が 0.75 m以上を超える場合は，中に入って左側に 0.75 m以上の余地をあける。

決められた余地をあける

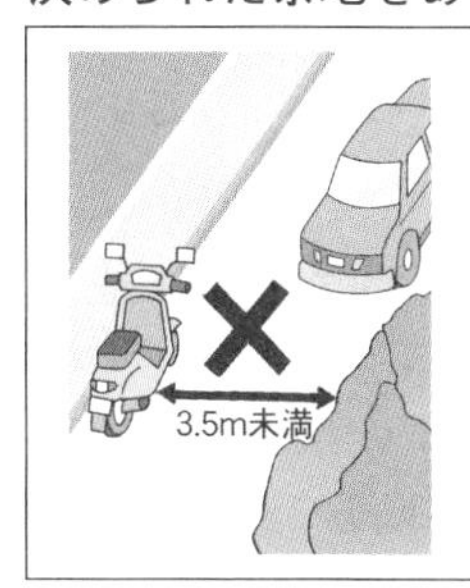	車の右側の道路上で 3.5 m以上の余地がない場所では，駐車できない。	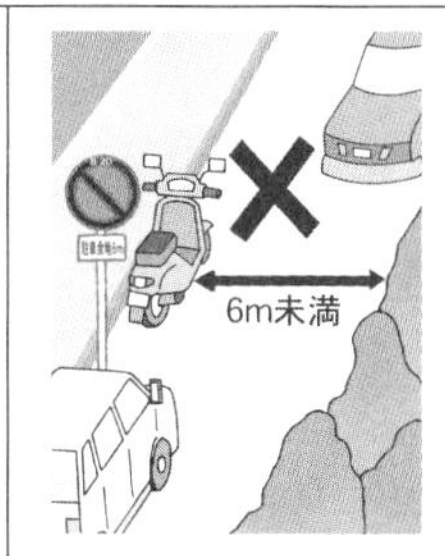	標識で余地が指定されている場所では，車の右側の道路上にその長さ以上の余地をあける。

(11) 衝撃力・遠心力・制動距離（しょうげきりょく・えんしんりょく・せいどうきょり）

衝撃力と遠心力，制動距離は速度の 2 乗に比例する。
衝撃力は速度の 2 乗に比例するので，高速運転するときは気をつけよう。

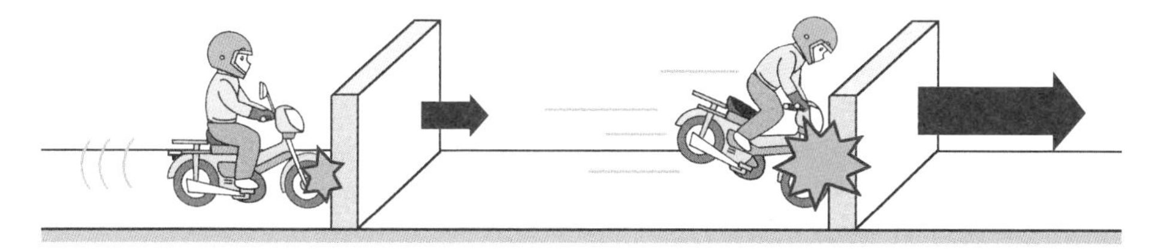

(10) Đậu dừng xe ở đường có khu vực lề đường

Đường có khu vực lề đường có 1 vạch kẻ liền

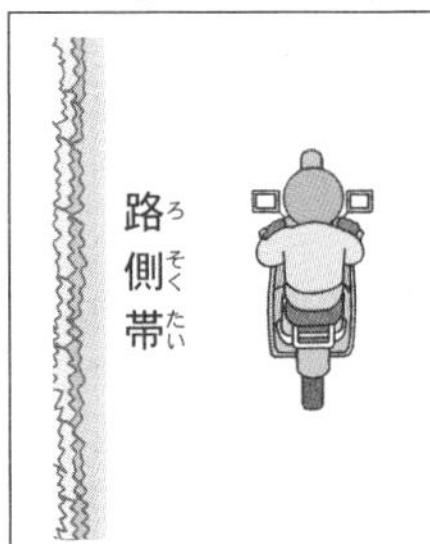	Nếu khu vực lề đường rộng 0. 75m trở xuống thì không vào bên trong mà đậu dọc theo rìa bên trái của đường dành cho xe.	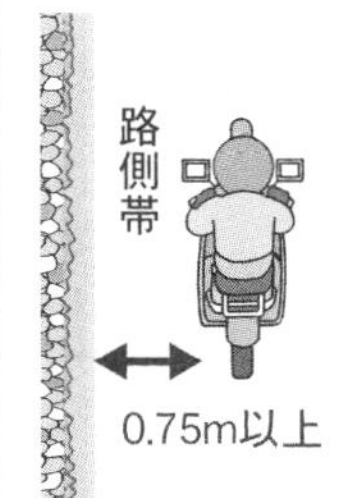	Nếu khu vực lề đường rộng 0. 75m trở lên thì đi vào bên trong, cách bên trái một khoảng 0. 75m trở lên.

Chừa khoảng trống được quy định

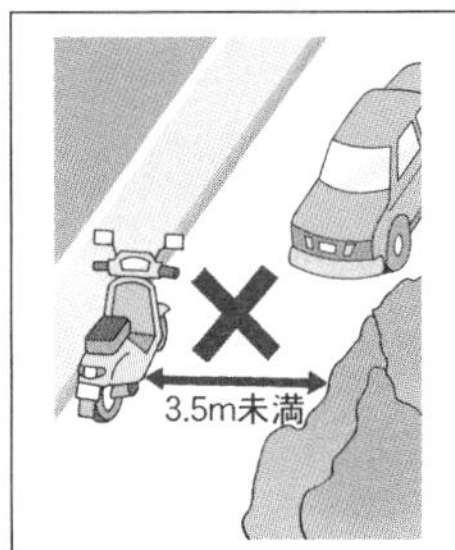	Trường hợp khoảng đất trống từ bên phải của xe không đủ 3. 5m trở lên thì không được đậu xe.	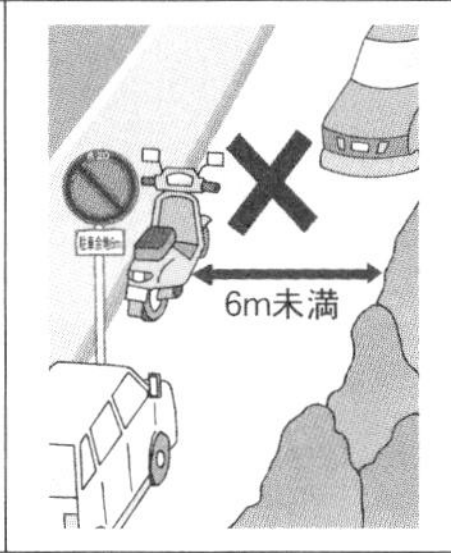	Ở nơi được chỉ định bằng biển báo thì thì từ bên phải của xe chừa một khoảng từ bằng đến hơn chỉ số được quy định.

(11) Lực tác động – Lực li tâm – Cự ly phanh

Lực tác động, lực li tâm, cự ly phanh tỉ lệ với bình phương của tốc độ.
Vì lực tác động tỉ lệ bình phương của tốc độ nên hãy cẩn thận khi lái xe ở tốc độ cao.

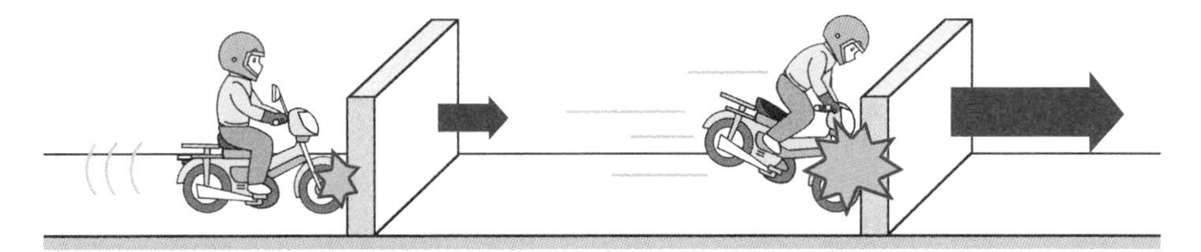

(12) 車の停止距離（くるまのていしきょり）

車はいきなり止まれないのでブレーキをかけてから，車が止まるまでの距離のことを**停止距離**。
停止距離は，下の**空走距離**と**制動距離**を足した距離のことをいう。

空走距離
危険を察知し，ブレーキをかけてから，ブレーキが効き始めるまでに車が走る距離。

(13) 制動距離（せいどうきょり）

実際にブレーキが効き始めてから，車が停止するまでの距離。
空走距離は運転者が疲れているとき（判断までに時間がかかってしまう）は長くなる。
制動距離はタイヤがすり減っていたり，路面が雨で濡れている場合は通常のおよそ**2倍**になるので注意が必要。

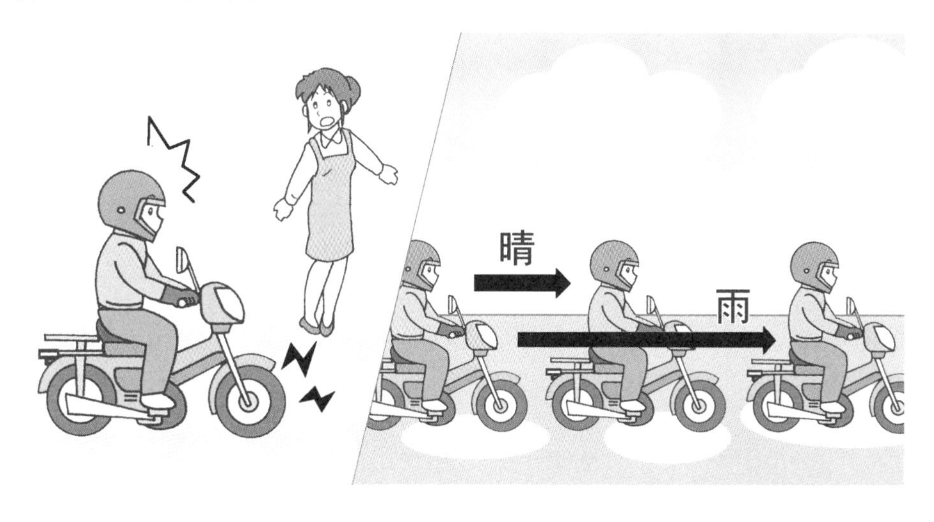

(12) Khoảng cách dừng của xe

Vì xe không thể dừng đột ngột nên khoảng cách từ khi phanh đến khi xe dừng lại thì gọi là khoảng cách dừng xe.
Khoảng cách dừng là khoảng cách cộng lại của khoảng cách phản ứng và khoảng cách phanh.

Khoảng cách phản ứng
Là khoảng cách xe chạy khi phát hiện nguy hiểm, thực hiện phanh đến lúc phanh bắt đầu có hiệu lực.

(13) Khoảng cách phanh

Là khoảng cách sau khi phanh bắt đầu có hiệu lực đến lúc xe dừng lại.
Khoảng cách phản ứng sẽ dài hơn khi người lái xe bị mệt (mất thời gian để phán đoán).
Khoảng cách phanh sẽ gấp đôi bình thường khi lốp xe bị mòn hoặc mặt đường ướt do mưa nên cần phải chú ý.

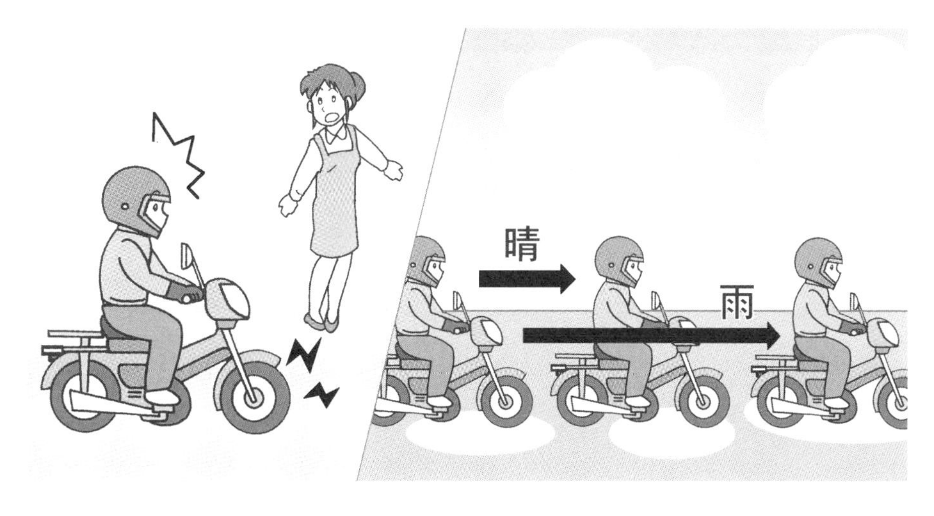

6. イラスト問題の攻略法（いらすともんだいのこうりゃくほう）

試験には危険を予測した運転に関するイラスト問題が２問出題されます。どんな危険が潜んでいるか？や，どんな運転行動が安全か？を出題されるので，落ち着いて答えよう。イラスト問題では１問につき３つの設問があり，全て正解して２点です。１つでも間違えると得点にはならないので要注意です。

（1） イラスト問題を解く攻略法！（いらすともんだいをとくこうりゃくほう）

①「～するはずなので」「～と思われるので」の表現には要注意！
思い込みの判断で運転することは危険。
②「すばやく」「急いで」などの表現には要注意」！
急ブレーキ，急ハンドルは必要性を問われる場合が多い。
③「見えないところ」にも要注意！
危険はどこにでも潜んでいることを忘れない。
④「そのままの速度で」「速度を上げて」などの表現には要注意！
徐行，停止などが必要か問われる場合が多い。

6. CHIẾN LƯỢC CHO CÂU HÌNH MINH HỌA

Đề thi sẽ có 2 câu hình minh họa về việc dự đoán tình huống nguy hiểm khi lái xe. Có những nguy hiểm tiềm ẩn gì? Lái xe như thế nào là an toàn? sẽ được ra đề cho nên phải bình tĩnh để trả lời. Mỗi 1 câu hình minh họa sẽ có 3 câu hỏi, đúng tất cả thì được 2 điểm. Sai chỉ 1 câu bất kì thì không được điểm nên cần chú ý.

(1) Chiến lược giải câu hình minh họa!

① Cần chú ý những cụm từ như là "vì chắc chắn rằng" "vì cho rằng"!
Lái xe theo phán đoán lầm tưởng thì rất nguy hiểm.

② Cần chú ý những cụm từ như là "nhanh chóng" "gấp rút"!
Phanh gấp, bẻ lái gấp thì thường sẽ bị hỏi về tính cần thiết của nó.

③ Cũng cần chú ý cum từ "nơi không thể nhìn thấy"!
Đừng quên rằng nguy hiểm ở khắp mọi nơi.

④ Cần chú ý cụm từ như là "giữ nguyên tốc độ đó" "tăng tốc độ"!
Thường bị hỏi liệu có cần thiết phải đi chậm hay dừng lại không.

(2) イラスト問題ではここをチェックしよう！

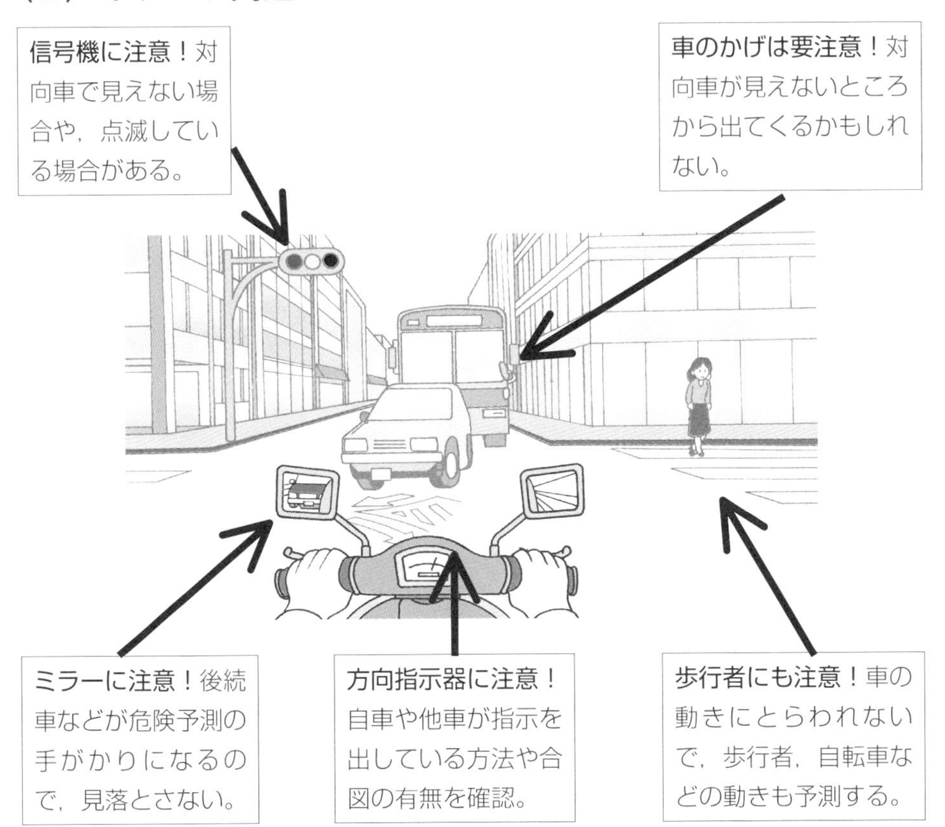

(2) Hãy cùng kiểm tra câu hình minh họa nào!

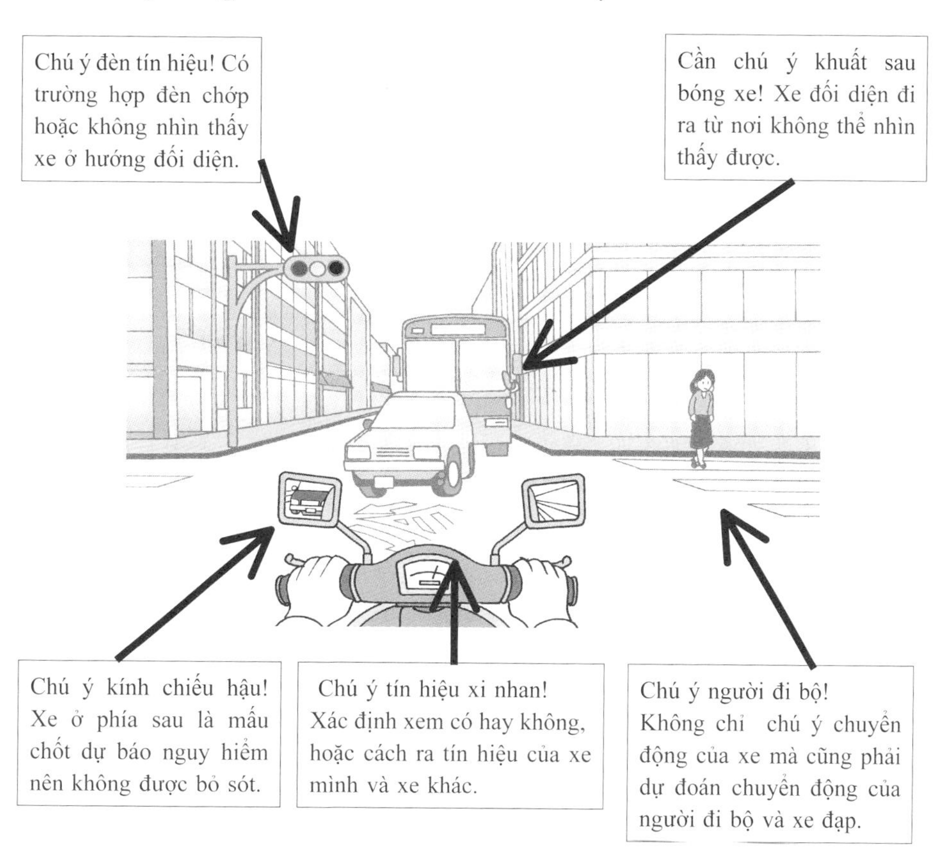

7．危険予測の練習問題（きけんよそくのれんしゅうもんだい）

問１　時速20キロメートルで進行しています。どのようなことに注意して運転しますか？

⑴ トラックの後ろにいる人は，自車の接近に気づいて，道路を横断することはないので，そのままの速度で通行する。
⑵ トラックの後ろにいる人は，荷物を運ぶため道路を横断するかもしれないので，いつでも止まれるように速度を落として通行する。
⑶ 左側の門から，荷物を取りに人が出てくるかもしれないので，いつでも止まれるように速度を落として通行する。

解答と解説

⑴ ×　トラックの後ろの人は，自車の接近に気づくとは限らないです。
⑵ ○　トラックの後ろの人の行動に注意しながら，いつでも停車できるように速度を落として通行します。
⑶ ○　左側の門にも注意して，安全な速度で通行します。

7. BÀI LUYỆN TẬP DỰ ĐOÁN NGUY HIỂM

Câu 1　Đang đi với vận tốc 20km/ h. Lái xe cần chú ý đến những điều gì?

(1) Vì người ở phía sau xe tải nhận ra xe mình đang tới và không qua đường nên vẫn giữ nguyên tốc độ đó để đi qua.

(2) Vì người ở phía sau xe tải có thể sẽ băng qua đường để mang hành lý, vì vậy nên giảm tốc độ để có thể dừng lại bất cứ lúc nào rồi đi qua.

(3) Vì có thể có người đi ra để lấy hành lý từ cổng bên trái nên giảm tốc độ để có thể dừng bất cứ lúc nào rồi đi qua.

Đáp án và giải thích

(1) ×　Người ở phía sau xe tải không hẳn là là sẽ nhận thấy được xe của mình đang đến gần.

(2) ○　Vừa chú ý đến di chuyển của người phía sau xe tải, vừa giảm tốc độ để có thể dừng lại bất cứ lúc nào rồi đi qua.

(3) ○　Cũng chú ý tới cánh cổng ở bên trái, vượt qua với tốc độ an toàn.

問２　雨の日に時速 20 キロメートルで進行しています。どのようなことに注意して運転しますか？

(1) 歩行者は傘をさしていて，自車の接近に気づきにくいので，速度を落として，歩行者の動きに十分注意して通行する。
(2) 子どもがふざけて自車の前に飛び出してくるかもしれないので，速度を落として，子どもに十分注意して通行する。
(3) このまま進行すると歩行者に雨水をはねてしまうおそれがあるので，速度を落として，注意して通行する。

解答と解説

(1) ○　雨の日は，歩行者が傘をさしているので，車の接近に気づかないときがあります。
(2) ○　子どもの動きに十分注意して，**速度を落として**通行します。
(3) ○　歩行者に対して，雨水がはねないように**注意して**通行します。

Câu 2　Đang đi với vận tốc 20km/ h trong ngày mưa. Lái xe cần chú ý đến những điều gì?

(1) Vì người đi bộ đang che ô nên sẽ khó nhận ra xe mình đang đến gần nên giảm tốc độ, chú ý cẩn thận để di chuyển của người đi bộ rồi đi qua.

(2) Trẻ em thường hiếu động nên có nguy cơ lao ra trước xe nên giảm tốc độ, chú ý tới trẻ em rồi đi qua.

(3) Nếu giữ nguyên tốc độ này để đi qua thì có thể làm bắn nước lên người đi bộ, nên giảm tốc độ, chú ý kỹ rồi đi qua.

Đáp án và giải thích

(1) ○　Vào ngày mưa, người đi bộ đang che ô nên sẽ có khi không nhận ra được xe của ta đang đến gần.

(2) ○　Cần hết sức chú ý tới chuyển động của trẻ con, giảm tốc độ rồi đi qua.

(3) ○　Chú ý không làm bắn nước lên người đi bộ rồi vượt qua.

模擬試験 THI THỬ

第1回 模擬試験	問1～問46までは各1点，問47，48は全て正解して各2点。制限時間30分，50点中45点以上で合格

●次の問題で正しいものは「正」，誤りのものは「誤」の枠をぬりつぶして答えなさい。

問1 正誤 □□	前の車に続いて踏切を通過するときは，安全を確認すれば一時停止する必要はない。
問2 正誤 □□	車は路側帯の幅の広さにかかわらず，路側帯の中にはいって停車してはならない。
問3 正誤 □□	横断歩道を通過するときは，歩行者がいないときでも一時停止をしなければならない。
問4 正誤 □□	発進する場合は，方向指示器などで合図をして，もう一度バックミラーなどで前後左右の安全を確認するとよい。
問5 正誤 □□	交通事故を起したときは，負傷者の救護より先に警察や会社などに電話で報告しなければならない。
問6 正誤 □□	原動機付自転車が一方通行の道路から右折するときは，道路の左側に寄り，交差点の内側を徐行して通行しなければならない。
問7 正誤 □□	原動機付自転車を運転するときは，免許証に記載されている条件を守らないといけない。
問8 正誤 □□	ブレーキは一度に強くかけないで，数回に分けるとよい。
問9 正誤 □□	右の図の標識があるところでは路面にでこぼこがあるので，注意して運転しなければならない。
問10 正誤 □□	停止距離とは，空走距離と制動距離を合わせた距離をいう。
問11 正誤 □□	原動機付自転車では，30キログラムまで積むことができる。
問12 正誤 □□	右の図の標識のある交差点で直進する場合は，右側か真ん中の通行帯を通行する。
問13 正誤 □□	横断歩道の手前で止まっている車があるときは，その車の側方を徐行して通過しなければならない。

ĐỀ THI THỬ LẦN 1	Từ câu 1~46 mỗi câu 1 điểm, câu 47, 48 mỗi câu 2 điểm. Thời gian giới hạn: 30 phút, 45/ 50 điểm trở lên là đạt.

● Hãy tô vào ô "Đ" nếu là đúng, ô "S" nếu là sai để trả lời những câu hỏi sau đây.

Câu 1 Đ S □□	Khi nối đuôi theo xe trước để đi qua nơi chắn tàu, nếu đã xác nhận an toàn thì không cần thiết phải dừng lại tạm thời.
Câu 2 Đ S □□	Bất kể chiều rộng của khu vực lề đường, không được vào bên trong khu vực lề đường để dừng xe.
Câu 3 Đ S □□	Khi đi qua vạch sang đường cho người đi bộ, phải dừng lại tạm thời kể cả khi không có người đi bộ.
Câu 4 Đ S □□	Khi xuất phát, ra tín hiệu bằng đèn xi nhan và nên xác nhận an toàn phía trước sau phải trái bằng kính chiếu hậu thêm 1 lần nữa.
Câu 5 Đ S □□	Khi gây ra tai nạn giao thông, phải điện thoại thông báo cho cảnh sát hoặc công ty trước hơn cả việc cứu hộ người bị thương.
Câu 6 Đ S □□	Khi xe máy rẽ phải từ đường một chiều thì phải tấp vào bên trái đường, đi chậm vào bên trong giao lộ rồi đi qua.
Câu 7 Đ S □□	Khi lái xe máy thì phải tuân theo điều kiện được ghi trên bằng lái xe.
Câu 8 Đ S □□	Không phanh một lần thật mạnh mà nên chia thành vài lần.
Câu 9 Đ S □□	Ở nơi có biển báo như hình bên phải, vì mặt đường gồ ghề nên phải chú ý lái xe.
Câu 10 Đ S □□	Khoảng cách dừng là tổng khoảng cách của khoảng cách phản ứng và khoảng cách phanh.
Câu 11 Đ S □□	Xe máy có thể chở đến 30 kg.
Câu 12 Đ S □□	Khi đi thẳng ở giao lộ có biển báo như hình bên phải thì đi ở làn ở giữa hoặc làn bên phải.
Câu 13 Đ S □□	Khi có xe đang dừng phía trước vạch sang đường cho người đi bộ thì phải đi chậm qua bên hông xe đó để đi qua.

問14 正誤 □□	交差点を通行中に緊急自動車が近づいてきたときは，ただちに交差点の隅に寄って，一時停止をしなければならない。
問15 正誤 □□	原動機付自転車を運転するときは，乗車用ヘルメットをかぶらなければならない。
問16 正誤 □□	他の車に追い越されるときは，できるだけ左側に寄り，その車が追い越し終わるまで，速度を上げてはならない。
問17 正誤 □□	信号が青色でも，前方の交通が混雑しているため交差点の中で動きがとれなくなりそうなときは，交差点に入ってはならない。
問18 正誤 □□	上り坂で停止するとき，前の車に接近しすぎないように止めるとよい。
問19 正誤 □□	右の図の標識がある道路では，自動車は通行できないが，原動機付自転車は通行できる。 (標識：通行止)
問20 正誤 □□	交通整理が行われていない，道幅が同じような交差点（環状交差点，優先道路通行中の場合は除く）では左方からくる車はあるとき，その車の進行を妨げてはならない。
問21 正誤 □□	上り坂の頂上付近とこう配の急な下り坂は，追越しが禁止されている。
問22 正誤 □□	走行中，アクセルワイヤーが引っ掛かり，アクセルが戻らなくなったら，急ブレーキをかけて止まる。
問23 正誤 □□	右の標識があるところでは，原動機付自転車は軌道敷内を通行できる。
問24 正誤 □□	安全地帯に歩行者がいるときは，徐行して進むことができる。
問25 正誤 □□	原動機付自転車で3車線以上の車両通行帯のある道路を通行中，信号機のある交差点で二段階右折をした。
問26 正誤 □□	ひとり歩きしている子どものそばを通行するときに1メートルぐらい離れていたので，徐行しないで通行した。
問27 正誤 □□	停車している車のそばを通るときは，急にドアがあいたり，歩行者が車のかげから飛び出してくることがあるので注意が必要である。
問28 正誤 □□	右の標識は二輪の自動車のみ通行できることを示している。

Câu 14 Đ S ☐☐	Khi đang đi qua giao lộ mà có xe khẩn cấp đến gần thì phải tấp ngay vào góc giao lộ và dừng lại tạm thời.
Câu 15 Đ S ☐☐	Khi lái xe máy phải đội mũ bảo hiểm dành cho người lái xe.
Câu 16 Đ S ☐☐	Khi bị xe khác vượt thì tấp vào bên trái hết mức có thể và không được tăng tốc cho đến khi xe đó đã vượt xong.
Câu 17 Đ S ☐☐	Khi có nguy cơ không di chuyển được ở trong giao lộ vì xe phía trước đang đông thì ngay cả đèn tín hiệu màu xanh cũng không được đi vào giao lộ.
Câu 18 Đ S ☐☐	Khi dừng xe ở đường dốc lên, nếu không tiếp cận quá gần với xe phía trước thì có thể dừng được.
Câu 19 Đ S ☐☐	Ở đường có biển báo như hình bên phải thì xe ô tô không được đi nhưng xe máy có thể đi. 通行止
Câu 20 Đ S ☐☐	Ở giao lộ của đường rộng bằng nhau và không có điều tiết giao thông (trừ giao lộ vòng xuyến, đang đi trên đường ưu tiên), khi có xe từ bên trái đi tới thì không được cản trở giao thông của xe đó.
Câu 21 Đ S ☐☐	Nơi gần đỉnh dốc lên hoặc dốc xuống gấp thì bị cấm vượt.
Câu 22 Đ S ☐☐	Đang chạy xe thì dây ga bị vướng và không trả tay ga lại được thì phanh gấp để dừng lại.
Câu 23 Đ S ☐☐	Ở nơi có biển báo như hình bên phải thì xe máy có thể đi bên trong đường ray.
Câu 24 Đ S ☐☐	Khi có người đi bộ ở vùng an toàn thì có thể đi chậm để đi qua.
Câu 25 Đ S ☐☐	Trong khi di chuyển bằng xe máy trên đường có 3 làn xe trở lên, đã rẽ phải 2 giai đoạn tại giao lộ có đèn giao thông.
Câu 26 Đ S ☐☐	Khi đi qua bên cạnh trẻ em đang đi bộ một mình, vì đã cách xa khoảng 1m rồi nên đã đi qua mà không đi chậm.
Câu 27 Đ S ☐☐	Khi đi qua bên cạnh xe đang dừng thì cần phải chú ý vì có thể có người đi ra từ khuất sau xe hoặc cửa xe mở ra bất ngờ.
Câu 28 Đ S ☐☐	Biển báo bên phải biểu thị rằng chỉ xe 2 bánh mới có thể lưu thông.

問29 正誤 □□	初心運転者期間とは，普通免許，大型二輪免許，普通二輪免許，原付免許を取得後1年間のことをいう。
問30 正誤 □□	徐行とは15〜20キロメートル毎時の速度である。
問31 正誤 □□	エンジンをかけた原動機付自転車を押して歩く場合は，歩行者として扱われる。
問32 正誤 □□	運転中，マフラーが故障して大きな排気音を発する状態になったが，運転上危険ではないのでそのまま運転してよい。
問33 正誤 □□	雪道では先に走った車のタイヤの跡を避けて走った方が安全である。
問34 正誤 □□	右の図の標識のある道路で原動機付自転車を右側にはみ出さずに追越しをした。
問35 正誤 □□	ぬかるみや砂利道を通るときは，トップギアで惰性をつけて通行するとよい。
問36 正誤 □□	車両通行帯のない道路では，中央線から左側ならどの部分を通行してもよい。
問37 正誤 □□	踏切では一時停止をして，自分の目と耳で左右の安全を確かめなければならない。
問38 正誤 □□	歩行者の通行や他の車などの正常な通行を妨げるおそれがあるときは，横断や転回が禁止されていなくても横断や転回をしてはならない。
問39 正誤 □□	霧の中を走るときは，前照灯をつけ，危険防止のため必要に応じて警音器を鳴らすとよい。
問40 正誤 □□	黄色の灯火の点滅は，必ず一時停止をして安全確認をしてから進まなければならない。
問41 正誤 □□	右の標識のある交差点で原動機付自転車が右折する場合は，交差点の側端に沿って徐行する二段階右折をしなければならない。 原付
問42 正誤 □□	交差点では，左折する車の後輪に巻き込まれるおそれがあるので，車の運転者からよく見える位置を走行するようにしなければならない。
問43 正誤 □□	夜間，繁華街がネオンや街路灯などで明るかったので，原動機付自転車の前照灯をつけないで運転した。

Câu 29 Đ S ☐☐	Thời gian mới lái xe nghĩa là 1 năm sau khi lấy bằng lái xe ô tô thông thường, bằng lái xe 2 bánh cỡ lớn, bằng lái xe 2 bánh thông thường, bằng lái xe máy.
Câu 30 Đ S ☐☐	Đi chậm nghĩa là tốc độ 15~20km mỗi giờ.
Câu 31 Đ S ☐☐	Trường hợp dẫn bộ xe gắn máy đã khởi động thì được xem như người đi bộ.
Câu 32 Đ S ☐☐	Đang lái xe thì bộ giảm âm bị hỏng nên phát ra tiếng ồn thải khí lớn, nhưng vì không nguy hiểm đến việc lái xe nên tiếp tục lái cũng không sao.
Câu 33 Đ S ☐☐	Trên đường tuyết thì nên chạy tránh vết bánh xe của xe trước sẽ an toàn hơn.
Câu 34 Đ S ☐☐	Đã vượt xe máy mà không lấn sang bên phải trên đường có biển báo như hình bên phải.
Câu 35 Đ S ☐☐	Khi đi qua đường bùn hoặc đường cát thì tạo lực quán tính bằng cấp số lớn nhất để đi qua.
Câu 36 Đ S ☐☐	Trên đường không có làn đường thì có thể đi ở bất cứ nơi nào của phần đường bên trái tính từ vạch giữa đường.
Câu 37 Đ S ☐☐	Tại nơi chắn tàu thì phải dừng lại tạm thời, xác nhận an toàn bằng tai và mắt của chính mình.
Câu 38 Đ S ☐☐	Khi có nguy cơ gây cản trở lưu thông của người đi bộ và xe khác thì cho dù không bị cấm sang đường hoặc quay đầu thì cũng không được sang đường hoặc quay đầu xe.
Câu 39 Đ S ☐☐	Khi chạy xe trong sương mù thì nên bật đèn và bấm còi khi cần thiết để đề phòng nguy hiểm.
Câu 40 Đ S ☐☐	Đèn vàng nhấp nháy thì phải dừng lại tạm thời và xác nhận an toàn rồi mới tiếp tục đi.
Câu 41 Đ S ☐☐	Trường hợp xe máy rẽ phải ở giao lộ có biển báo như hình bên phải, thì phải rẽ phải 2 giai đoạn bằng cách đi chậm dọc theo rìa giao lộ.
Câu 42 Đ S ☐☐	Ở giao lộ, vì có nguy cơ bị cuốn vào bánh sau của xe ô tô rẽ trái nên phải đi xe ở nơi mà người lái xe ô tô có thể nhìn thấy bạn dễ dàng.
Câu 43 Đ S ☐☐	Vào ban đêm, khu vực trung tâm thành phố đông đúc có đèn neon chiếu sáng nên đã chạy xe máy mà không bật đèn xe.

問44 正誤 □□	追越ししようとするときは，その場所が追越し禁止場所ではないかを確かめる。
問45 正誤 □□	ブレーキは道路の摩擦係数が小さくなればなるほど強くかかる。
問46 正誤 □□	同一方向に進行しながら進路変更するときは，進路を変更するときの10秒前に合図をしなければならない。

問47　雨上がりの道路を時速30キロメートルで進行しています。この場合，どのようなことに注意して運転しますか？

(1) 正誤 □□　雨で濡れた道路での急なハンドル操作は，転倒の原因になるので，速度を落として慎重に運転する。

(2) 正誤 □□　雨で濡れた道路での急ブレーキは，横滑りの原因になるので，早めにスロットルを戻し，速度を落とす。

(3) 正誤 □□　雨で濡れた路面のカーブでは，曲がりきれず，中央線をはみ出すおそれがあるので，手前の直線部分で十分に速度を落とす。

問48　夜間，右折待ちのため停止しています。この場合，どのようなことに注意して運転しますか？

(1) 正誤 □□　トラックが右折するときに，トラックの右側を同時に右折すると安全である。

(2) 正誤 □□　トラックの陰から直進してくる対向車があるかもしれないので，トラックが右折したあとに続いて右折せず，安全を確認してから右折する。

(3) 正誤 □□　夜間は車のライトが目立つため，歩行者は自車の存在に気づいて立ち止まるので，両側の歩行者の間を右折する。

Câu 44 Đ S □□	Khi định vượt thì phải xác nhận xem nơi đó có phải là nơi cấm vượt hay không.
Câu 45 Đ S □□	Hệ số ma sát của đường càng nhỏ thì phanh càng mạnh.
Câu 46 Đ S □□	Khi chuyển làn đường khi đi cùng hướng thì phải bật tín hiệu trước khi chuyển làn đường 10 giây.

Câu 47 Đang đi với vận tốc 30km/ h trên đường sau khi mưa. Trường hợp này phải chú ý những gì khi lái xe?

(1)
Đ S
□□ Bẻ lái gấp trên đường ướt sau mưa thì có thể gây ra ngã xe nên giảm tốc độ và lái xe thận trọng.

(2)
Đ S
□□ Phanh gấp trên đường ướt sau mưa thì có thể gây ra trượt xe nên nhanh chóng hạ ga để giảm tốc độ.

(3)
Đ S
□□ Ở mặt đường cua bị ướt sau mưa, vì có nguy cơ không vòng được hết cua và lấn ra vạch giữa đường nên giảm tốc độ ở phía trước đường vòng đó.

Câu 48 Ban đêm, đang dừng để đợi rẽ phải. Trường hợp này phải chú ý những gì khi lái xe?

(1)
Đ S
□□ Khi xe tải rẽ phải, cùng lúc đó sẽ rẽ phải ở bên phải của xe tải sẽ an toàn.

(2)
Đ S
□□ Vì có thể có xe ở hướng đối diện khuất sau bóng xe tải đang đi thẳng tới nên không nối đuôi theo xe tải để rẽ phải mà phải xác nhận an toàn xong rồi mới rẽ.

(3)
Đ S
□□ Vào ban đêm, vì đèn của xe rất dễ gây chú ý nên người đi bộ sẽ nhìn thấy xe và dừng lại, vì vậy rẽ phải chen giữa người đi bộ ở hai bên.

第1回 解答と解説	間違えたら赤シートを当てて，覚えておきたいポイントを再チェックしよう！

◆・・・ひっかけ問題　★・・・重要な問題

問1 誤	踏切を通過するとき，前の車に続いても**一時停止**をし，**安全確認**をしなければいけない。
問2 ★誤	駐停車が禁止されていない幅の広い路側帯の場合には入れる。ただし，道路の端から**0.75メートル**の幅をあけること。
問3 誤	横断している人や横断しようとする人がいるときだけ，横断歩道の手前で**一時停止**する。
問4 ★正	安全確認を怠らないこと。
問5 誤	**負傷者の救護**などを行い，**事故の発生場所**や**負傷者の数**，けがの程度などを警察に報告しなければならない。
問6 ★誤	一方通行の道路では右折するとき，道路の**右側**に寄らなければならない。
問7 正	免許証の記載されている条件を守ること。
問8 正	急ブレーキは危険なので避けること。
問9 正	この標識は「**路面に凹凸あり**」を示しているので，**速度**を落としながら注意して運転する。
問10 正	**空走距離**と**制動距離**を合わせた距離が**停止距離**になる。
問11 正	原動機付自転車の積載物の重量は**30キログラム**までである。
問12 正	この標示は「**進行方向**」を示しているので，直進の場合は**右側**か**真ん中**の通行帯を通行する。
問13 ◆誤	横断歩道の手前で止まっている車の側方を通って前方に出る前に，**一時停止**する。

ĐỀ LẦN 1 ĐÁP ÁN & GIẢI THÍCH	Nếu trả lời sai thì hãy dùng tấm bìa màu đỏ để che lại, kiểm tra lại những điểm muốn ghi nhớ!

◆ · · · Câu dễ sai ★ · · · Câu quan trọng

Câu 1 S	Khi đi qua nơi chắn tàu, cho dù là nối đuôi xe trước thì cũng phải dừng lại tạm thời và xác nhận an toàn.
Câu 2 ★ S	Trường hợp khu vực lề đường rộng và không bị cấm thì có thể đi vào. Tuy nhiên, phải chừa ra một khoảng 0. 75m tính từ mép đường.
Câu 3 S	Chỉ khi có người đang sang đường hoặc đang định sang đường thì mới dừng lại tạm thời trước vạch sang đường cho người đi bộ.
Câu 4 ★ Đ	Không bỏ qua bước xác nhận an toàn.
Câu 5 S	Phải thực hiện cứu hộ người bị thương và báo cho cảnh sát biết vị trí xảy ra tai nạn, số người bị thương, tình trạng bị thương, . . .
Câu 6 ★ S	Khi rẽ phải ở đường một chiều thì phải tấp vào bên phải của đường.
Câu 7 Đ	Tuân thủ các điều kiện ghi trên bằng lái xe.
Câu 8 Đ	Vì phanh gấp thì rất nguy hiểm nên cần tránh.
Câu 9 Đ	Biển báo này cho biết là "Đường gồ ghề" nên giảm tốc độ và chú ý lái xe.
Câu 10 Đ	Khoảng cách kết hợp của khoảng cách phản ứng với khoảng cách phanh sẽ trở thành khoảng cách dừng.
Câu 11 Đ	Trọng lượng của vật được chở bởi xe máy là đến 30kg.
Câu 12 Đ	Vạch kẻ đường này biểu thị "Hướng đi" nên trường hợp đi thẳng sẽ đi ở làn bên phải hoặc làn giữa.
Câu 13 ◆ S	Đi qua bên cạnh xe đang dừng trước vạch sang đường cho người đi bộ, trước khi tiến lên trước xe đó thì dừng lại tạm thời.

問14 ★誤	緊急自動車が交差点の付近で近づいてきたときは，**交差点を避け**，道路の左側に寄り，**一時停止**する。
問15 ◆正	自動二輪車，原動機付自転車を運転する場合は，**乗車用ヘルメット**をかぶらないといけない。
問16 ★正	追越しの途中に速度をあげると危ないので，**追い越し**が終わるまでできるだけ左側に寄って，速度はあげない。
問17 正	信号が青色でも交差点内で止まってしまいそうなときは，交差点に**入ってはならない**。
問18 正	上り坂では接近しすぎないように気をつける。
問19 **誤**	この標識は「**通行止め**」を示しているので，この標識のある道路では**歩行者も車も**通行できない。
問20 正	道幅が同じような交差点では，路面電車や左方からくる車の進行を**妨げてはならない**。
問21 ◆正	上り坂の頂上付近やこう配の急な下り坂は追越し禁止場所である。ただし，こう配の急な上り坂は**追越し禁止場所ではない**。
問22 誤	すぐにエンジンスイッチを**切る**などして，エンジンの回転を止める。
問23 ◆誤	この標識は「**軌道敷内通行可**」を示しているので，標識により認められた自動車，右折する場合などは**通行**できる。原動機付自転車は原則として通行できない。
問24 正	歩行者が安全地帯にいるときは，**徐行**しなければいけない。
問25 ★正	車両通行帯が３車線以上ある道路の信号機などがある交差点や，二段階右折の標識がある道路では，**二段階右折**する。
問26 誤	子どもがひとりで歩いているときは，**徐行**や**一時停止**をして，安全に通行できるようにしなければいけない。
問27 正	止まっている車のそばを通るとき，いきなりドアが開いたり，車のかげから人が飛び出したりする場合があるので注意する。

Câu 14 ★ S	Khi xe khẩn cấp tiến đến gần giao lộ, thì phải tránh giao lộ ra, tấp vào bên trái đường rồi dừng lại tạm thời.
Câu 15 ◆ Đ	Khi lái xe 2 bánh, xe máy thì phải đội mũ bảo hiểm dành cho người lái xe.
Câu 16 ★ Đ	Đang vượt mà tăng tốc thì rất nguy hiểm nên phải tấp vào bên trái hết mức có thể và không tăng tốc cho đến lúc vượt xong.
Câu 17 Đ	Khi có nguy cơ bị dừng lại bên trong giao lộ thì kể cả đèn tín hiệu màu xanh cũng không được đi vào giao lộ.
Câu 18 Đ	Ở đường dốc lên thì cần chú ý không tiếp cận quá gần.
Câu 19 S	Vì đây là biển báo "Dừng lưu thông" nên cả xe và người đi bộ không được đi trên đường có biển báo bày.
Câu 20 Đ	Ở giao lộ của đường có chiều rộng bằng nhau thì không được cản trở giao thông của xe điện mặt đất và xe đi tới từ bên trái.
Câu 21 ◆ Đ	Gần đỉnh dốc lên hoặc dốc xuống gấp là nơi bị cấm vượt. Tuy nhiên, dốc lên gấp thì không phải là nơi cấm vượt.
Câu 22 S	Ngay lập tức tắt công tắc động cơ để động cơ ngừng quay.
Câu 23 ◆ S	Biển báo này biểu thị "Được đi trong đường ray" nên xe ô tô được công nhận bởi biển báo, trường hợp rẽ phải thì có thể lưu thông. Trên nguyên tắc thì xe máy không được lưu thông.
Câu 24 Đ	Khi có người ở vùng an toàn thì phải đi chậm.
Câu 25 ★ Đ	Ở giao lộ có 3 làn xe trở lên và có đèn giao thông, hoặc đường có biển báo Rẽ phải 2 giai đoạn thì rẽ phải 2 giai đoạn.
Câu 26 S	Khi có trẻ em đang đi bộ một mình, thì phải đi chậm hoặc dừng lại tạm thời để trẻ em có thể đi qua an toàn.
Câu 27 Đ	Khi đi qua bên cạnh xe đang dừng, cần phải chú ý vì có người đi ra từ khuất sau xe hoặc cửa xe mở ra bất ngờ.

問28 誤	この標識は「**自転車専用**」を示しているので，歩行者，普通自転車以外の車の通行が**禁止**されている。
問29 正	普通免許，大型二輪免許，普通二輪免許，原付免許では，各免許の種類ごとに取得後1年間を**初心運転期間**という。(停止中の期間は除く)
問30 誤	おおむね10キロメートル毎時とされていて，車がすぐに**停止**できる速度で進行することを徐行という。
問31 誤	エンジンをかけていると**歩行者**として扱われない。
問32 ★誤	騒音など他人に迷惑を与えるおそれのある車は運転できない。
問33 誤	雪道ではタイヤの跡を走行するほうが**安全**である。
問34 正	この標識は「**追越しのための右側部分はみ出し通行禁止**」を表しているので，右側部分にはみ出なければ**追越**しできる。
問35 誤	ぬかるみや砂利道などは，低速ギアで**速度**を落として**通行**する。
問36 誤	追越しなどやむを得ない以外は，道路の**左側**に寄って通行する。
問37 ◆正	踏切ではその直前で一時停止。その後，左右の**安全確認**しなければいけない。
問38 ★正	歩行者の通行やほかの車などの正常な通行を妨げるおそれがある場合は，**横断**や**転回**をしてはいけない。
問39 ★正	霧の中を走行するときは**前照灯**をつけて，必要に応じて危険防止のため**警音器**を使用する。
問40 ★誤	黄色の灯火の点滅の場合はほかの交通に注意しながら**通行**できる。
問41 ★正	この標識は「**原動機付自転車の右折方法（二段階）**」を示していて，**二段階右折**をする。

Câu 28 S	Biển báo này biểu thị "Chuyên dụng cho xe đạp" nên ngoài người đi bộ và xe đạp thông thường ra thì bị cấm lưu thông.
Câu 29 D	Sau khi lấy các loại bằng lái xe ô tô thông thường, xe 2 bánh cỡ lớn, xe 2 bánh thông thường, xe máy 1 năm thì gọi là Thời gian mới lái xe. (Ngoại trừ thời gian bị đình chỉ)
Câu 30 S	Đi với tốc độ 10km/ h và xe có thể dừng lại ngay được thì gọi là đi chậm.
Câu 31 S	Khi động cơ đang bật thì không được xem như người đi bộ.
Câu 32 ★ S	Không được lái những xe có tiếng ồn có nguy cơ làm phiền tới người khác.
Câu 33 S	Trên đường tuyết thì chạy lên vết bánh xe thì sẽ an toàn hơn.
Câu 34 Đ	Vì đây là biển báo "Cấm lấn sang phần đường bên phải để vượt", nên có thể vượt nếu không lấn sang bên phải.
Câu 35 S	Đường cát hoặc bùn lầy thì giảm tốc độ bằng số tốc độ thấp rồi đi qua.
Câu 36 S	Trừ những trường hợp bất đắc dĩ như là vượt ra thì phải đi ở bên trái đường.
Câu 37 ◆ Đ	Dừng lại tạm thời trước nơi chắn tàu. Sau đó phải xác nhận an toàn bên trái phải.
Câu 38 ★ Đ	Khi có nguy cơ gây cản trở lưu thông bình thường của xe và người đi bộ thì không được sang đường hoặc quay đầu xe.
Câu 39 ★ Đ	Khi chạy xe trong sương mù thì nên bật đèn và bấm còi khi cần thiết để đề phòng nguy hiểm.
Câu 40 ★ S	Trong trường hợp đèn vàng nhấp nháy, có thể vượt qua trong khi chú ý đến các giao thông khác.
Câu 41 ★ Đ	Đây là biển báo "Cách rẽ phải của xe máy (rẽ 2 giai đoạn)" nên thực hiện rẽ phải 2 giai đoạn.

問42 正	左折する車の後輪に巻き込まれないよう注意。
問43 **誤**	夜間に道路を通行するときは，街路灯やネオンで明るくても**前照灯**などをつけなければいけない。
問44 ★正	追越しするときは，その場所が**追越し禁止**ではないことを確認してから行う。
問45 **誤**	道路の摩擦係数が**大きくなる**ほどブレーキは強くかかる。
問46 ◆**誤**	合図を行う時期は，進路変更する約**3秒前**である。

問47　**路面**と**天候**の状態に要注目！！
道路に水たまりがあると**滑りやすい**状態で，落ち葉でさらにタイヤが**スリップ**しやすいので，慎重に運転しましょう。

(1)　正　雨や落ち葉などで，**横滑り**するおそれがある。
(2)　正　早めに速度を落として，**慎重**に運転する。
(3)　正　カーブ内でブレーキをかけずにすむよう，手前の直線部分で速度を十分に落とす。

問48　トラックの**陰**と**歩行者**に要注目！！
夜間なので周囲が暗いため，**歩行者**の動きに注意しよう。
トラックの**陰**に対向車が隠れているかもしれません。

(1)　**誤**　トラックの右側を右折すると**歩行者に接触する**おそれがある。
(2)　正　トラックの陰から**直進車**が出てくるおそれがある。
(3)　**誤**　歩行者は自車の存在に**気づかない**おそれがある。

Câu 42 Đ	Chú ý không để bị cuốn vào bánh sau của xe ô tô rẽ trái.
Câu 43 S	Khi đi vào ban đêm, kể cả là đèn đường hoặc đèn neon sáng thì cũng phải bật đèn trước xe.
Câu 44 ★ Đ	Khi muốn vượt, xác nhận nơi đó không phải là nơi cấm vượt rồi mới thực hiện vượt.
Câu 45 S	Hệ số ma sát của đường càng lớn thì phanh càng mạnh.
Câu 46 ◆ S	Thời gian để đưa ra tín hiệu là khoảng 3 giây trước chuyển làn.

Câu 47 Cần chú ý tình trạng mặt đường và thời tiết!!
Đường có vũng nước đọng nên dễ trơn, càng dễ trượt hơn khi có lá rơi nên hãy thận trọng lái xe.

(1) Đ Có nguy cơ trơn trượt do mưa hoặc lá cây rơi.
(2) Đ Nhanh chóng giảm tốc độ và thận trọng lái xe.
(3) Đ Để không phanh bên trong đường vòng thì giảm tốc độ ở đoạn còn đi thẳng ở phía trước đường vòng đó.

Câu 48 Cần chú ý người đi bộ và khuất bóng của xe tải!
Vì ban đêm nên xung quanh rất tối nên hãy chú ý đến chuyển động của người đi bộ.
Có thể khuất sau bóng xe tải có xe đối diện đang đi tới.

(1) S Nếu rẽ phải từ bên phải của xe tải thì có nguy cơ chạm với người đi bộ.
(2) Đ Có nguy cơ có xe đi thẳng tới khuất sau bóng xe tải.
(3) S Có nguy cơ người đi bộ không nhận thấy có sự tồn tại của xe mình

第2回 模擬試験	問1〜問46までは各1点，問47，48は全て正解して各2点。 制限時間30分，50点中45点以上で合格

●次の問題で正しいものは「正」，誤りのものは「誤」の枠をぬりつぶして答えなさい。

問1 正誤 □□	交差点内を通行しているとき，緊急自動車が近づいてきたので，ただちに交差点の中で停止した。
問2 正誤 □□	夜間，見通しの悪い交差点で車の接近を知らせるために，前照灯を点滅した。
問3 正誤 □□	原動機付自転車は，道路が渋滞しているときでも機動性に富んでいるので，車の間をぬって走ることができる。
問4 正誤 □□	交差点以外で，横断歩道も自転車横断帯も踏切もないところに信号機があるときの停止位置とは，信号機の直前である。
問5 正誤 □□	子どもが急に飛び出してきたので，これを避けるために急ブレーキをかけた。
問6 正誤 □□	上り坂の頂上付近では，徐行の標識がなくても，常に徐行しなければならない。
問7 正誤 □□	原動機付自転車は，路線バスの専用通行帯を通行することができるが，その場合，バスの通行を妨げないようにしなければいけない。
問8 正誤 □□	チェーンのゆるみ具合は，車に乗った状態で点検する。
問9 正誤 □□	右の図の標識のある場所では，停止線の直前で一時停止するとともに，交差する道路を通行する車の通行を妨げてはいけない。 止まれ
問10 正誤 □□	消火栓や防火水そうなどの消防施設のあるところから5メートル以内には，原動機付自転車を駐車してはならない。
問11 正誤 □□	車がカーブを曲がるとき，車が外側に飛び出そうとするのは，車の重心が移動するからである。
問12 正誤 □□	右の標識がある道路では，前方に「道路工事中」のところがあることを表している。
問13 正誤 □□	信号機の信号が赤色の点滅を標示しているときは，一時停止をし，安全確認をした後に進行することができる。

ĐỀ THI THỬ LẦN 2	Từ câu 1~46 mỗi câu 1 điểm, câu 47, 48 mỗi câu 2 điểm. Thời gian giới hạn: 30 phút, 45/ 50 điểm trở lên là đạt.

● Hãy tô vào ô "Đ" nếu là đúng, ô "S" nếu là sai để trả lời những câu hỏi sau đây.

Câu 1 Đ S □□	Khi đang đi bên trong giao lộ, vì có xe khẩn cấp tới gần nên lập tức dừng lại bên trong giao lộ.
Câu 2 Đ S □□	Vào ban đêm, ở giao lộ có tầm nhìn kém, nhấp nháy đèn trước xe để thông báo việc xe tới gần.
Câu 3 Đ S □□	Vì xe máy có tính linh động cao nên cả khi đường bị ùn tắc thì có thể chạy chen vào giữa những xe khác.
Câu 4 Đ S □□	Nơi không phải là giao lộ, khi có đèn tín hiệu ở nơi không có vạch sang đường cho người đi bộ và xe đạp hoặc chắn tàu thì vị trí dừng là ngay phía trước đèn tín hiệu.
Câu 5 Đ S □□	Vì có trẻ em lao ra đột ngột nên đã phanh gấp để tránh.
Câu 6 Đ S □□	Ở gần đỉnh dốc lên, mặc dù không có biển báo đi chậm thì cũng phải đi chậm.
Câu 7 Đ S □□	Xe máy có thể đi trong làn xe chuyên dụng của xe buýt nhưng không được gây cản trở lưu thông của xe buýt.
Câu 8 Đ S □□	Tình trạng chùng dây xích thì kiểm tra khi đã ngồi lên xe.
Câu 9 Đ S □□	Nơi có biển báo như hình bên phải thì dừng lại tạm thời ở ngay phía trước vạch dừng đồng thời không gây cản trở giao thông của xe đi trên đường giao nhau. 止まれ
Câu 10 Đ S □□	Trong vòng 5m từ nơi có cơ sở cứu hỏa như là vòi cứu hỏa hoặc bể nước chữa cháy thì xe máy không được đậu xe.
Câu 11 Đ S □□	Khi xe rẽ ở khúc cua, nguyên nhân xe có huynh hướng lao ra bên ngoài là vì trọng tâm của xe di chuyển.
Câu 12 Đ S □□	Ở đường có biển báo như hình bên phải cho biết phía trước là nơi có "Đường đang thi công".
Câu 13 Đ S □□	Khi đèn đỏ nhấp nháy thì sau khi dừng lại tạm thời, xác nhận an toàn rồi có thể đi tiếp.

問14 正誤 □□	横断歩道の手前から30メートル以内は，追越しは禁止されているが，追抜きはよい。
問15 正誤 □□	交通整理が行われていない道幅が同じような交差点に，左右から同時に車がさしかかったときは，左方車が右方車に優先する。
問16 正誤 □□	「車両横断禁止」の標識があったが，道路の左側にある車庫に入るため左側に横断した。
問17 正誤 □□	道路の正面に障害物があったが，対向車より先に障害のある場所に到達したので，急いで通過した。
問18 正誤 □□	眠気をもよおす風邪薬を飲んだ時は，運転をひかえるようにする。
問19 正誤 □□	右の図の標識のある道路では，二輪の自動車は通行できないが，原動機付自転車は通行できる。
問20 正誤 □□	原動機付自転車に乗る人は，大型自動車の死角や内輪差を知っていた方がよい。
問21 正誤 □□	車から離れるときは，原動機付自転車が倒れないようにスタンドを立て，必ずハンドルロックをしてキーを抜くようにする。
問22 正誤 □□	原動機付自転車に同乗する人も，つとめてヘルメットをかぶらなければいけない。
問23 正誤 □□	右の標識のある通行帯を原動機付自転車で通行中に路線バスが接近してきたときは，その通行帯から出なければならない。
問24 正誤 □□	幅が0.75メートルを超える白線1本の路側帯のある場所で駐停車するときは，路側帯の中に入り，車の左側に0.75メートル以上の余地を残す。
問25 正誤 □□	止まっている通学・通園バスのそばを通るとき，保護者が児童に付き添っていたので，徐行しないでその側方を通過した。
問26 正誤 □□	警笛区間の標識がある区間内にある交差点を通過するときは，どんな場合でも警音器を鳴らさなければいけない。
問27 正誤 □□	信号機の黄色の矢印信号に対面した原動機付自転車は，停止位置から先に進むことができない。
問28 正誤 □□	右の図の標識は，この先にゆるやかな上り坂があることを表している。

Câu 14 Đ S □□	Trong vòng 30m phía trước vạch sang đường thì bị cấm vượt xe cùng làn nhưng có thể vượt xe khác làn.
Câu 15 Đ S □□	Tại giao lộ của đường có bề rộng như nhau và không có điều tiết giao thông, khi cả 2 bên trái phải đồng thời có xe đã đến gần thì xe bên trái ưu tiên cho xe bên phải.
Câu 16 Đ S □□	Có biển báo "Cấm rẽ ngang" nhưng đã rẽ ngang sang bên trái để vào nhà xe ở bên trái đường.
Câu 17 Đ S □□	Giữa đường có chướng ngại vật, nhưng vì đã đến gần nơi có chướng ngại vật trước hơn xe đối diện nên đã nhanh chóng đi qua.
Câu 18 Đ S □□	Khi uống thuốc cảm cúm có gây buồn ngủ thì tránh lái xe.
Câu 19 Đ S □□	Ở đường có biển báo như hình bên phải, xe 2 bánh không được đi nhưng xe máy có thể đi.
Câu 20 Đ S □□	Người đi xe máy nên biết đến điểm mù và độ lệch vòng trong bánh xe của xe ô tô cỡ lớn.
Câu 21 Đ S □□	Khi rời khỏi xe thì dựng chân chống đứng để xe máy khỏi ngã, phải khóa tay lái và rút chìa khóa.
Câu 22 Đ S □□	Người cùng ngồi xe máy thì cũng phải đội mũ bảo hiểm.
Câu 23 Đ S □□	Khi xe máy đang đi trong làn đường có biển báo như hình bên phải và xe buýt tiến đến gần thì xe máy phải ra khỏi làn đường đó.
Câu 24 Đ S □□	Khi đậu hoặc dừng xe ở nơi có khu vực lề đường 1 vạch kẻ trắng và chiều rộng trên 0. 75m thì đi vào trong khu vực lề đường và chừa trống bên trái xe 0. 75m trở lên.
Câu 25 Đ S □□	Khi đi qua bên cạnh xe buýt trường học đang dừng, vì có người giám hộ đi cùng với trẻ em nên đi qua bên cạnh đó mà không đi chậm.
Câu 26 Đ S □□	Khi đi qua giao lộ nằm trong khu vực có biển báo khu vực bấm còi thì phải bấm còi ở bất cứ trường hợp nào.
Câu 27 Đ S □□	Xe máy đối diện với tín hiệu mũi tên màu vàng thì không thể tiến lên quá vị trí dừng.
Câu 28 Đ S □□	Biển báo ở hình bên phải cho biết có con dốc lên thấp ở phía trước.

問29 正誤 □□	原動機付自転車は，身体で安定を保ちながら走るという点では，四輪車より運転は難しいといえる。
問30 正誤 □□	速度と燃料消費には密接な関係があり，速度が遅すぎても速すぎても燃料の消費量は多くなる。
問31 正誤 □□	下り坂では，速度が速くなりやすく停止距離が長くなるので，車間距離を長めにとったほうがよい。
問32 正誤 □□	原動機付自転車を運転中に大地震が発生したときは，急ハンドルや急ブレーキを避け，できるだけ安全な方法により道路の左側に停止する。
問33 正誤 □□	雪道や凍結した道路では，低速で速度を一定に保って進行する。
問34 正誤 □□	信号待ちのため一時停止をする場合，右の標示がある部分に入って停止することができる。
問35 正誤 □□	運転免許証を紛失したまま運転していると，無免許運転として処罰される。
問36 正誤 □□	踏切を通過するとき，歩行者や対向車に注意しながら，落輪しないように踏切のやや中央寄りを注意して通行した。
問37 正誤 □□	歩道や路側帯のない場所で，道路外の施設に入るため左折しようとするときは，あらかじめ道路の左端に寄って徐行しなければならない。
問38 正誤 □□	同一方向に2つの車両通行帯がある道路では，高速車は中央寄りの通行帯を，低速車は左側寄りの通行帯を通行する。
問39 正誤 □□	合図は，その行為が終わるまで続け，またその行為が終わったらただちにやめなければならない。
問40 正誤 □□	原動付自転車に積むことのできる積載物の重量は，60キログラムまでである。
問41 正誤 □□	右の標識のあるところでは，原動機付自転車は通行できる。
問42 正誤 □□	無段変速装置付のオートマチック二輪車のスロットルを完全に戻すと，車輪にエンジンの力が伝わらなくなり，安定を失うことがある。
問43 正誤 □□	道路の曲がり角付近を通行するときは，徐行しなければならない。

Câu 29 Đ S ☐☐	Có thể nói rằng lái xe máy khó hơn lái xe 4 bánh ở việc vừa lái xe vừa giữ thăng bằng cơ thể.
Câu 30 Đ S ☐☐	Tốc độ và tiêu hao nhiên liệu có mối liên hệ mật thiết với nhau, khi đi quá nhanh hoặc quá chậm thì lượng nhiên liệu tiêu thụ đều tăng lên.
Câu 31 Đ S ☐☐	Ở nơi dốc xuống, vì tốc độ càng nhanh thì khoảng cách dừng càng dài nên nên giữ khoảng cách giữa các xe xa nhau.
Câu 32 Đ S ☐☐	Khi đang lái xe máy mà có động đất mạnh xảy ra thì tránh bẻ lái gấp hoặc phanh gấp, dừng lại ở bên trái đường bằng cách an toàn nhất có thể.
Câu 33 Đ S ☐☐	Ở đường đóng băng hoặc tuyết thì xe đi với tốc độ thấp và giữ ổn định tốc độ.
Câu 34 Đ S ☐☐	Khi dừng lại tạm thời để đợi tín hiệu giao thông thì có thể đi vào và dừng xe trong khu vực có vạch kẻ đường như hình bên phải.
Câu 35 Đ S ☐☐	Nếu lái xe khi đã làm mất bằng lái xe thì bị xử phạt như lái xe không có bằng lái.
Câu 36 Đ S ☐☐	Khi đi qua chắn tàu thì vừa chú ý người đi bộ và xe hướng đối diện, vừa chú ý đi vào giữa đường để tránh bị trượt bánh xe.
Câu 37 Đ S ☐☐	Khi định rẽ trái để vào một cơ sở bên ngoài đường tại nơi không có vỉa hè hoặc khu vực lề đường, thì phải tấp vào bên trái đường và đi chậm.
Câu 38 Đ S ☐☐	Ở đường có 2 làn đường mỗi bên thì xe tốc độ cao sẽ đi ở làn gần trung tâm đường, xe tốc độ thấp sẽ đi ở làn bên trái.
Câu 39 Đ S ☐☐	Tín hiệu phải được bật liên tục cho đến khi hành vi đó kết thúc, và tắt ngay sau khi hành vi đó kết thúc.
Câu 40 Đ S ☐☐	Trọng lượng tối đa mà xe máy được phép chở là đến 60kg.
Câu 41 Đ S ☐☐	Nơi có biển báo như hình bên phải thì xe máy được phép lưu thông.
Câu 42 Đ S ☐☐	Khi tay ga của xe 2 bánh tự động có hộp số vô cấp trở lại hoàn toàn thì lực động cơ không truyền đến bánh xe nữa và mất sự ổn định.
Câu 43 Đ S ☐☐	Khi đi qua gần nơi góc rẽ của đường thì phải đi chậm.

問44 正誤 □□	横断歩道に近づいたときは，横断する人がいないことが明らかな場合のほかは，その手前で停止できるように減速して進まなければならない。
問45 正誤 □□	原動機付自転車で走行中，黄色の杖を持っている歩行者がいるときは，必ず警音器を鳴らさなければならない。
問46 正誤 □□	軽い交通事故を起こしたが，急用があるので，被害者に名前と住所を告げて，用事を済ますために運転を続けた。

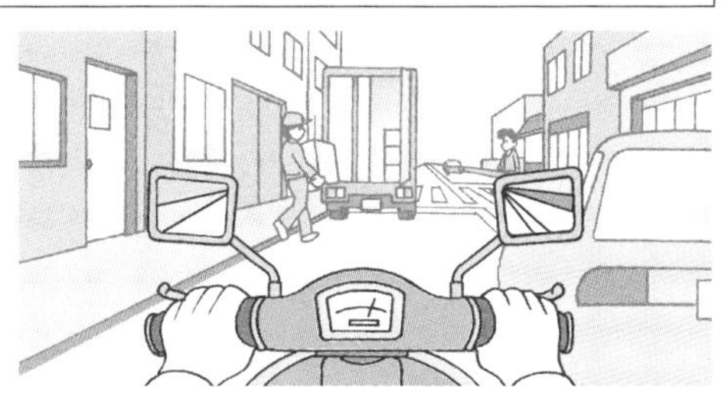

問47　30km/h で進行しています。どのようなことに注意して運転しますか？

(1) 正誤 □□ トラックのドアが開いても安全な間隔をあけて，いつでも止まれるような速度で接近し，横断歩道の手前で一時停止する。

(2) 正誤 □□ トラックの前方にある横断歩道を横断している歩行者がいるので，横断歩道の手前で一時停止する。

(3) 正誤 □□ トラックの前方にある横断歩道を歩行者が渡り始めているので，速度を上げて急いで走行する。

問48　右折のため交差点で停止しています。対向車が左折の合図を出しながら交差点に近づいてきたとき，どのようなことに注意して運転しますか？

(1) 正誤 □□ 左折の合図をしている対向車が交差点に接近してきているので，対向車を先に左折させてから安全を確認し，右折する。

(2) 正誤 □□ 対向車の後方に他の車が見えなかったので，左折の合図をしている対向車より先に，そのまま右折を始める。

(3) 正誤 □□ 左折する対向車は歩行者が横断しているため，横断歩道の手前で停止すると考えられるので，対向車が横断歩道を通過する前に右折する。

Câu 44 Đ S □□	Khi đến gần vạch sang đường, ngoài trường hợp biết chắc chắn là không có người đang sang đường thì phải giảm tốc độ để có thể dừng lại ở trước đó.
Câu 45 Đ S □□	Khi đang chạy xe máy mà có người đi bộ mang gậy màu vàng thì bắt buộc phải bấm còi.
Câu 46 Đ S □□	Đã gây ra vụ tai nạn nhẹ nhưng vì có việc gấp nên đã báo cho nạn nhân biết tên và địa chỉ rồi tiếp tục lái xe đi để giải quyết công việc của mình.

Câu 47 Đang đi với vận tốc 30km/ h. Cần chú ý những gì khi lái xe?

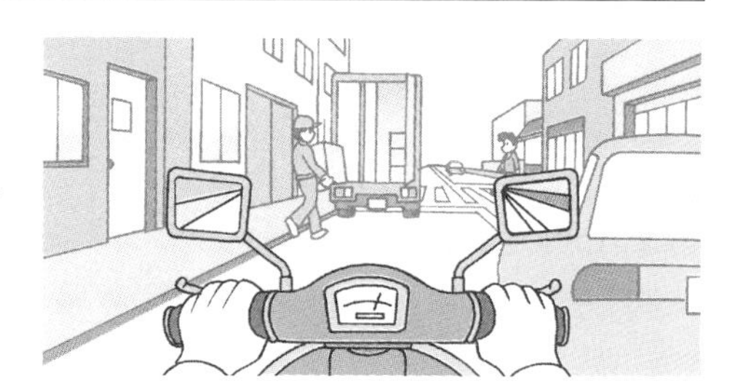

(1) Đ S □□ Giữ khoảng cách an toàn kể cả khi cửa xe mở ra, tiếp cận với vận tốc có thể dừng lại ngay được và dừng lại tạm thời ở trước vạch sang đường.

(2) Đ S □□ Vì phía trước xe tải có người đi bộ đang sang đường nên dừng lại tạm thời ở trước vạch sang đường.

(3) Đ S □□ Vì người đi bộ chỉ mới bắt đầu sang đường ở vạch sang đường phía trước xe tải nên tăng tốc và nhanh chóng vượt qua.

Câu 48 Đang dừng ở giao lộ để rẽ phải. Xe hướng đối diện đang ra tín hiệu rẽ trái và tiến đến gần giao lộ, lúc này cần chú ý những gì khi lái xe.

(1) Đ S □□ Vì xe hướng đối diện đang ra tín hiệu rẽ trái và tiếp cận giao lộ nên để cho xe hướng đối diện rẽ trái trước rồi sau đó xác nhận an toàn rồi rẽ phải.

(2) Đ S □□ Vì không nhìn thấy xe khác phía sau xe hướng đối diện nên bắt đầu rẽ phải trước xe đối diện đang ra tín hiệu rẽ trái.

(3) Đ S □□ Có thể là xe hướng đối diện rẽ trái sẽ dừng lại ở trước vạch sang đường vì có người đi bộ đang sang đường, nên phải rẽ phải trước khi xe hướng đối diện đi qua vạch sang đường.

第2回 解答と解説	間違えたら赤シートを当てて，覚えておきたいポイントを再チェックしよう！

◆・・・ひっかけ問題　　★・・・重要な問題

問1 誤	交差点内で停止するのではなく，交差点を避けて道路の**左側**に寄り，**一時停止**する。
問2 正	カーブや見通しの悪い交差点の手前では，前照灯を**点滅**するか**上向き**に切り替える。
問3 誤	車の間をぬって走ったり，ジグザグ運転は**危険運転**である。
問4 正	何もないところに信号機があるときは，信号機の**直前**が**停止位置**である。
問5 正	危険防止のためにやむを得ない場合は，急ブレーキで**回避**する。
問6 ★正	標識がなくても，上り坂の頂上付近は**徐行場所**に指定されている。
問7 正	バスの通行を妨げないように**通行**する。
問8 誤	**乗車**せずに，チェーンのゆるみ具合の点検を行う。
問9 ★正	停止線の直前で**一時停止**し，交差する道路の通行を妨げない。
問10 ★正	消防施設のあるところから**5メートル**以内は，駐車してはならない。
問11 誤	車がカーブの外側に飛び出そうとするのは，曲がろうとする外側に**遠心力**が働くため。
問12 正	「**道路工事中**」の標識で，この先の道路が工事中であることを示す標識。
問13 正	信号が赤色の点滅のときは，必ず**一時停止**して安全確認をしてから通行する。

ĐỀ LẦN 2 ĐÁP ÁN & GIẢI THÍCH	Nếu trả lời sai thì hãy dùng tấm bìa màu đỏ để che lại, kiểm tra lại những điểm muốn ghi nhớ!

◆・・・Câu dễ sai ★・・・Câu quan trọng

Câu 1 S	Không dừng bên trong giao lộ mà tránh giao lộ ra, tấp vào bên trái rồi dừng lại tạm thời.
Câu 2 Đ	Phía trước khúc cua hoặc giao lộ có tầm nhìn kém thì nhấp nháy đèn trước xe hoặc chuyển đèn hướng lên trên.
Câu 3 S	Chạy chen vào giữa xe khác hoặc chạy đường zíc zắc là hành vi lái xe nguy hiểm.
Câu 4 Đ	Khi có đèn tín hiệu ở nơi không có bất cứ điều kiện gì thì vị trí dừng là ở ngay phía trước đèn giao thông.
Câu 5 Đ	Trường hợp bất đắc dĩ để phòng tránh nguy hiểm thì phanh gấp để tránh.
Câu 6 ★ Đ	Kể cả không có biển báo thì khu vực gần đỉnh dốc lên được chỉ định là nơi đi chậm.
Câu 7 Đ	Lưu thông nhưng không làm cản trở tới lưu thông của xe buýt.
Câu 8 S	Tiến hành kiểm tra tình trạng chùng dây xích mà không lên xe.
Câu 9 ★ Đ	Dừng lại tạm thời ở ngay phía trước vạch dừng và không gây cản trở giao thông của đường giao nhau.
Câu 10 ★ Đ	Phạm vi 5m từ nơi có cơ sở cứu hỏa thì không được phép đậu xe.
Câu 11 S	Nguyên nhân xe có khuynh hướng lao ra ngoài là vì lực li tâm tác động vào bên ngoài nơi rẽ.
Câu 12 Đ	Biển báo “Đường đang thi công” cho biết đoạn đượng phía trước đang thi công.
Câu 13 Đ	Khi đèn đỏ nhấp nháy thì phải dừng lại tạm thời, xác nhận an toàn rồi mới đi.

問14 ★誤	横断歩道とその手前から**30メートル**以内の場所では，追越しや追抜きは禁止。
問15 正	交通整理が行われていない道幅が同じような交差点では，右方の車は左方から来る車の進行を**妨げてはならない**。
問16 正	「**車両横断禁止**」は右折を伴う横断を**禁止**している標識。
問17 誤	進路の正面に障害物がある場合，その前に**一時停止**か**減速**して，反対方向の車に道を譲る。
問18 正	催眠作用を催す薬など飲んだときは，運転を**控える**。
問19 ★誤	「**二輪の自動車，原動機付自転車通行止め**」の標識なので，自動二輪車と原動機付自転車は通行できない。
問20 正	運転知識を身につけていた方が良い。
問21 正	ハンドルロックをした方が安全である。
問22 ◆誤	原動機付自転車は**二人乗り禁止**である。
問23 ★誤	「**路線バス等優先通行帯**」の標識で，この通行帯を通行している原動機付自転車は左端に寄って，路線バスに進路を譲る。
問24 正	中に入って**駐停車**する。2本線の路側帯では，車道の左側に沿って**駐停車**する。
問25 誤	保護者が児童を付き添ってるのにかかわらず，通学・通園バスのそばを通るときは，必ず**徐行**する。
問26 誤	区間内の交差点で**見通しのきかない交差点**を通行するときに，警音器を鳴らす。
問27 ★正	黄色の矢印信号は**路面電車専用**の信号である。

Câu 14 ★ S	Trong vòng 30m phía trước vạch sang đường thì cấm vượt xe cùng làn và cấm cả vượt xe khác làn.
Câu 15 Đ	Tại giao lộ của đường có bề rộng như nhau và không có điều tiết giao thông, xe từ bên phải không được cản trở lưu thông của xe đến từ bên trái.
Câu 16 Đ	"Cấm băng ngang" là biển báo cấm băng ngang đường và rẽ phải.
Câu 17 S	Trường hợp có chướng ngại vật ở giữa đường thì dừng lại tạm thời hoặc giảm tốc độ ở trước đó và nhường đường cho xe hướng đối diện.
Câu 18 Đ	Khi uống thuốc cảm có gây buồn ngủ thì tránh lái xe.
Câu 19 ★ S	Vì là biển báo "Cấm xe 2 bánh, xe máy" nên xe 2 bánh và xe máy không thể lưu thông.
Câu 20 Đ	Nên trang bị kiến thức lái xe.
Câu 21 Đ	Khóa tay lái thì an toàn hơn.
Câu 22 ◆ S	Xe máy thì bị cấm chở 2 người.
Câu 23 ★ S	Là biển báo "Làn đường ưu tiên xe buýt", xe máy đang đi trong làn đường này thì tấp vào lề trái và nhường đường cho xe buýt.
Câu 24 Đ	Đi vào bên trong để đậu và dừng xe. Ở khu vực lề đường có 2 vạch thì đậu và dừng xe ở dọc theo bên trái của đường xe.
Câu 25 S	Bất kể là có người giám hộ đi cùng trẻ em thì khi đi qua bên cạnh xe buýt trường học thì cần phải đi chậm.
Câu 26 S	Bấm còi khi đi qua giao lộ có tầm nhìn kém và nằm trong khu vực bấm còi.
Câu 27 ★ Đ	Tín hiệu mũi tên màu vàng là tín hiệu dành riêng cho xe điện mặt đất.

問28 ◆誤	「**上り急こう配あり**」を表す警戒標識のため，こう配率がおおむね **10%** 以上の傾斜の坂をいう。
問29 正	身体で安定を保ちながら運転する。
問30 ◆正	速度が遅すぎても速すぎても，燃料の消費量は多くなる。
問31 正	下り坂では，停止距離が長くなるため車間距離を長めにとる。
問32 正	できる限り，安全な方法で道路の左側に停止する。
問33 正	雪道や凍結した道路では，低速で慎重に運転する。
問34 ◆誤	「**停止禁止部分**」のため，この中では停止禁止。
問35 誤	免許証不携帯の違反行為になりますが，**無免許運転**にはならない。
問36 正	踏切の**左端**に寄って通行すると，落輪のおそれがあるため，歩行者などに注意しながらやや**中央寄り**を通行する。
問37 正	左折する場合は，あらかじめ道路の左端に寄り**徐行**する。
問38 誤	高速車や低速車の決まりはない。追い越しなどの場合を除き，左側の**通行帯**を通行する。
問39 正	他の車の迷惑になるので，進路変更などが終われば**合図**をやめる。
問40 ★誤	原動機付自転車の積載物の重量は **30 キログラム**までである。
問41 ★誤	「**車両通行止め**」を表す標識で，自動車や原動機付自転車は通行できない。

Câu 28 ◆S	Biển báo cảnh báo hiển thị "Có dốc đứng", nghĩa là dốc có độ dốc từ 10% trở lên.
Câu 29 Đ	Vừa lái xe vừa giữ thăng bằng cơ thể.
Câu 30 ◆Đ	Đi quá nhanh hoặc quá chậm thì lượng nhiên liệu tiêu thụ đều tăng lên.
Câu 31 Đ	Ở nơi dốc xuống, khoảng cách dừng dài hơn nên giữ khoảng cách giữa các xe xa nhau.
Câu 32 Đ	Dừng lại ở bên trái đường bằng cách an toàn nhất có thể.
Câu 33 Đ	Ở đường đóng băng hoặc tuyết thì lái xe thận trọng với tốc độ thấp.
Câu 34 ◆S	Vì là "Phần cấm dừng" nên cấm dừng xe bên trong đó.
Câu 35 S	Thuộc vi phạm không mang bằng lái, không phải là lái xe không có bằng lái.
Câu 36 Đ	Nếu đi sát rìa trái của chắn tàu thì có nguy cơ bị trượt bánh xe nên vừa chú ý đến người đi bộ vừa đi ra trung tâm đường một chút.
Câu 37 Đ	Khi định rẽ trái thì phải tấp vào bên trái đường và đi chậm.
Câu 38 S	Không có quy định về xe tốc độ cao và xe tốc độ thấp. Trừ trường hợp vượt thì lưu thông ở làn xe bên trái.
Câu 39 Đ	Vì có thể gây phiền tới xe khác nên sau khi đã đổi hướng xong thì tắt tín hiệu ngay.
Câu 40 ★S	Trọng lượng tối đa của đồ vật xe máy được phép chở là 30kg.
Câu 41 ★S	Biển báo biểu thị "Cấm xe lưu thông" nên xe ô tô và xe máy không thể đi vào.

問42 正	無段変速装置付のオートマチック二輪車は，エンジンの回転数が低いときには，車輪にエンジンの力が伝わりにくくなる。
問43 正	道路の曲がり角付近では，**徐行**する。
問44 ★正	横断歩道では**速度を落として**，安全運転で通行する。
問45 ★誤	警音器は鳴らさない。**一時停止**や**徐行**で，黄色のつえを持っている歩行者の通行を妨げない。
問46 誤	交通事故を起こしたら，負傷者がいるいないにかかわらず，警察官に**報告**する。

問47　**死角**や**歩行者**に要注目！！
横断歩道を横断している歩行者や，トラックのかげに注意しよう。

(1)　正　安全な間隔をあけて，速度をおとして**死角部分**に注意する。
(2)　正　横断歩道を渡ろうとしている歩行者がいるので，**一時停止**して安全を確かめる。
(3)　誤　駐車車両の側方を通って前方に出るときに**一時停止**をし，安全確認してから進む。

問48　**対向車**に要注目！！
左折する対向車がいるので，急がずに対向車を先に左折させてから，**安全確認**をして右折しよう。

(1)　正　急がずに対向車を先に左折させてから，**安全確認**をして右折する。
(2)　誤　交差点を右折するとき，左折の**合図**をしている対向車がいるときは，対向車を先に行かせるか，自車が先に右折するかを対向車の交差点までの**距離**と**速度**などから判断する。
(3)　誤　対向車が横断歩道の手前で**一時停止**しようとしているときには，対向車の進路を妨げるような右折はしない。

Câu 42 Đ	Xe 2 bánh tự động hộp số vô cấp thì khi số vòng động cơ thấp thì khó truyền lực của động cơ cho bánh xe.
Câu 43 Đ	Nơi góc rẽ của đường thì đi chậm.
Câu 44 ★ Đ	Ở vạch sang đường thì giảm tốc độ và lái xe an toàn để đi qua.
Câu 45 ★ S	Không bấm còi. Dừng lại tạm thời hoặc đi chậm và không gây cản trở lưu thông của người đi bộ mang gậy màu vàng.
Câu 46 S	Sau khi gây ra tai nạn thì bất kể có hay không có người bị thương thì vẫn báo cảnh sát.

Câu 47　Cần chú ý điểm mù và người đi bộ !!
Chú ý người đi bộ đang sang đường trên vạch sang đường và khuất sau bóng của xe tải.

(1)　Đ　Giữ khoảng cách an toàn, giảm tốc độ và chú ý đến điểm mù.
(2)　Đ　Vì có người đi bộ đang định băng qua vạch sang đường nên dừng lại tạm thời và xác nhận an toàn.
(3)　S　Đi qua bên cạnh xe đang đậu và khi vượt lên phía trước thì dừng lại tạm thời, xác nhận an toàn rồi mới tiến lên.

Câu 48　Cần chú ý xe đối diện !!
Vì có xe đối diện rẽ trái nên không vội vàng mà hãy để xe đối diện rẽ trái trước rồi sau đó xác nhận an toàn rồi mới rẽ phải.

(1)　Đ　Không vội vàng mà để cho xe hướng đối diện rẽ trái trước, sau đó xác nhận an toàn rồi rẽ phải.
(2)　S　Khi rẽ phải ở giao lộ, khi có xe hướng đối diện đang ra tín hiệu rẽ trái thì tùy theo khoảng cách và tốc độ của xe đối diện đến giao lộ mà phán đoán xem nên để xe hướng đối diện đi trước hay xe của mình rẽ phải trước.
(3)　S　Khi xe hướng đối diện đang định dừng lại tạm thời ở trước vạch sang đường thì không rẽ phải gây cản trở đường đi của xe hướng đối diện.

第3回 模擬試験	問1〜問46までは各1点，問47，48は全て正解して各2点。 制限時間30分，50点中45点以上で合格

●次の問題で正しいものは「正」，誤りのものは「誤」の枠をぬりつぶして答えなさい。

問1 正誤 □□	ミニカーは50ccであっても，運転するときは普通免許が必要である。
問2 正誤 □□	交通巡視員が信号機の信号と違う手信号をしていたが，交通巡視員の手信号に従わず，信号機の信号に従って通行した。
問3 正誤 □□	走行中に携帯電話を使用すると危険なので，運転する前に電源を切ったり，ドライブモードに設定しておくようにする。
問4 正誤 □□	徐行とは10〜20キロメートル毎時の速度である。
問5 正誤 □□	道路を安全に通行するためには，交通規制を守れば十分であり，互いに相手のことを考えると円滑な交通を阻害するので，相手の立場を考えない。
問6 正誤 □□	警察官が腕を垂直に上げているときは，警察官の身体の正面に対面する交通については，信号機の赤色の灯火と同じ意味である。
問7 正誤 □□	衝撃力は，速度を2分の1に落とすと2分の1になる。
問8 正誤 □□	原動機付自転車でリヤカーなどをけん引する場合の法定最高速度は，時速20キロメートルである。
問9 正誤 □□	右の標識は前方に横断歩道があることを表している。
問10 正誤 □□	明るさが急に変わると，視力は一時的に急激に低下するので，トンネルに入る場合は，その直前に何回も目を閉じたり開いたりしたほうがよい。
問11 正誤 □□	原動機付自転車の積み荷の高さの制限は，地上から2メートル以下である。
問12 正誤 □□	右の標示があるところで原動機付自転車で停止するときは，二輪と表示してある停止線の手前で停止する。
問13 正誤 □□	保険標章の色と数字は，強制保険が満了する年月を表している。

ĐỀ THI THỬ LẦN 3	Từ câu 1~46 mỗi câu 1 điểm, câu 47, 48 mỗi câu 2 điểm. Thời gian giới hạn: 30 phút, 45/ 50 điểm trở lên là đạt.

● Hãy tô vào ô "Đ" nếu là đúng, ô "S" nếu là sai để trả lời những câu hỏi sau đây.

Câu 1 Đ S □□	Xe mini thì dù cho là 50cc thì cũng cần có bằng lái xe ô tô thông thường khi lái.
Câu 2 Đ S □□	Nhân viên tuần tra giao thông ra tín hiệu tay khác với tín hiệu của đèn giao thông nhưng đã không tuân theo tín hiệu tay mà đi theo tín hiệu của đèn giao thông.
Câu 3 Đ S □□	Sử dụng điện thoại trong khi đang lái xe thì rất nguy hiểm nên trước khi lái xe thì tắt điện thoại hoặc chuyển sang chế độ lái xe.
Câu 4 Đ S □□	Đi chậm nghĩa là tốc độ 20km/ h.
Câu 5 Đ S □□	Để lưu thông an toàn trên đường thì chỉ cần tuân thủ quy tắc giao thông là đủ, không suy nghĩ tới lập trường của đối phương vì nếu suy nghĩ cho đối phương thì sẽ cản trở lưu thông.
Câu 6 Đ S □□	Khi cảnh sát giơ thẳng 2 tay lên thì giao thông đối diện với cảnh sát đó có ý nghĩa tương đương với đèn đỏ.
Câu 7 Đ S □□	Nếu giảm 1 nửa tốc độ thì lực tác động giảm 1 nửa.
Câu 8 Đ S □□	Tốc độ tối đa hợp pháp khi sử dụng xe máy để kéo thùng xe phía sau là 20 km mỗi giờ.
Câu 9 Đ S □□	Biển báo bên phải biểu thị phía trước có vạch sang đường cho người đi bộ.
Câu 10 Đ S □□	Nếu ánh sáng thay đổi đột ngột thị lực sẽ nhất thời giảm mạnh, vì vậy nên nhắm và mở mắt nhiều lần trước khi vào đường hầm.
Câu 11 Đ S □□	Giới hạn chiều cao của vật được chở bằng xe máy là 2m trở xuống tính từ mặt đất.
Câu 12 Đ S □□	Khi xe máy dừng lại ở nơi có vạch kẻ đường như hình bên phải thì dừng trước vạch dừng có hiển thị là xe 2 bánh.
Câu 13 Đ S □□	Màu sắc và chữ số của tem bảo hiểm biểu thị tháng năm hết hạn bảo hiểm bắt buộc.

問14 正誤 □□	環状交差点を左折，右折，直進，転回しようとするときは，あらかじめできるだけ道路の左端に寄り，環状交差点の側端に沿って徐行しながら通行する。
問15 正誤 □□	深い水たまりを通ると，ブレーキ装置に水が入って一時的にブレーキのききがよくなることがある。
問16 正誤 □□	道路工事の区域の端から５メートル以内のところは駐車も停車も禁止されている。
問17 正誤 □□	霧の中を走るときは，前照灯をつけ，危険防止のため必要に応じて警音器を鳴らすとよい。
問18 正誤 □□	黄色の線の車両通行帯のある道路を通行しているときに，緊急自動車が近づいてきても，進路を譲らなくてもよい。
問19 正誤 □□	道路に車を止めて車から離れるときは，危険防止ばかりでなく，盗難防止の措置もとらなければならない。
問20 正誤 □□	前の車が右折のため右側に進路を変えようとしているときは，その左側を通行して追越しをしてもよい。
問21 正誤 □□	バス専用通行帯であっても，小型特殊自動車や原動機付自転車は通行することができる。
問22 正誤 □□	右の標識がある交差点では，直進と左折はできるが右折はできない。
問23 正誤 □□	原動機付自転車を夜間運転するときは，反射性の衣服や反射材のついた乗車用ヘルメットを着用するとよい。
問24 正誤 □□	対向車がセンターラインをはみ出してきたので，やむを得ず初心者マークをつけた車の前に割り込みをした。
問25 正誤 □□	追越しをする場合に限り，最高速度を超えても構わない。
問26 正誤 □□	ブレーキを数回に分けて踏むと制動灯が点滅するので，後続車への合図にもなり，追突防止に役立つ。
問27 正誤 □□	右の標示があるところでは，駐停車が禁止されているところである。　黄色
問28 正誤 □□	交差点で警察官が手信号や灯火による信号をしていても，信号機の信号が優先するので，信号機の信号に従わなければならない。

Câu 14 Đ S □□	Khi định rẽ trái, rẽ phải, đi thẳng, quay đầu xe ở giao lộ vòng xuyến thì trước tiên là tấp sát vào lề bên trái của đường rồi vừa đi dọc theo mép giao lộ vòng xuyến với tốc độ chậm rồi đi qua.
Câu 15 Đ S □□	Khi đi qua vũng nước đọng sâu và bộ phận phanh xe bị nước vào thì hiệu lực phanh sẽ tạm thời trở nên tốt hơn.
Câu 16 Đ S □□	Trong vòng 5m từ mép khu vực công trình đường thì bị cấm đậu xe và cũng cấm dừng xe.
Câu 17 Đ S □□	Khi chạy trong sương mù thì bật đèn trước xe, bấm còi khi cần thiết để đề phòng nguy hiểm.
Câu 18 Đ S □□	Khi đang đi trên đường có làn xe có vạch kẻ màu vàng, thì ngay cả khi xe khẩn cấp đến gần cũng không cần phải nhường đường.
Câu 19 Đ S □□	Khi dừng xe trên đường và rời khỏi xe thì không chỉ phòng tránh nguy hiểm mà còn phải có biện pháp đề phòng trộm cắp.
Câu 20 Đ S □□	Khi xe phía trước đang định chuyển làn sang phải để chuẩn bị rẽ phải thì có thể đi qua bên trái xe đó để vượt.
Câu 21 Đ S □□	Là làn đường chuyên dụng cho xe buýt nhưng xe ô tô đặc thù cỡ nhỏ và xe máy có thể đi vào.
Câu 22 Đ S □□	Ở giao lộ có biển báo như hình bên phải thì có thể đi thẳng và rẽ trái nhưng không thể rẽ phải.
Câu 23 Đ S □□	Khi lái xe máy vào ban đêm thì nên mặc y phục hoặc đội mũ bảo hiểm dành cho xe máy có gắn chất liệu phản quang.
Câu 24 Đ S □□	Vì xe hướng đối diện lấn ra vạch giữa đường nên bất đắc dĩ phải chen lên phía trước của xe có dán dấu hiệu của người mới lái xe.
Câu 25 Đ S □□	Chỉ trường hợp vượt xe khác thì vượt quá tốc độ tối đa cũng không sao.
Câu 26 Đ S □□	Đạp phanh thành nhiều lần nhỏ làm đèn phanh nhấp nháy và trở thành tín hiệu báo cho xe phía sau biết nên hữu ích cho phòng tránh tai nạn.
Câu 27 Đ S □□	Nơi có vạch kẻ đường như hình bên phải là nơi bị cấm đậu cấm dừng xe. Màu vàng
Câu 28 Đ S □□	Ngay cả khi cảnh sát đang ra tín hiệu tay hoặc đèn ở giao lộ, vì ưu tiên tín hiệu đèn giao thông nên phải tuân theo tín hiệu của đèn giao thông.

問29 正誤 □□	駐車禁止場所では，たとえわずかな間でも，人待ちのために車を止めてはならない。
問30 正誤 □□	タイヤがパンクしたときは，ただちに急ブレーキをかけて止める。
問31 正誤 □□	ブレーキを強くかけると，短い距離で止まる。
問32 正誤 □□	追越しをしようとするときは，標識や標示により，その場所が追越し禁止場所でないかを確かめる。
問33 正誤 □□	右の標識のある道路では，原動機付自転車は最も左側の車両通行帯を通行することはできない。
問34 正誤 □□	右左折の合図をする時期は，右左折しようとする地点の 30 メートル手前に達したときである。（環状交差点を除く）
問35 正誤 □□	原動機付自転車も，自賠責保険または責任共済に加入しなければならない。
問36 正誤 □□	原動機付自転車は，車両通行帯の有無にかかわらず，トンネル内では走行中の自動車を追越ししてはならない。
問37 正誤 □□	横の信号が赤になると同時に前方の信号が青に変わるので，前方の信号をよく見て速やかに発進しなければならない。
問38 正誤 □□	歩行者用道路では，沿道に車庫を持つ車などで特に通行を認められた車だけが通行できる。
問39 正誤 □□	交通渋滞のときなど，前の車に乗っている人が急にドアを開けたり，歩行者が車の間から飛び出すことがあるので注意が必要である。
問40 正誤 □□	右の標示は「自転車専用道路」であることを表している。
問41 正誤 □□	制動距離は，車の速度に二乗に比例して長くなる。
問42 正誤 □□	仲間の車と行き違う場合や車の到着を知らせる場合は，警音器を鳴らしてもよい。
問43 正誤 □□	追越しが禁止されている場所でも，原動機付自転車であれば追越ししてもよい。

Câu 29 Đ S □□	Ở nơi cấm đậu xe thì không được dừng xe để đợi người khác dù chỉ là một lúc.
Câu 30 Đ S □□	Khi lốp bị thủng, ngay lập tức phanh gấp và dừng lại.
Câu 31 Đ S □□	Nếu phanh mạnh thì xe dừng lại ở khoảng cách ngắn.
Câu 32 Đ S □□	Khi định vượt thì thì kiểm tra xem nơi đó có phải là nơi bị cấm vượt được biểu thị bằng biển báo hoặc vạch kẻ đường hay không.
Câu 33 Đ S □□	Ở đường có biển báo như hình bên phải thì xe máy không được đi ở làn xe ngoài cùng bên trái.
Câu 34 Đ S □□	Thời điểm để ra tín hiệu rẽ trái rẽ phải là 30m trước điểm định rẽ trái rẽ phải. (Trừ giao lộ vòng xuyến)
Câu 35 Đ S □□	Xe máy cũng phải tham gia bảo hiểm bắt buộc hoặc hỗ trợ trách nhiệm.
Câu 36 Đ S □□	Bất kể là có làn xe hay không thì xe máy cũng không được phép vượt xe ô tô khi đang đi trong đường hầm.
Câu 37 Đ S □□	Vì khi đèn ở hai bên chuyển sang đỏ thì cùng lúc đó đèn ở phía trước sẽ chuyển sang xanh, nên nhìn đèn ở phía trước rồi nhanh chóng xuất phát.
Câu 38 Đ S □□	Ở đường dành cho người đi bộ thì chỉ có xe được cho phép lưu thông như là xe có nhà xe ở dọc đường thì có thể lưu thông.
Câu 39 Đ S □□	Khi giao thông ùn tắc, vì người ngồi trên xe phía trước có thể đột ngột mở cửa xe hoặc người đi bộ lao ra từ giữa các xe nên cần phải chú ý.
Câu 40 Đ S □□	Vạch kẻ đường như hình bên phải biểu thị "Đường chuyên dụng cho xe đạp".
Câu 41 Đ S □□	Khoảng cách phanh tăng tỷ lệ với bình phương tốc độ của xe.
Câu 42 Đ S □□	Khi đi ngang qua xe quen biết hoặc khi thông báo xe đã đến thì có thể bấm còi.
Câu 43 Đ S □□	Nếu là xe máy thì có thể vượt được kể cả ở nơi bị cấm vượt.

問44 正誤 □□	交差点の信号が黄色に変わったとき，停止位置に近づきすぎていて急ブレーキをかけなければ停止できないような場合は，そのまま進める。
問45 正誤 □□	タイヤがすり減っていると，摩擦抵抗が小さくなり，停止距離が長くなる。
問46 正誤 □□	原動機付自転車は，標識などによって路線バスの専用通行帯が指定されている道路を通行することができる。

問47　前方の工事現場の側方を対向車が直進してきます。この場合，どのようなことに注意して運転しますか？

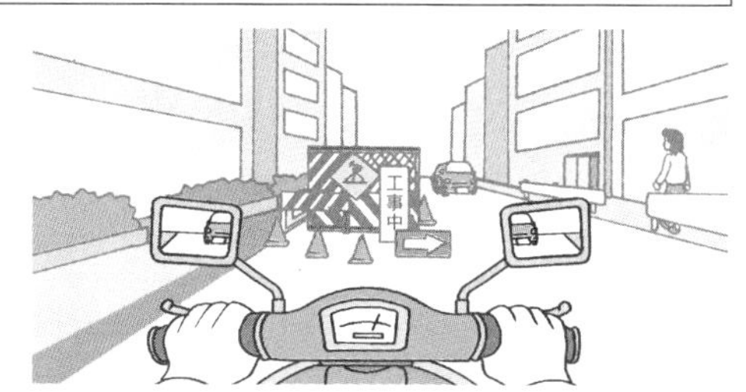

(1) 正誤□□ 急にとまると，後ろの車に追突されるかもしれないので，ブレーキを数回に分けてかけ，停止の合図をする。

(2) 正誤□□ 工事現場から急に人が飛び出してくるかもしれないので，注意しながら走行する。

(3) 正誤□□ 対向車が来ているので，工事現場の手前で一時停止し，対向車が通過してから発進する。

問48　時速30キロメートルで進行しています。交差点を左折するときは，どのようなことに注意して運転しますか？

(1) 正誤□□ 前車はガソリンスタンドに入るかどうか分からないので，十分に車間距離を保ち，その動きに注意して進行する。

(2) 正誤□□ 前車はガソリンスタンドに入ると思われるので，右の車線に移り，前車を追い越して，左折する。

(3) 正誤□□ 前車も交差点を左折すると思うので，前車に接近して左折する。

Câu 44 Đ S □□	Khi đèn tín hiệu của giao lộ chuyển sang vàng, nếu đã quá gần vị trí dừng và không thể dừng lại được nếu không phanh gấp thì có thể đi tiếp.
Câu 45 Đ S □□	Khi lốp xe bị mòn, lực cản ma sát nhỏ đi và khoảng cách dừng sẽ dài hơn.
Câu 46 Đ S □□	Khi có người dắt theo chó dẫn đường cho người mù đang đi bộ thì phải dừng lại tạm thời hoặc đi chậm để người đó có thể đi qua an toàn.

Câu 47 Phía trước công trình đường đang thi công có xe đang đi thẳng đến từ hướng đối diện. Lúc này, cần chú ý những điều gì khi lái xe?

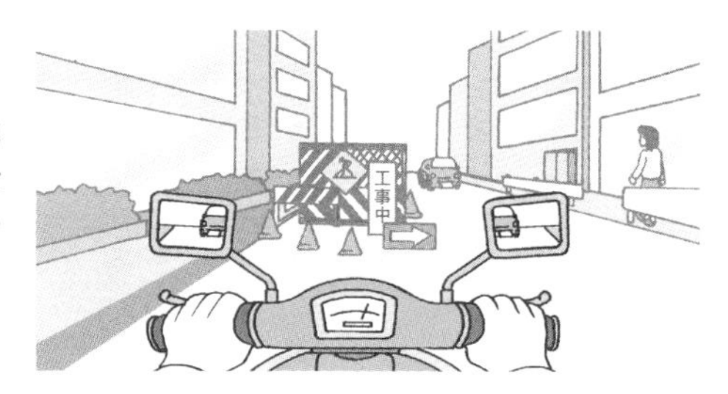

(1) Đ S □□ Nếu dừng đột ngột, có thể bị xe phía sau đâm tới, vì vậy hãy phanh thành nhiều lần để ra hiệu dừng lại.

(2) Đ S □□ Vì có thể có người lao ra từ công trình đang thi công nên phải vừa lái xe vừa chú ý.

(3) Đ S □□ Vì xe hướng đối diện đang đi tới nên tạm thời dừng lại phía trước công trình, sau khi xe đối diện đã đi qua thì mới xuất phát.

Câu 48 Đang đi với vận tốc 30km/ h. Khi rẽ trái ở giao lộ thì cần chú ý những gì khi lái xe?

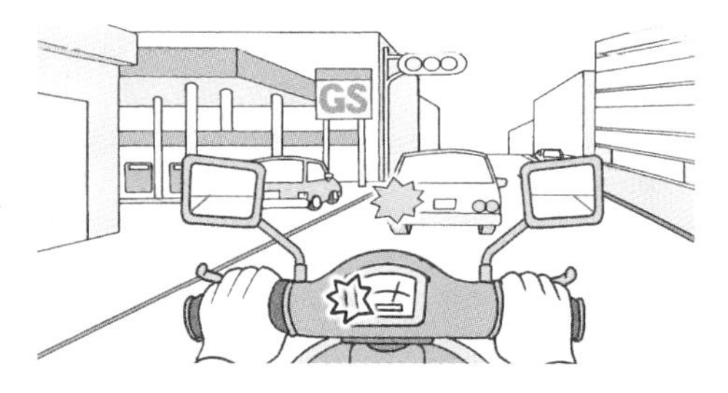

(1) Đ S □□ Vì không biết rõ xe phía trước có vào trạm xăng hay không nên giữ khoảng cách an toàn, và chú ý đến chuyển động của xe đó.

(2) Đ S □□ Xe phía trước chắc là sẽ vào trạm xăng nên di chuyển sang làn xe bên phải, vượt xe phía trước rồi rẽ trái.

(3) Đ S □□ Xe phía trước chắc là cũng rẽ trái ở giao lộ nên tiếp cận xe phía trước rồi rẽ trái.

第３回 解答と解説	間違えたら赤シートを当てて，覚えておきたいポイントを再チェックしよう！

◆・・・ひっかけ問題　★・・・重要な問題

問１ 正	ミニカーとは総排気量**50cc**以下または定格出力**600ワット**以下の原動機を有する小型の普通自動車のことをいう。
問２ ★誤	交通巡視員の手信号と信号機の信号とが違っている場合は，交通巡視員に従う。
問３ 正	マナーモードやドライブモード，電源を切るなどして，呼び出し音が鳴らないようにする。
問４ 誤	数値で表すのではなく，徐行とは車がすぐに**停止**できる速度で進行すること。
問５ ◆誤	交通規制を守るだけではなく，周囲の人の立場も考えて通行する。
問６ 正	警察官の身体の正面に対面する方向は**赤色**，平行する方向は**黄色**の灯火信号と同じ意味である。
問７ 誤	衝撃力とは速度の二乗に**比例**する。なので，４分の１である。
問８ 誤	原動機付自転車がリヤカーなどけん引する場合は，最高速度は時速**25キロメートル**である。
問９ ★誤	前方に学校，幼稚園，保育所などがあることを意味する標識である。
問10 誤	トンネルに出入りするときは，**速度**を落とすようにする。
問11 ★正	原動機付自転車の積み荷の高さの制限は，地上から**2メートル**以下。
問12 正	原動機付自転車では，二輪と標示してある停止線の**手前**で停止する。
問13 正	強制保険が満了する年，月を示している。

ĐỀ LẦN 3 ĐÁP ÁN & GIẢI THÍCH	Nếu trả lời sai thì hãy dùng tấm bìa màu đỏ để che lại, kiểm tra lại những điểm muốn ghi nhớ!

◆・・・Câu dễ sai ★・・・Câu quan trọng

Câu 1 Đ	Xe mini là xe ô tô thông thường cỡ nhỏ có động cơ tổng dung tích từ 50cc trở xuống hoặc công suất định mức từ 600W trở xuống.
Câu 2 ★ S	Khi tín hiệu đèn giao thông và tín hiệu tay của nhân viên tuần tra giao thông khác nhau thì tuân theo nhân viên tuần tra giao thông.
Câu 3 Đ	Chuyển chế độ im lặng, chế độ lái xe hoặc tắt nguồn điện thoại để không đổ chuông.
Câu 4 S	Không phải việc hiển thị bằng chỉ số mà đi chậm có nghĩa là đi với tốc độ có thể dừng xe ngay được.
Câu 5 ◆ S	Không chỉ giữ quy tắc giao thông mà cũng phải suy nghĩ trên lập trường của người xung quanh khi tham gia giao thông.
Câu 6 Đ	Hướng đối diện với cảnh sát có ý nghĩa bằng với tín hiệu đèn đỏ và hướng song song là tín hiệu đèn vàng.
Câu 7 S	Lực tác động tỷ lệ với bình phương vận tốc. Vì vậy, là một phần tư.
Câu 8 S	Khi xe máy kéo thùng xe phía sau thì tốc độ tối đa là 25km/ giờ.
Câu 9 ★ S	Biển báo mang ý nghĩa là phía trước có trường học, trường mẫu giáo, nhà trẻ.
Câu 10 S	Khi đi ra vào đường hầm thì giảm tốc độ.
Câu 11 ★ Đ	Giới hạn chiều cao của vật được chở bằng xe máy là 2m trở xuống tính từ mặt đất.
Câu 12 Đ	Xe máy dừng ở trước vạch dừng có hiển thị là xe 2 bánh.
Câu 13 Đ	Hiển thị năm, tháng hết hạn của bảo hiểm bắt buộc.

問14 正	できる限り道路の**左端**に寄り，環状交差点の側端に沿って**徐行**しながら通行する。
問15 誤	ブレーキ装置に水が入ると，一時的にブレーキの効きが悪くなる場合がある。
問16 誤	**駐車**が禁止されていて，**停車**は禁止されていない。
問17 ★正	霧の中は危険なので，慎重に運転する。
問18 誤	黄色の線の車両通行帯がある道路を通行していても，緊急自動車が近づいてきたら，道路の**左側**に寄って進路を譲らなければならない。
問19 正	盗難にも注意していた方が良い。
問20 誤	このような場合は，追越ししてはいけない。
問21 ★正	小型特殊自動車や原動機付自転車に加えて，**軽車両**も通行することができる。
問22 正	**指定方向外進行禁止**の標識で，右折はできない。
問23 ★正	夜間の運転時に反射性のついたものを着用すると，**危険防止**になる。
問24 正	危険を避けるためにやむを得ないときは，割り込んでもよい。
問25 誤	追越しの場合でも，最高速度を**超え**てはいけない。
問26 正	ブレーキを数回に分けて踏むと，制動灯の点滅により後続車の**追突防止**になる。
問27 ★誤	この標示は**駐車禁止**の場所を示している。

Câu 14 Đ	Tấp vào lề trái của đường hết mức có thể, đi chậm dọc theo mép giao lộ vòng xuyến rồi đi qua.
Câu 15 S	Nếu nước vào hệ thống phanh, hiệu lực của phanh có thể tạm thời suy giảm.
Câu 16 S	Bị cấm đậu xe nhưng không bị cấm dừng xe.
Câu 17 ★ Đ	Vì đi bên trong sương mù thì nguy hiểm nên lái xe thận trọng.
Câu 18 S	Ngay cả khi đang đi trên đường có làn xe có vạch màu vàng thì khi xe khẩn cấp đến gần thì phải tấp vào bên trái đường để nhường đường.
Câu 19 Đ	Cũng nên chú ý đến hành vi trộm cắp.
Câu 20 S	Trường hợp như thế này thì không được phép vượt.
Câu 21 ★ Đ	Ngoài xe ô tô đặc thù cỡ nhỏ, xe máy ra thì xe thô sơ cũng có thể đi.
Câu 22 Đ	Là biển báo cấm đi ngoài hướng chỉ định nên không thể rẽ phải.
Câu 23 ★ Đ	Mặc đồ phản quang khi lái xe vào ban đêm sẽ đề phòng nguy hiểm.
Câu 24 Đ	Khi bất đắc dĩ phải thực hiện để tránh nguy hiểm thì có thể chen vào.
Câu 25 S	Ngay cả khi vượt xe khác thì cũng không được phép đi quá tốc độ tối đa.
Câu 26 Đ	Khi phanh thành nhiều lần nhỏ thì nhờ đèn phanh nhấp nháy mà có thể phòng tránh va chạm với xe đi phía sau.
Câu 27 ★ S	Vạch kẻ đường này biểu thị đây là nơi cấm đậu xe.

問28 誤	警察官の手信号などに従い，信号機の信号には従わない。
問29 ◆正	人待ちや，荷物待ちのたとえわずかな時間でも駐車にあたるので，**駐車禁止**である。
問30 誤	エンジンブレーキをかけながら，徐々に**速度**を落とす。
問31 ◆誤	ブレーキを強くかけると車輪の回転が止まり，スリップしてしまうおそれがあり危険なので，**停止距離**も短くなるとは限らない。
問32 ★正	標識や標示を確かめること。
問33 誤	大型貨物自動車，中型貨物自動車（車両総重量８トン未満を除く），大型特殊自動車に対しての通行帯の標識だが，原動機付自転車も**通行**できる。
問34 ★正	右左折する合図は，右左折する地点の30メートル手前に達したときに出す。
問35 正	自賠責保険，責任共済に加入しなければならない。
問36 ◆誤	車両通行帯があるときは，**追い越し**できる。
問37 ◆誤	交差点には一時的に全部赤になるところもあるので，必ず前方の信号を見るようにする。
問38 正	認められた車以外は，歩行者用道路は通行できない。
問39 正	交通渋滞のときでも，前の車や歩行者に注意をする。
問40 ★誤	「**自転車横断帯**」の標示であり，自転車が道路を横断するための場所である。
問41 正	制動距離とは，速度の**二乗**に比例して長くなる。

Câu 28 S	Tuân theo tín hiệu tay của cảnh sát, không tuân theo tín hiệu của đèn giao thông.
Câu 29 ◆ Đ	Chỉ một thời gian ngắn thì cũng là đậu xe nên không được đậu xe.
Câu 30 S	Vừa phanh động cơ rồi từ từ giảm tốc độ.
Câu 31 ◆ S	Nếu phanh mạnh thì bánh xe ngừng quay, nhưng vì có nguy cơ bị trượt và nguy hiểm nên không chắc là khoảng cách dừng sẽ ngắn hơn.
Câu 32 ★ Đ	Kiểm tra biển báo hoặc vạch kẻ đường.
Câu 33 S	Là biển báo làn xe dành cho xe tải cỡ lớn, xe tải cỡ trung (Trừ xe có tổng trọng lượng dưới 8 tấn) , xe ô tô đặc thù cỡ lớn, nhưng xe máy cũng có thể lưu thông.
Câu 34 ★ Đ	Ra tín hiệu rẽ trái rẽ phải khi cách 30m trước điểm định rẽ trái rẽ phải.
Câu 35 Đ	Phải tham gia bảo hiểm bắt buộc hoặc hỗ trợ trách nhiệm.
Câu 36 ◆ S	Khi có làn xe thì có thể vượt.
Câu 37 ◆ S	Vì cũng có lúc toàn bộ đèn ở giao lộ chuyển sang đỏ cùng lúc nên phải nhìn đèn tín hiệu ở phía trước.
Câu 38 Đ	Ngoại trừ xe được cho phép ra thì không được phép đi trên đường dành cho người đi bộ.
Câu 39 Đ	Khi giao thông ùn tắc thì chú ý tới xe phía trước và người đi bộ.
Câu 40 ★ S	Là vạch kẻ đường "Vạch sang đường cho xe đạp", là nơi dành cho xe đạp sang đường.
Câu 41 Đ	Khoảng cách phanh tăng tỷ lệ với bình phương tốc độ.

問42 誤	警笛の乱用にあたるため，鳴らしてはいけない。
問43 誤	原動機付自転車であっても，追い越しはできない。
問44 正	安全に停止できない場合は，そのまま**進行**してよい。
問45 正	タイヤの状態がよい場合に比べて，タイヤがすり減ると**停止距離**が長くなる。
問46 正	身体の不自由な人が歩いているときは，**一時停止**や**徐行**で安全に通れるようにする。

問47　**バックミラー**に映る後続車と**対向車**に要注目！！
対向車がいるときは，無理やり通過すると激突するおそれがあるので，注意。減速するときも，後続車の追突に気をつけよう。

(1)　正　後続車の追突防止のため，ブレーキを数回に分けてかけて，**停止**します。
(2)　正　飛び出してくる人に十分に気をつけて**走行**する。
(3)　正　手前で一時停止して，**対向車**を先に行かせる。

問48　前車の**運転行動**に要注意！！
前車が左側のガソリンスタンドに入るのか，その先の交差点を左折するかをよく確認して運転しよう。

(1)　正　前車の**動き**によく注意して進行します。
(2)　**誤**　交差点の直前では**追越し**してはいけない。
(3)　**誤**　前車はガソリンスタンドに入るために，いきなり速度を**落**とすおそれがある。

Câu 42 S	Vì đó là hành vi lạm dụng còi nên không được bấm còi.
Câu 43 S	Kể cả là xe máy thì cũng không được vượt.
Câu 44 Đ	Khi không thể dừng lại an toàn được thì có thể tiếp tục lưu thông.
Câu 45 Đ	So với lúc lốp xe tốt thì khi lốp xe bị mòn thì khoảng cách dừng sẽ dài hơn.
Câu 46 Đ	Khi có người khuyết tật đang đi bộ thì dừng lại tạm thời hoặc đi chậm để người đó đi qua an toàn.

Câu 47 Cần chú ý xe hướng đối diện và xe phía sau phản chiếu lên kính chiếu hậu!!
Khi có xe ở hướng đối diện, nếu cố gắng vượt qua thì có nguy cơ va chạm nên cần chú ý. Khi giảm tốc độ cũng cẩn thận với việc xe phía sau đâm tới.

(1) Đ Để phòng tránh xe sau đâm phải thì phanh thành nhiều lần rồi dừng lại.
(2) Đ Lái xe và hết sức chú ý đến người lao ra.
(3) Đ Dừng lại tạm thời ở phía trước, để cho xe hướng đối diện đi qua trước.

Câu 48 Cần chú ý tới hành động lái xe của xe phía trước!!
Cần xác nhận xem xe phía trước có đi vào trạm xăng hay không, hoặc là rẽ trái ở giao lộ phía trước đó.

(1) Đ Cần hết sức chú ý tới chuyển động của xe phía trước để di chuyển.
(2) S Không được phép vượt ở ngay trước giao lộ.
(3) S Xe phía trước có nguy cơ giảm tốc độ đột ngột để đi vào trạm xăng.

第4回 模擬試験	問1〜問46までは各1点，問47，48は全て正解して各2点。 制限時間30分，50点中45点以上で合格

●次の問題で正しいものは「正」，誤りのものは「誤」の枠をぬりつぶして答えなさい。

問1 正誤 □□	原動機付自転車の積載装置に積むことのできる荷物の長さは，荷台の長さに0.3メートル以下を加えた長さである。
問2 正誤 □□	ぬかるみや砂利道などを通過するときは，速度を上げて一気に通過するとよい。
問3 正誤 □□	通行に支障のある高齢者のそばを通るときは，一時停止か徐行しなければならない。
問4 正誤 □□	原付免許では，原動機付自転車と小型特殊自動車を運転することができる。
問5 正誤 □□	横断歩道のない交差点の手前で歩行者が横断中だったが，警音器を鳴らしたら横断をやめたので，そのまま進行した。
問6 正誤 □□	交差点を右折するときは，自分の車が先に交差点に入っていても，反対方向からの直進車や左折車の進行を妨げてはならない。
問7 正誤 □□	夜間に，自車のライトと対向車のライトで道路の中央付近の歩行者や自転車が見えなくなることを「蒸発現象」という。
問8 正誤 □□	トンネルに入るときは減速するが，トンネルから出るときは減速する必要はない。
問9 正誤 □□	原動機付自転車が右折しようとするとき，右の図の矢印のような進路をとる。
問10 正誤 □□	ひとり歩きしているこどものそばを通るときは，1メートルくらいの間隔をあければ特に徐行などしなくてよい。
問11 正誤 □□	同乗者用座席がない普通自動二輪車や，原動機付自転車では，二人乗りはしてはいけない。
問12 正誤 □□	右の図の標識がある道路では，原動機付自転車の最高速度は時速40キロメートルである。 40
問13 正誤 □□	交通整理をしている警察官が，正面を向いて腕を水平に上げていたので，その交差点を左折した。

ĐỀ THI THỬ LẦN 4	Từ câu 1~46 mỗi câu 1 điểm, câu 47, 48 mỗi câu 2 điểm. Thời gian giới hạn: 30 phút, 45/ 50 điểm trở lên là đạt.

● Hãy tô vào ô "Đ" nếu là đúng, ô "S" nếu là sai để trả lời những câu hỏi sau đây.

Câu 1 Đ S □□	Chiều dài hành lý có thể được chở trên thiết bị tải của xe máy là chiều dài yên xe cộng thêm 0. 3m trở xuống.
Câu 2 Đ S □□	Khi đi qua đường có nhiều cát hoặc bùn thì nên tăng tốc độ và nhanh chóng vượt qua.
Câu 3 Đ S □□	Khi đi qua bên cạnh người cao tuổi đi lại khó khăn thì phải dừng lại tạm thời hoặc đi chậm.
Câu 4 Đ S □□	Bằng lái xe máy thì có thể lái được xe gắn máy và xe ô tô đặc thù cỡ nhỏ.
Câu 5 Đ S □□	Người đi bộ đang sang đường ở phía trước giao lộ không có vạch sang đường, nhưng vì đã bấm còi nên người đi bộ đã dừng sang đường nên cứ thế đi qua.
Câu 6 Đ S □□	Khi rẽ phải ở giao lộ, ngay cả khi xe của mình vào giao lộ trước thì cũng không được gây cản trở cho xe đi thẳng từ hướng đối diện hoặc xe rẽ trái.
Câu 7 Đ S □□	Vào ban đêm, việc không thể nhìn thấy người đi bộ và xe đạp ở giữa đường do đèn xe của mình và đèn xe hướng đối diện thì đó gọi là "Hiện tượng bốc hơi".
Câu 8 Đ S □□	Khi vào đường hầm thì giảm tốc độ, nhưng khi ra khỏi đường hầm thì không cần thiết phải giảm tốc độ.
Câu 9 Đ S □□	Khi xe máy định rẽ phải thì đi như mũi tên trong hình bên phải.
Câu 10 Đ S □□	Khi đi bên cạnh trẻ em đang đi bộ một mình thì nếu đã cách khoảng 1m rồi thì không đi chậm cũng được.
Câu 11 Đ S □□	Xe máy và xe 2 bánh tự động không có chỗ dành cho người khác cùng ngồi thì không được phép chở 2 người.
Câu 12 Đ S □□	Ở đường có biển báo như hình bên phải thì tốc độ tối đa đối với xe máy là 40km/ giờ.
Câu 13 Đ S □□	Cảnh sát đang điều tiết giao thông, vì hướng chính diện và 2 tay dang ngang nên đã rẽ trái ở giao lộ đó.

問14 正誤 □□	ブレーキは，ハンドルを切らない状態で車体を垂直に保ちながら，前後輪ブレーキを同時にかけるのがよい。
問15 正誤 □□	標識や標示で最高速度が指定されていないところでは，法令で定められた最高速度を超えて原動機付自転車を運転してはならない。
問16 正誤 □□	原動機付自転車は，車道が混雑しているときは路側帯を通行することができる。
問17 正誤 □□	坂道での行き違いは，上り坂での発進が難しいので，下りの車が上りの車に道を譲る。
問18 正誤 □□	事故を起こさない自信があれば，走行中に携帯電話を使用してもよい。
問19 正誤 □□	第一種免許は，大型免許，中型免許，準中型免許，普通免許，大型二輪免許，普通二輪免許，原付免許の７種類である。
問20 正誤 □□	進路変更の合図と右左折の合図の時期は同じである。
問21 正誤 □□	標示とは，ペイントや道路びょうなどで路面に示された線や記号や文字のことで，規制標示と指示標示の２種類がある。
問22 正誤 □□	右の図のような交通整理が行われていない道幅が同じような交差点では，Ａの原動機付自転車はＢの普通自動車に進路を譲らなければならない。
問23 正誤 □□	前の自動車がその前の原動機付自転車を追い越そうとしているとき，その自動車を追い越そうとするのは二重追越しとなる。
問24 正誤 □□	踏切直前で発進したときは，速やかにギアチェンジして，高速ギアで通過するようにしたほうがよい。
問25 正誤 □□	火災報知機から１メートル以内の場所は，停車はできるが駐車はできない。
問26 正誤 □□	小型特殊自動車の積載物の重量制限は，500 キログラムである。
問27 正誤 □□	右の標識のある場所では，午前８時から午後８時まで駐車してはならない。
問28 正誤 □□	夜間，街路灯などで明るい繁華街を走るときは，前照灯をつける必要はない。

Câu 14 Đ S □□	Khi phanh thì vừa giữ cho xe thăng bằng trong tình trạng không bẻ lái và nên phanh đồng thời bánh trước và sau.
Câu 15 Đ S □□	Ở nơi không được chỉ định tốc độ tối đa bằng biển báo hoặc vạch kẻ đường thì xe máy không được vượt quá tốc độ tối đa được pháp luật quy định.
Câu 16 Đ S □□	Xe máy có thể đi vào khu vực lề đường khi đường xe đang đông đúc.
Câu 17 Đ S □□	Khi đi ngược chiều nhau trên đường dốc, vì đi lên dốc khó khăn hơn nên xe xuống dốc nhường đường cho xe lên dốc.
Câu 18 Đ S □□	Nếu tự tin rằng sẽ không gây ra tai nạn thì lúc đang chạy xe có thể sử dụng điện thoại di động.
Câu 19 Đ S □□	Bằng lái loại 1 gồm có 7 loại là: Bằng lái xe cỡ lớn, bằng lái xe cỡ trung, bằng lái xe thông thường, bằng lái xe 2 bánh cỡ lớn bằng và bằng lái xe máy.
Câu 20 Đ S □□	Thời điểm ra tín hiệu thay đổi lộ trình và tín hiệu để rẽ trái phải thì giống nhau.
Câu 21 Đ S □□	Vạch kẻ đường là vạch, chữ hoặc số được hiển thị trên mặt đường bằng sơn hoặc đèn chỉ dẫn giao thông âm sàn. Có 2 loại là vạch cấm và vạch hiệu lệnh.
Câu 22 Đ S □□	Giao lộ của đường có bề rộng bằng nhau và không có điều tiết giao thông như hình bên phải, thì xe máy A phải nhường đường cho xe ô tô B. B A
Câu 23 Đ S □□	Khi xe ô tô phía trước đang định vượt xe máy phía trước xe đó thì việc vượt xe ô tô đó gọi là vượt 2 lớp.
Câu 24 Đ S □□	Khi xuất phát ngay trước nơi chắn tàu thì nên nhanh chóng chuyển số rồi đi qua bằng số tốc độ cao.
Câu 25 Đ S □□	Trong vòng 1m từ thiết bị báo cháy thì có thể dừng xe nhưng không thể đậu xe.
Câu 26 Đ S □□	Giới hạn trọng lượng của vật được chở bằng xe đặc thù cỡ nhỏ là 500kg.
Câu 27 Đ S □□	Nơi có biển báo như bên phải, từ 8 giờ sáng đến 8 giờ tối thì không được đậu xe. 8-20
Câu 28 Đ S □□	Vào ban đêm, khi đi trên phố sáng đèn thì không cần thiết phải bật đèn trước xe.

問29 正誤 □□	対向車と行き違うときは，安全な間隔を保たなければならない。
問30 正誤 □□	交通事故を起こしても，任意保険に加入していれば，民事上の責任はすべて保険会社が負うこととなる。
問31 正誤 □□	駐停車禁止場所では，原則として車の駐車や停車が禁止されているが，危険防止のためやむを得ず一時停止するようなときは，停止できる。
問32 正誤 □□	信号機のある踏切で，青色の灯火を示しているときは，一時停止しないで通過することができる。
問33 正誤 □□	右の信号の赤色の灯火の点滅が表示されているとき車は，ほかの交通に注意して進むことができる。
問34 正誤 □□	発進するときは，前後の交通の安全を確かめて，右側の方向指示器を作動するか手で合図をしなければならない。
問35 正誤 □□	前方の信号が黄色のときは，ほかの交通に注意しながら進行することができる。
問36 正誤 □□	酒を飲んでいるのを知りながら原動機付自転車を運転して配達することを依頼したときは，依頼した人も罰せられることがある。
問37 正誤 □□	下り坂では加速がつくため，高速ギアを用いてエンジンブレーキを活用する。
問38 正誤 □□	進行方向別通行区分に従って通行しているときに緊急自動車が近づいてきた場合は，その通行区分が終わってから進路を譲ればよい。
問39 正誤 □□	初心者マークや高齢運転者マークをつけている自動車を，追い越すことはできない。
問40 正誤 □□	右の標識のある道路では，自動車は通行できないが原動機付自転車は通行できる。
問41 正誤 □□	追越しが禁止されていない，左側部分の幅が6メートル未満の見通しのよい道路で，ほかの車を追い越そうとするとき，道路の中央から右側部分に最小限はみ出して通行することができる。
問42 正誤 □□	ごく少量の酒を飲んだが，酔っていないので慎重に運転した。
問43 正誤 □□	右の標識によって路線バス専用通行帯が指定されている道路でも，原動機付自転車は通行することができる。 専用

Câu 29 Đ S □□	Khi đi ngược chiều nhau với xe đối diện thì phải giữ khoảng cách an toàn.
Câu 30 Đ S □□	Ngay cả khi gây tai nạn giao thông, nếu có bảo hiểm tự nguyện thì tất cả trách nhiệm dân sự sẽ thuộc về công ty bảo hiểm.
Câu 31 Đ S □□	Nơi cấm đậu và dừng xe thì theo nguyên tắc là bị cấm dừng và cấm đậu xe nhưng có thể dừng lại khi cần dừng tạm thời để tránh nguy hiểm.
Câu 32 Đ S □□	Ở nơi chắn tàu có đèn giao thông, khi đang hiển thị đèn xanh thì có thể đi thẳng qua mà không cần dừng lại tạm thời.
Câu 33 Đ S □□	Khi tín hiệu đèn đỏ nhấp nháy như hình bên phải thì xe chú ý đến những giao thông khác rồi có thể đi tới.
Câu 34 Đ S □□	Khi xuất phát thì phải kiểm tra an toàn giao thông phía trước sau xe, bật xi nhan phải hoặc ra tín hiệu tay.
Câu 35 Đ S □□	Khi đèn phía trước màu vàng thì vừa chú ý đến các giao thông khác rồi có thể đi tiếp.
Câu 36 Đ S □□	Khi nhờ người khác lái xe máy trong khi biết người đó đã uống rượu thì người nhờ cũng bị phạt.
Câu 37 Đ S □□	Để tăng tốc ở dốc xuống thì dùng số tốc độ cao rồi tận dụng phanh động cơ.
Câu 38 Đ S □□	Khi xe khẩn cấp đến gần khi đang đi theo khu vực phân loại theo hướng đi thì có thể nhường đường sau khi khu vực phân loại đó kết thúc.
Câu 39 Đ S □□	Không thể vượt xe có dán dấu hiệu của người mới lái xe hoặc dấu hiệu của người cao tuổi lái xe.
Câu 40 Đ S □□	Ở đường có biển báo như hình bên phải, xe ô tô không thể đi nhưng xe máy có thể đi.
Câu 41 Đ S □□	Khi định vượt xe khác ở đường có tầm nhìn tốt, bề rộng phần đường bên trái dưới 6m và không bị cấm vượt thì có thể lấn tối thiểu sang phần đường bên phải tính từ giữa đường để đi qua.
Câu 42 Đ S □□	Có uống một tí rượu nhưng vì không say nên đã thận trọng lái xe.
Câu 43 Đ S □□	Kể cả ở đường được chỉ định là làn đường chuyên dụng cho xe buýt bằng biển báo như hình bên phải thì xe máy cũng có thể lưu thông.

問44 正誤 □□	昼間でも，トンネルの中や，50メートル先が見えないような場所を通行するときは，前照灯などをつけなければならない。
問45 正誤 □□	上り坂の頂上付近は，徐行の標識がなければ徐行する必要がない。
問46 正誤 □□	交差点（環状交差点を除く）で右折しようとして自分の車が先に交差点に入ったときは，その交差点の対向車線を直進してくる車より先に進行できる。

問47　交差点の手前で停止しました。渋滞している交差点を直進するときは，どのようなことに注意して運転しますか？

(1)
正誤
□□
進行方向の渋滞している車の間はあいているので，交差点に入る前に左右を確認したらすばやく通過する。

(2)
正誤
□□
渋滞している車が動き出すおそれがあるので，交差点に入るときは，渋滞している先のほうを確認してから発進する。

(3)
正誤
□□
渋滞している車の向こう側から二輪車が走行してくるかもしれないので，その手前で止まって左側を確かめながら通過する。

問48　時速30キロメートルで進行しています。この場合，どのようなことに注意して運転しますか？

(1)
正誤
□□
歩行者がバスのすぐ前を横断するかもしれないので，いつでも止まれるような速度に落として，バスの側片を通過する。

(2)
正誤
□□
バスを降りた人が，バスの後ろを横断するかもしれないので，警音器を鳴らし，いつでもハンドルを右に切れるよう注意して進行する。

(3)
正誤
□□
対向車が来るかどうかバスのかげでよく分からないので，前方の安全をよく確かめてから，中央線を越えて進行する。

Câu 44 Đ S ☐☐	Khi đi ở nơi không thể nhìn thấy 50m phía trước, hoặc bên trong đường hầm thì kể cả ban ngày cũng phải bật đèn trước xe.
Câu 45 Đ S ☐☐	Nơi gần đỉnh dốc lên, nếu không có biển báo đi chậm thì không cần phải đi chậm.
Câu 46 Đ S ☐☐	Tại giao lộ (trừ giao lộ vòng xuyến), khi xe của mình đã vào giao lộ trước và định rẽ phải thì có thể đi trước xe hướng đối diện đang đi thẳng tới.

Câu 47　Đã dừng xe trước giao lộ. Khi đi thẳng ở giao lộ đang ùn tắc thì cần chú ý những gì khi lái xe?

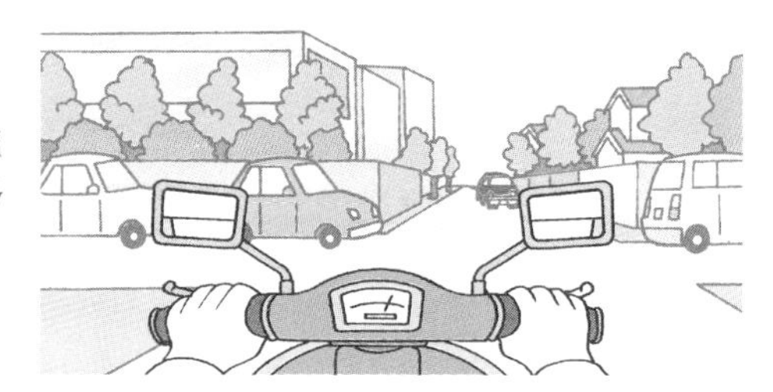

(1) Đ S ☐☐ Vì giữa các xe di chuyển theo hướng đang bị tắc có khoảng trống nên trước khi vào giao lộ thì kiểm tra trái phải rồi nhanh chóng đi qua.

(2) Đ S ☐☐ Vì có nguy cơ xe đang ùn tắc bắt đầu di chuyển, nên khi vào giao lộ thì kiểm tra bên hướng đang bị ùn tắc trước rồi mới xuất phát.

(3) Đ S ☐☐ Vì có thể có xe 2 bánh chạy tới từ hướng xe đang ùn tắc, nên dừng lại ở trước đó và kiểm tra bên trái rồi đi qua.

Câu 48　Đang đi với vận tốc 30km/ h. Trường hợp này cần chú ý những gì khi lái xe?

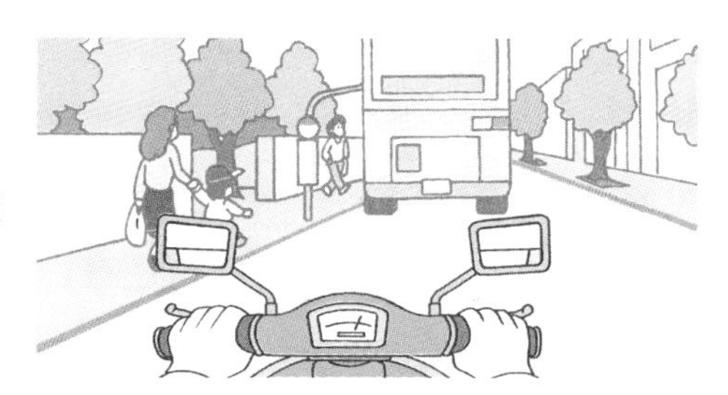

(1) Đ S ☐☐ Vì người đi bộ có thể sang đường ngay trước xe buýt nên giảm tốc độ để có thể dừng lại bất cứ lúc nào, sau đó đi qua bên cạnh xe buýt.

(2) Đ S ☐☐ Vì người xuống xe có thể sang đường phía sau xe buýt, nên hãy cẩn thận bấm còi và chú ý để có thể bẻ lái sang phải bất cứ lúc nào.

(3) Đ S ☐☐ Vì khuất xe buýt nên không thể biết là xe hướng đối diện có đang đi tới hay không nên kiểm tra an toàn ở phía trước rồi vượt qua vạch giữa đường để đi.

第４回 解答と解説	間違えたら赤シートを当てて，覚えておきたいポイントを再チェックしよう！

◆・・・ひっかけ問題　　★・・・重要な問題

問１ 正	荷台の長さに**0.3メートル**以下を加えた長さである。
問２ ◆誤	ぬかるみや砂利道では，低速ギアを使い，**減速**して通行するのがよい。
問３ 正	高齢者が安全に通行できるように，**一時停止**か**徐行**する。
問４ 誤	原付免許では，原動機付自転車のみ運転できる。
問５ 誤	横断歩道のない交差点などを歩行者が横断しているときは，その**通行**を妨げない。
問６ 正	先に交差点に入っていても，**直進車**や**左折車**の進行を妨げてはいけない。
問７ ★正	歩行者などが見えなくなることを**蒸発現象**といい，十分に注意する。
問８ ◆誤	トンネルなどで明るさが急に変わると，一時的に視力が低下して見えにくくなるので，出るときも**速度**を落とす。
問９ 誤	あらかじめ道路の**中央**に寄り，右折しなければならない。
問10 ★誤	子どもがひとり歩きしている場合は，安全に通れるように**一時停止**か**徐行**する。
問11 正	乗車定員は，１人のみ。
問12 ◆誤	この標識があっても，原動機付自転車は時速**30キロメートル**を超えて運転してはいけない。
問13 誤	警察官の手信号は，信号機の赤色の灯火を表しているので，直進や右左折はできない。

ĐỀ LẦN 4 ĐÁP ÁN & GIẢI THÍCH	Nếu trả lời sai thì hãy dùng tấm bìa màu đỏ để che lại, kiểm tra lại những điểm muốn ghi nhớ!

◆・・・Câu dễ sai　　★・・・Câu quan trọng

Câu 1 Đ	Chiều dài yên xe cộng thêm 0. 3m trở xuống.
Câu 2 ◆ S	Đi ở đường bùn hoặc cát thì sử dụng số tốc độ thấp, giảm tốc độ rồi đi qua.
Câu 3 Đ	Dừng lại tạm thời hoặc đi chậm để người cao tuổi đi qua an toàn.
Câu 4 S	Bằng lái xe máy thì chỉ có thể lái được xe gắn máy.
Câu 5 S	Khi người đi bộ đang sang đường ở giao lộ không có vạch sang đường thì không được gây cản trở cho lưu thông đó.
Câu 6 Đ	Ngay cả khi vào giao lộ trước thì cũng không được gây cản trở lưu thông của xe đi thẳng và xe rẽ trái.
Câu 7 ★ Đ	Việc trở nên không nhìn thấy được người đi bộ được gọi là hiện tượng bốc hơi, cần hết sức chú ý.
Câu 8 ◆ S	Ở đường hầm độ sáng thay đổi đột ngột gây giảm thị lực nhất thời dẫn đến không nhìn thấy được nên cả khi ra đường hầm thì cũng giảm tốc độ.
Câu 9 S	Phải tiến ra giữa đường trước rồi mới rẽ phải.
Câu 10 ★ S	Trường hợp có trẻ em đang đi bộ một mình thì phải dừng lại tạm thời hoặc đi chậm để đi qua an toàn.
Câu 11 Đ	Số người được chở theo qui định là chỉ 1 người.
Câu 12 ◆ S	Kể cả có biển báo này thì xe máy cũng không được phép đi quá 30km/ h.
Câu 13 S	Tín hiệu tay của cảnh sát biểu thị cho tín hiệu đèn đỏ nên không thể đi thẳng và rẽ trái.

問14 ◆正	車体を垂直に保ち，前後輪ブレーキを同時にかける。
問15 ★正	最高速度が指定されていないところでは，法令で定められている最高速度を**超えて**はいけない。
問16 ★誤	原則として，**路側帯**は歩行者の通行するところである。
問17 正	原則として，下りの車が上りの車に道を譲る。
問18 誤	走行中は危険なので，携帯電話を使用してはいけない。反則金が科せられる。
問19 誤	大型特殊免許，小型特殊免許，けん引免許を加えた **10** 種類である。
問20 ★誤	進路変更の合図は約 **3 秒**前，右左折の合図は右左折地点の **30 メートル**手前である。（環状交差点を除く）
問21 正	ペイントや道路びょうなどで路面に示された線や記号，文字のことを**道路標示**という。
問22 正	左から進行してくる車の進行を妨げてはならないので，原動機付自転車は普通自動車に進路を譲る。
問23 ★誤	自動車ではない原動機付自転車が前の車を追い越そうとしているので，前の車を追い越しても**二重追越し**にはならない。
問24 誤	踏切内でエンストしないために，発進したときの低速ギアのまま一気に通過する。
問25 正	火災報知機から **1 メートル**以内の場所は，**停車**できて**駐車**はできない。
問26 ★正	**500 キログラム**まで小型特殊自動車には荷物を積める。
問27 ★正	標識に記載されている午前 8 時から午後 8 時まで**駐車禁止**。

Câu 14 ◆ Đ	Giữ xe thăng bằng, phanh đồng thời bánh trước và sau.
Câu 15 ★ Đ	Nơi không được chỉ định tốc độ tối đa thì không được vượt quá tốc độ tối đa được pháp luật quy định.
Câu 16 ★ S	Về nguyên tắc thì khu vực lề đường là nơi lưu thông của người đi bộ.
Câu 17 Đ	Về nguyên tắc thì xe xuống dốc nhường đường cho xe lên dốc.
Câu 18 S	Khi đang lái xe thì không được phép sử dụng điện thoại di động. Vi phạm sẽ bị phạt tiền.
Câu 19 S	Có 10 loại, có thêm bằng lái xe đặc thù cỡ lớn, bằng lái xe đặc thù cỡ nhỏ và bằng lái kéo xe.
Câu 20 ★ S	Tín hiệu thay đổi lộ trình là 3 giây trước đó, tín hiệu rẽ trái phải là cách điểm rẽ 30m trước đó. (Trừ giao lộ vòng xuyến)
Câu 21 Đ	Vạch hoặc chữ hoặc số được hiển thị trên mặt đường bằng sơn hoặc đèn chỉ dẫn giao thông âm sàn thì được gọi là Vạch kẻ đường.
Câu 22 Đ	Vì không được cản trở giao thông của xe đang đi bên trái đường nên xe máy nhường đường cho xe ô tô.
Câu 23 ★ S	Vì không phải là xe ô tô mà là xe máy định vượt xe ô tô phía trước nên không phải là vượt 2 lớp.
Câu 24 S	Để không bị chết máy bên trong chắn tàu thì đi giữ nguyên số tốc độ thấp lúc khởi động để đi qua.
Câu 25 Đ	Trong vòng 1m từ thiết bị báo cháy thì có thể dừng xe nhưng không thể đậu xe.
Câu 26 ★ Đ	Xe đặc thù cỡ nhỏ có thể chở vật có trọng lượng đến 500kg.
Câu 27 ★ Đ	Cấm đậu xe từ 8 giờ sáng đến 8 giờ tối được viết trên biển báo.

問28 誤	夜間は必ずライトをつける。
問29 正	**安全な間隔**を保つこと。
問30 誤	すべて運転者本人の責任になる。
問31 正	**危険防止**のための一時停止であれば，駐停車禁止場所でも停止できる。
問32 正	**一時停止**しないで，安全確認をして通過できる。
問33 誤	車は停止位置で**一時停止**して，安全確認しなければならない。
問34 正	発進するときは，**安全確認**と**合図**をして発進する。
問35 誤	停止位置で安全に停止できないとき以外は，停止位置を越えて進んではならない。
問36 正	酒を飲んでいるのを知りながら配達を依頼すると，依頼した人も罰せられる場合がある。
問37 誤	下り坂では**低速ギア**を使って，エンジンブレーキを活用する。
問38 誤	緊急自動車がきたときは，通行区分に**従う必要はない**ので進路を譲る。
問39 誤	追越しはできるが，幅寄せや割り込みは禁止されている。
問40 ★誤	「**車両通行止め**」の標識で歩行者以外の車両の通行を禁止している。
問41 正	このような道路では，道路の中央から右側に最小限はみ出して追越しできる。

Câu 28 S	Ban đêm thì phải bật đèn xe.
Câu 29 Đ	Giữ khoảng cách an toàn.
Câu 30 S	Tất cả trách nhiệm là của người lái xe.
Câu 31 Đ	Nếu dừng lại tạm thời để tránh nguy hiểm thì có thể dừng ngay cả ở nơi cấm đậu và dừng xe.
Câu 32 Đ	Vượt qua sau khi đã kiểm tra an toàn mà không dừng lại tạm thời.
Câu 33 S	Xe phải dừng lại tạm thời tại vị trí dừng rồi xác nhận an toàn.
Câu 34 Đ	Khi xuất phát thì xác nhận an toàn và ra tín hiệu rồi xuất phát.
Câu 35 S	Không được vượt quá vị trí dừng trừ khi không thể dừng lại an toàn ở vị trí dừng được.
Câu 36 Đ	Nếu nhờ người lái xe máy trong khi biết người đó đã uống rượu thì người nhờ cũng bị phạt.
Câu 37 S	Ở dốc xuống thì sử dụng số tốc độ thấp và tận dụng phanh động cơ.
Câu 38 S	Khi có xe khẩn cấp đến, vì không cần phải tuân theo khu vực lưu thông nên nhường đường cho xe khẩn cấp.
Câu 39 S	Có thể vượt nhưng bị cấm chen ngang hoặc ép sát.
Câu 40 ★S	Biển báo “Cấm xe lưu thông” cấm các loại xe lưu thông ngoại trừ người đi bộ.
Câu 41 Đ	Ở đường như thế này thì có thể lấn tối thiểu sang phần đường bên phải tính từ giữa đến để vượt.

問42 ★**誤**	少量でも**飲酒運転**になり，絶対に運転してはならない。
問43 正	原動機付自転車は通行することができる。
問44 正	昼間でもトンネルの中や，50 メートル先が見えない場所では前照灯などをつけなければならない。
問45 **誤**	標識がなくても**徐行**しなければならない。
問46 **誤**	右折するときは，直進車や左折車の**進行**を妨げてはならない。

問47　**渋滞**の列の動きとその**かげ**に要注意！！
進路はあいていても，いつ車が**動き出す**か分かりません。また，車の**かげ**から二輪車が走行するかもしれないので注意しよう。

(1)　**誤**　車が急に**動き出す**かもしれない。
(2)　正　渋滞している先を確認して，**状況**に応じて判断する。
(3)　正　車のかげから二輪車が**走行してくる**かもしれません。

問48　**歩行者**と**対向車**の有無に要注意！！
バスを降りた人が道路を**横断**するかもしれないので注意して，バスのかげから出てくるかもしれない対向車にも気をつけよう。

(1)　正　歩行者がバスの前を**横断**するおそれがあります。
(2)　**誤**　歩行者の横断に注意して，**警音器**は鳴らさずに進行する。
(3)　正　**対向車**の接近に注意して進行する。

Câu 42 ★ S	Dù là lượng ít thì cũng là lái xe khi đã uống rượu bia nên tuyệt đối không được lái xe.
Câu 43 Đ	Xe máy có thể đi.
Câu 44 Đ	Ở nơi không thể nhìn thấy 50m phía trước hoặc bên trong đường hầm thì kể cả ban ngày cũng phải bật đèn trước xe.
Câu 45 S	Không có biển báo cũng phải đi chậm.
Câu 46 S	Khi rẽ phải thì không được gây cản trở lưu thông của xe đi thẳng và xe rẽ trái.

Câu 47　Cần chú ý chuyển động của dòng xe đang ùn tắc và khuất sau bóng xe đó!! Ngay cả khi đường trống thì cũng không biết được khi nào xe sẽ bắt đầu di chuyển. Ngoài ra, hãy chú ý vì khuất sau bóng xe có thể có xe 2 bánh đang di chuyển.

(1)　S　Xe có thể bất ngờ di chuyển.
(2)　Đ　Kiểm tra bên phía đang bị ùn tắc trước rồi phán đoán tùy theo tình trạng.
(3)　Đ　Có thể có xe 2 bánh chạy tới từ khuất sau xe ô tô.

Câu 48　Cần chú ý đến người đi bộ và việc có hay không có xe hướng đối diện!! Lưu ý đến người vừa xuống xe buýt có thể sẽ sang đường, và cẩn thận với xe hướng đối diện có thể đi tới từ khuất sau xe buýt.

(1)　Đ　Có nguy cơ người đi bộ sẽ sang đường ở phía trước xe buýt.
(2)　S　Chú ý đến người đi bộ sang đường, đi tới nhưng không bấm còi.
(3)　Đ　Chú ý đến xe hướng đối diện rồi đi qua.

第5回 模擬試験	問1〜問46までは各1点，問47，48は全て正解して各2点。 制限時間30分，50点中45点以上で合格

●次の問題で正しいものは「正」，誤りのものは「誤」の枠をぬりつぶして答えなさい。

問1 正誤 □□	片側2車線の道路の交差点で原動機付自転車が右折するとき，標識による右折方法の指定がなければ，小回りの右折方法をとる。
問2 正誤 □□	エンジンを止めた原動機付自転車を押して歩く場合でも，歩行者専用信号でなく，車両用信号に従って通行する。
問3 正誤 □□	二輪車でブレーキをかける場合，路面が乾燥しているときは，後輪ブレーキをやや強めにかける。
問4 正誤 □□	同一方向に進行しながら進路を右に変える場合，後続車がいなければ合図しなくてよい。
問5 正誤 □□	原動機付自転車であっても，PS（c）マークやJISマークのヘルメットをかぶれば高速道路を通行することができる。
問6 正誤 □□	乗降のため止まっている通学通園バスのそばを通るときは，1.5メートル以上の間隔をあけていれば，徐行しないで通過できる。
問7 正誤 □□	原動機付自転車は，前方の信号が黄色や赤色であっても，青色の左折の矢印の信号の場合は，矢印の方向に進むことができる。
問8 正誤 □□	普通車の仮免許では原動機付自転車を運転することはできない。
問9 正誤 □□	右の標識は，優先道路を表している。
問10 正誤 □□	原付免許を受けて1年間を初心運転者期間といい，この間に違反をして一定の基準に達した人は免許取り消しとなる。
問11 正誤 □□	運転中は一点を注視しないで，前方のみを見渡す目配りをしたほうがよい。
問12 正誤 □□	右の標識のあるところでは，原動機付自転車は徐行しなければならない。 立入り禁止部分
問13 正誤 □□	トンネルの中では，対向車に注意を与えるため，右側の方向指示器を作動させたまま走行した方がよい。

ĐỀ THI THỬ LẦN 5	Từ câu 1~46 mỗi câu 1 điểm, câu 47, 48 mỗi câu 2 điểm. Thời gian giới hạn: 30 phút, 45/ 50 điểm trở lên là đạt.

● Hãy tô vào ô “Đ” nếu là đúng, ô “S” nếu là sai để trả lời những câu hỏi sau đây.

Câu 1 Đ S □□	Khi xe máy rẽ phải ở giao lộ của đường có 2 làn xe ở mỗi bên, nếu không có biển báo chỉ định phương pháp rẽ phải thì rẽ phải theo cách rẽ vòng nhỏ.
Câu 2 Đ S □□	Ngay cả trường hợp dắt bộ xe máy đã tắt động cơ thì đi tuân theo tín hiệu dành cho xe mà không phải là tín hiệu dành cho người đi bộ.
Câu 3 Đ S □□	Khi thực hiện phanh ở xe 2 bánh thì khi mặt đường khô ráo thì phanh hơi mạnh phanh bánh sau.
Câu 4 Đ S □□	Khi chuyển sang bên phải đường khi đang di chuyển cùng hướng, nếu không có xe phía sau thì không ra tín hiệu cũng được.
Câu 5 Đ S □□	Nếu đội mũ bảo hiểm có dấu hiệu PS(c) hoặc JIS thì ngay cả xe máy cũng có thể đi trên đường cao tốc.
Câu 6 Đ S □□	Khi đi qua bên cạnh xe buýt trường học đang dừng để học sinh lên xuống, nếu đã cách khoảng cách trên 1, 5m thì có thể đi qua mà không cần đi chậm.
Câu 7 Đ S □□	Khi tín hiệu mũi tên chỉ rẽ trái màu xanh thì kể cả đèn tín hiệu phía trước màu vàng hoặc đỏ thì xe máy cũng có thể đi theo hướng của mũi tên.
Câu 8 Đ S □□	Bằng lái tạm của xe ô tô thông thường thì không thể lái xe máy.
Câu 9 Đ S □□	Biển báo bên phải biểu thị đường ưu tiên.
Câu 10 Đ S □□	Sau khi lấy bằng lái xe máy 1 năm thì được gọi là giai đoạn người mới lái xe, thời gian này nếu vi phạm đến mức quy định thì bị tước bằng lái.
Câu 11 Đ S □□	Trong khi lái xe thì không nhìn vào 1 điểm mà chỉ nên để mắt tới phía trước.
Câu 12 Đ S □□	Nơi có biển báo như hình bên phải thì xe máy phải đi chậm. 立入り禁止部分
Câu 13 Đ S □□	Bên trong đường hầm, để gây sự chú ý cho xe hướng đối diện thì nên giữ nguyên đèn xi nhan bên phải để đi.

問14 正誤 □□	対向車のライトがまぶしいときは，視線をやや左前方に移すようにする。
問15 正誤 □□	ほかの車に追い越されるときに，追越しをするための十分な余地がないときは，できるだけ左に寄り進路を譲らなければならない。
問16 正誤 □□	雨にぬれたアスファルトの路面では，車の制動距離は短くなるので，強くブレーキをかけるとよい。
問17 正誤 □□	広い道路で右折をしようとするときは，左側車線から中央寄りの車線に一気に移動しなければならない。
問18 正誤 □□	右折や左折をするときは，必ず徐行しなければならない。
問19 正誤 □□	マフラーを改造していない原動機付自転車なら，著しく他人の迷惑になるような空ぶかしであっても禁止されていない。
問20 正誤 □□	夜間，交通整理をしている警察官が頭上に灯火を上げているとき，その警察官の身体の正面に平行する交通については，青色の信号と同じ意味である。
問21 正誤 □□	道路への出入口はもちろん，出入口から 3 メートル以内も駐車禁止である。
問22 正誤 □□	右の標識のある道路では転回してはならない。
問23 正誤 □□	道路が混雑しているときに原動機付自転車で路側帯を通行した。
問24 正誤 □□	バスの停留所の標示板（柱）から 10 メートル以内の場所では，停車はできるが駐車はできない。
問25 正誤 □□	原動機付自転車の法定速度は 30 キロメートル毎時である。
問26 正誤 □□	雨の降り始めの舗装道路や工事現場の鉄板などは，すべりやすいので注意したほうがよい。
問27 正誤 □□	右の標識のある場所は危険物の貯蔵所などがあるので，注意して運転しなければならない。 危険物積載車両 通行止め 危険物

Câu 14 Đ S □□	Khi bị chói đèn của xe hướng đối diện thì di chuyển tầm nhìn sang bên trái một chút.
Câu 15 Đ S □□	Khi bị xe khác vượt, khi không có đủ khoảng trống để vượt thì phải tấp sát vào bên trái để nhường đường.
Câu 16 Đ S □□	Trên đường nhựa ướt mưa, vì khoảng cách phanh của xe ngắn hơn nên phanh mạnh.
Câu 17 Đ S □□	Khi định rẽ phải ở đường rộng thì phải di chuyển một mạch từ làn xe bên trái ra giữa đường.
Câu 18 Đ S □□	Khi rẽ trái hoặc rẽ phải thì phải đi chậm.
Câu 19 Đ S □□	Nếu xe máy không được chỉnh bộ giảm âm thì cũng không bị cấm việc nẹt pô làm phiền đến người khác.
Câu 20 Đ S □□	Vào ban đêm, cảnh sát đang điều tiết giao thông ra tín hiệu đèn hướng lên trên, thì giao thông đi song song với mặt trước của cảnh sát đó đồng nghĩa với tín hiệu đèn xanh.
Câu 21 Đ S □□	Ngay cửa ra vào đường là đương nhiên cấm, trong vòng 3m từ cửa ra vào cũng cấm đậu xe.
Câu 22 Đ S □□	Ở đường có biển báo như bên phải thì không được quay đầu xe.
Câu 23 Đ S □□	Khi đường đang đông đã đi vào khu vực lề đường bằng xe máy.
Câu 24 Đ S □□	Trong vòng 10m từ (trụ) biển báo trạm dừng xe buýt thì có thể dừng xe nhưng không thể đậu xe.
Câu 25 Đ S □□	Tốc độ pháp luật quy định cho xe máy là 30km mỗi giờ.
Câu 26 Đ S □□	Khi trời bắt đầu mưa thì đường trải nhựa hoặc tấm thép tại công trường xây dựng sẽ trở nên trơn trượt nên cần phải chú ý.
Câu 27 Đ S □□	Nơi có biển báo như hình bên phải cho biết là nơi có chứa vật nguy hiểm nên phải chú ý lái xe. 危険物積載車両 通行止め 危険物

問28 正誤 □□	カーブの手前では徐行しなければならない。
問29 正誤 □□	見通しのきく信号機がない踏切では，安全確認すれば一時停止する必要はない。
問30 正誤 □□	夜間は，視界が狭くなるので，できるだけ近くのものを見るようにする。
問31 正誤 □□	原動機付自転車は，交通が渋滞しているときでも，車の間をぬって走ることができるので便利である。
問32 正誤 □□	大地震が起き，車を置いて避難するときは，エンジンを止めてエンジンキーを確実に抜いておく。
問33 正誤 □□	右の標示のある交差点では，普通自転車は，この標示を超えて交差点に進入することは禁止されている。
問34 正誤 □□	停止位置に近づいたときに，信号が青色から黄色に変わったが，後続車があり急停止すると追突される危険を感じたので，停止せずに交差点を通り過ぎた。
問35 正誤 □□	水たまりを通過するときには，徐行するなどして歩行者などに泥水がかからないようにしなければならない。
問36 正誤 □□	坂の頂上付近は，駐車も停車も禁止されている。
問37 正誤 □□	原動機付自転車に積載することのできる荷物の重量限度は，30 キログラムまでである。
問38 正誤 □□	車から離れるときでも，短時間であればエンジンを止めなくてもよい。
問39 正誤 □□	進路を変更すると，後ろからくる車が急ブレーキや急ハンドルで避けなければならないような場合は，進路を変えてはならない。
問40 正誤 □□	右の標示があるところでは，前方に優先道路がある。
問41 正誤 □□	前の車が交差点や踏切の手前で徐行しているときは，その前を横切ってはならないが，停止しているときは，その前を横切ってもよい。
問42 正誤 □□	道路を通行するときは，交通規則を守るほか，道路や交通の状況に応じて細かい注意をする必要がある。

Câu 28 Đ S □□	Phải đi chậm ở trước khúc cua.
Câu 29 Đ S □□	Ở nơi chắn tàu không có đèn tín hiệu và có tầm nhìn tốt, nếu xác nhận an toàn thì không cần thiết phải dừng lại tạm thời.
Câu 30 Đ S □□	Vào ban đêm, vì tầm nhìn sẽ bị hẹp lại nên nhìn những thứ gần nhất có thể.
Câu 31 Đ S □□	Xe máy có thể chen giữa các xe ngay cả khi đường đang ùn tắc nên rất tiện lợi.
Câu 32 Đ S □□	Khi có động đất lớn xảy ra và phải để lại xe để đi lánh nạn thì tắt máy và rút chìa khóa.
Câu 33 Đ S □□	Ở giao lộ có vạch kẻ đường như hình bên phải thì xe đạp thông thường bị cấm vượt qua vạch kẻ đường để đi vào giao lộ.
Câu 34 Đ S □□	Khi đã đến gần vị trí dừng thì đèn xanh chuyển thành vàng, nhưng vì thấy phía sau có xe và nếu dừng lại đột ngột thì bị xe sau đâm phải nên không dừng lại mà đi qua giao lộ.
Câu 35 Đ S □□	Khi đi qua vũng nước đọng thì phải đi chậm để tránh làm bắn nước vào người đi bộ.
Câu 36 Đ S □□	Nơi gần đỉnh dốc thì bị cấm cả đậu xe và dừng xe.
Câu 37 Đ S □□	Giới hạn trọng lượng của vật mà xe máy được phép chở là 30kg.
Câu 38 Đ S □□	Ngay cả khi rời xe, nếu trong thời gian ngắn thì không tắt động cơ cũng được.
Câu 39 Đ S □□	Nếu thay đổi lộ trình mà xe phía sau phải phanh gấp hoặc bẻ lái gấp để tránh thì không được thay đổi lộ trình.
Câu 40 Đ S □□	Nơi có biển báo như hình bên phải là phía trước có đường ưu tiên.
Câu 41 Đ S □□	Khi xe ô tô phía trước đang đi chậm ở trước nơi chắn tàu hoặc giao lộ thì không được đi cắt ngang qua trước đó, nhưng khi xe đang dừng thì có thể đi cắt ngang qua được.
Câu 42 Đ S □□	Khi đi trên đường, ngoài việc tuân thủ luật quy tắc thông thì cần chú ý đến tình trạng giao thông và đường.

問43 正誤 □□	右の標識のあるところでは，横断する歩行者や自転車が明らかにいなければそのまま通行することができる。
問44 正誤 □□	歩行者用道路を通行するときは，歩行者が通行しているときでも，特に徐行しなくてもよい。
問45 正誤 □□	原動機付自転車を運転するときは，決められた速度の範囲内で，道路や交通の状況，天候や視界などに応じ，安全な速度を選ぶべきである。
問46 正誤 □□	疲れ，心配事，病気などのときは，判断力が衰えたりするので，運転を控える。

問47　交差点で右折待ちのため止まっていたら，対向車がライトを点滅させました。どのようなことに注意して運転しますか？

(1) 正誤□□ 右折方向の横断歩道がよく見えないので，交差点の中央付近まで進み，横断歩道全体の様子も確認して右折する。

(2) 正誤□□ トラックは前方が渋滞しているため，進路を譲ってくれたので，待たせないようにすばやく右折する。

(3) 正誤□□ トラックのかげから二輪車が直進してくるかもしれないので，その様子を見ながら徐行する。

問48　前方が渋滞しています。この場合，どのようなことに注意して運転しますか？

(1) 正誤□□ 後続車があるので，そのまま交差点に入って停止する。

(2) 正誤□□ 左側の車の進路の妨げにならないように，交差点の手前で停止する。

(3) 正誤□□ 自車のほうが優先道路で，左側の車は一時停止すると思われるので，交差点の中で停止する。

Câu 43 Đ S □□	Ở nơi có biển báo như bên phải, nếu biết chắc chắn không có người đi bộ hoặc xe đạp sang đường thì có thể tiếp tục đi.
Câu 44 Đ S □□	Khi đi trên đường dành cho người đi bộ thì ngay cả khi có người đi bộ đang đi thì không đi chậm cũng được.
Câu 45 Đ S □□	Khi lái xe máy thì nên chọn tốc độ an toàn trong giới hạn tốc độ quy định và phù hợp với điều kiện thời tiết, tầm nhìn, tình trạng đường và giao thông.
Câu 46 Đ S □□	Khi mệt mỏi, lo lắng hoặc bị bệnh thì khả năng phán đoán bị suy giảm nên tránh lái xe.

Câu 47 Đang dừng để đợi rẽ phải ở giao lộ, đèn xe hướng đối diện đang chớp. Cần chú ý những gì khi lái xe?

(1)
Đ S
□□ Vì không thể nhìn rõ được vạch sang đường ở hướng rẽ phải nên tiến lên gần trung tâm giao lộ, xác nhận tình trạng ở vạch sang đường rồi mới rẽ phải.

(2)
Đ S
□□ Vì đường phía trước xe tải đang bị ùn tắc nên xe tải nhường đường cho mình, vì vậy phải nhanh chóng rẽ phải để xe tải không phải chờ đợi.

(3)
Đ S
□□ Vì có thể xe 2 bánh đi thẳng đến từ phía sau bóng xe tải nên vừa xem tình hình vừa đi chậm.

Câu 48 Phía trước đường đang ùn tắc. Trường hợp này thì cần chú ý những gì khi lái xe?

(1)
Đ S
□□ Vì có xe phía sau nên cứ như thế đi vào giao lộ rồi dừng lại.

(2)
Đ S
□□ Dừng lại ở phía trước giao lộ để không gây cản trở đường của xe ở bên trái.

(3)
Đ S
□□ Vì xe của mình ở đường ưu tiên nên chắc là xe bên trái sẽ dừng lại tạm thời, vì vậy dừng lại ở bên trong giao lộ.

第5回 解答と解説	間違えたら赤シートを当てて，覚えておきたいポイントを再チェックしよう！

◆・・・ひっかけ問題　　★・・・重要な問題

問1 ★正	片側2車線の道路の交差点であれば，標識の指定が無い場合，**小回りの右折方法**をとる。
問2 誤	二輪車のエンジンを切って押している場合は，**歩行者**と扱われる。なので，歩行者用信号に従う。
問3 ★誤	路面が乾燥しているときは前輪ブレーキを，路面が滑りやすいときは後輪ブレーキを少し強めにかける。
問4 ◆誤	後続車がいなくても，**合図**はする。
問5 誤	**高速道路**は原動機付自転車は通行することができない。
問6 ◆誤	乗降のため停車している通学通園バスのそばを通るときは，**徐行**して**安全確認**しなければならない。
問7 正	青色の左折の矢印信号がある交差点では，**左折**できる。
問8 正	原動機付自転車は**普通車**の仮免許では運転できない。
問9 誤	この標識は「安全地帯」を表している。
問10 誤	原付免許を取得して1年間は初心運転者期間といい，この間に違反をして一定の基準に達した人は初心運転者講習を受ける。
問11 誤	前方も注意するが，**バックミラー**などでも**周囲の状況**に目をくばる。
問12 誤	この標識は「**立ち入り禁止部分**」なので入れない。
問13 ◆誤	進路変更をしない場合は，合図をしてはいけない。

ĐỀ LẦN 5 ĐÁP ÁN & GIẢI THÍCH	Nếu trả lời sai thì hãy dùng tấm bìa màu đỏ để che lại, kiểm tra lại những điểm muốn ghi nhớ!

◆・・・Câu dễ sai ★・・・Câu quan trọng

Câu 1 ★ Đ	Nếu là giao lộ của đường có 2 làn xe mỗi bên và không có biển báo chỉ định thì thực hiện phương pháp rẽ phải theo vòng nhỏ.
Câu 2 S	Khi dắt bộ xe 2 bánh đã tắt động cơ thì được xem như là người đi bộ. Vì vậy, tuân theo tín hiệu dành cho người đi bộ.
Câu 3 ★ S	Khi mặt đường khô thì phanh bánh trước, khi mặt đường dễ trơn thì phanh bánh sau mạnh một chút.
Câu 4 ◆ S	Ngay cả khi không có xe phía sau thì cũng ra tín hiệu.
Câu 5 S	Đường cao tốc thì xe gắn máy không được phép lưu thông.
Câu 6 ◆ S	Khi đi qua bên cạnh xe buýt trường học đang dừng để học sinh lên xuống thì phải đi chậm và kiểm tra an toàn.
Câu 7 Đ	Ở giao lộ có tín hiệu mũi tên chỉ rẽ trái màu xanh thì có thể rẽ trái.
Câu 8 Đ	Bằng lái tạm của xe ô tô thông thường thì không thể lái xe máy.
Câu 9 S	Biển báo này biểu thị "Khu vực an toàn".
Câu 10 S	1 năm sau khi lấy bằng được gọi là giai đoạn người mới lái xe, thời gian này người vi phạm đến mức quy định thì sẽ học khóa học cho người mới lái xe.
Câu 11 S	Chú ý phía trước nhưng cũng để mắt đến tình trạng xung quanh bằng kính chiếu hậu.
Câu 12 S	Biển báo này là "Khu vực cấm đi vào" nên không được vào.
Câu 13 ◆ S	Khi không thay đổi lộ trình thì không được ra tín hiệu.

問14 ★正	目がくらまないように，まぶしいときはやや左前方に視線を移すとよい。
問15 ★正	追越しに十分な余地がないときは，できる限り**左に寄って**進路を譲る。
問16 ◆誤	雨にぬれた道路は，制動距離が長くなるとともにスリップにも注意しなければならないので，急ブレーキは危険である。
問17 誤	幅の広い道路で右折するときは，**一気に移動**せずに徐々に中央寄りの車線に移っていく。
問18 正	右左折時は**徐行**しなければならない。
問19 誤	マフラーの改造の有無にかかわらず，他人の迷惑になるような騒音を出してはならない。
問20 ★誤	警察官が頭上に灯火を上げているとき，その警察官の身体の正面に平行する交通については，**黄色の信号**と同じ意味である。
問21 正	車の出入口から**3メートル**以内は駐車禁止である。
問22 正	「**転回禁止**」の標示である。
問23 誤	路側帯は**歩行者用**の通路なので，原動機付自転車は通行することができない。
問24 ◆誤	運行時間中に限り，バスの停留所の標示板（柱）から**10メートル**以内の場所では，停車も駐車も禁止。
問25 正	原動機付自転車の法定最高速度は時速**30キロメートル**毎時である。
問26 正	雨の降り始めの舗装道路や工事現場の鉄板やマンホールのふたなど，滑りやすいので注意して運転する。
問27 誤	この標識は「**危険物積載車両通行止め**」を表しているので，火薬類，爆発物，毒物，劇物などの危険物を積載する車は通行できない。

Câu 14 ★ Đ	Khi bị chói mắt thì di chuyển tầm nhìn sang bên trái một chút để không bị lóa mắt.
Câu 15 ★ Đ	Khi không có đủ khoảng trống để vượt thì tấp sát vào bên trái để nhường đường.
Câu 16 ◆ S	Ở đường ướt mưa, phải chú ý vì khoảng cách phanh dài hơn, đồng thời dễ trơn trượt nên rất nguy hiểm.
Câu 17 S	Khi rẽ phải ở đường rộng thì không di chuyển một mạch mà di chuyển từ từ tiến ra làn xe ở giữa đường.
Câu 18 Đ	Khi rẽ trái hoặc rẽ phải thì phải đi chậm.
Câu 19 S	Bất kể có hay không chỉnh bộ giảm âm thì cũng không được phép gây tiếng ồn làm phiền đến người khác.
Câu 20 ★ S	Khi cảnh sát giơ cao đèn lên trên, giao thông đi song song với mặt trước của cảnh sát đó đồng nghĩa với tín hiệu đèn vàng.
Câu 21 Đ	Trong vòng 3m từ cửa ra vào thì cấm đậu xe.
Câu 22 Đ	Biển báo “Cấm quay đầu xe”.
Câu 23 S	Vì khu vực lề đường là đường dành cho người đi bộ nên xe máy không được phép đi.
Câu 24 ◆ S	Chỉ trong thời gian xe lưu thông thì trong vòng 10m từ (trụ) biển báo trạm dừng xe buýt thì cấm đậu và cấm dừng xe.
Câu 25 Đ	Tốc độ pháp luật quy định cho xe máy là 30km mỗi giờ.
Câu 26 Đ	Khi trời bắt đầu mưa thì đường trải nhựa hoặc tấm thép công trường xây dựng hoặc nắp cống thoát nước sẽ dễ trơn trượt nên phải chú ý lái xe.
Câu 27 S	Biển báo này cho biết “Cấm xe chứa vật nguy hiểm lưu thông” nên xe chở các chất nguy hiểm như thuốc nổ, chất nổ, chất độc, . . . thì không được lưu thông.

問28 ◆誤	徐行する必要はないが，カーブの手前の直線部分であらかじめ**速度を落として**，安全な速度で通行する。
問29 ★誤	信号機のない踏切では，必ず**一時停止**する。
問30 誤	夜間は，できる限り視線を先のほうへ向け，いち早く前方の障害物を見つけられるようにする。
問31 誤	車の間をぬって走ったり，ジグザグ運転は危険なのでしてはいけない。
問32 ★誤	大地震で避難するときは，誰でも移動できるようにキーはつけっぱなしでよい。
問33 正	この標示は「**普通自転車の交差点進入禁止**」を表している。
問34 ★正	安全に停止できない場合は，そのまま進むことができる。
問35 正	水がたまっているところで，歩行者などのそばを通るときは，泥水がかかるおそれがあるので，速度を落として通行する。
問36 正	坂の頂上付近は**駐停車禁**止である。
問37 ★正	原動機付自転車の積載の重量限度は，**30 キログラム**である。
問38 ★誤	車を離れるときは，短時間でもエンジンを止めなければならない。
問39 正	進路を変更するときは，周りの状況をしっかり把握する。
問40 正	この標識は「**前方優先道路**」を表している。
問41 ◆誤	前の車が交差点や踏切の手前で停止や徐行しているときは，その前に割り込んだり，横切らない。

Câu 28 ◆ S	Không cần thiết đi chậm nhưng giảm tốc độ sớm ở đoạn đường thẳng phía trước khúc cua và đi với tốc độ an toàn.
Câu 29 ★ S	Ở nơi chắn tàu không có đèn tín hiệu thì bắt buộc phải dừng lại tạm thời.
Câu 30 S	Vào ban đêm, hướng tầm mắt càng xa càng tốt để có thể sớm phát hiện ra chướng ngại vật phía trước.
Câu 31 S	Không được chen vào giữa các xe hoặc chạy theo đường zíc zắc vì rất nguy hiểm.
Câu 32 ★ S	Khi đi lánh nạn khi có động đất lớn thì để nguyên chìa khóa để bất cứ ai cũng có thể di chuyển xe được.
Câu 33 Đ	Vạch kẻ đường này là "Cấm xe đạp thông thường đi vào giao lộ".
Câu 34 ★ Đ	Khi không dừng lại an toàn được thì có thể đi tiếp.
Câu 35 Đ	Khi đi qua bên cạnh người đi bộ ở nơi có vũng nước đọng thì phải đi chậm vì có thể làm bắn nước bùn.
Câu 36 Đ	Gần đỉnh dốc lên thì cấm đậu cấm dừng xe.
Câu 37 ★ Đ	Giới hạn trọng lượng của vật mà xe máy chở là 30kg.
Câu 38 ★ S	Khi rời khỏi xe, kể cả là thời gian ngắn cũng phải tắt động cơ.
Câu 39 Đ	Khi thay đổi lộ trình thì phải nắm rõ tình trạng xung quanh.
Câu 40 Đ	Biển báo này cho biết "Đường ưu tiên ở phía trước".
Câu 41 ◆ S	Khi xe ô tô phía trước đang dừng lại hoặc đi chậm ở trước chắn tàu hoặc giao lộ thì không được chen vào, đi cắt ngang qua phía trước đó.

問42 正	交通規則を守って，そのときの状況に応じられるように注意する。
問43 ★正	この標識は「**横断歩道・自転車横断帯**」を表していて，横断する歩行者，自転車がいるときは，**一時停止**して，あきらかにいない場合は**そのまま通行**できる。
問44 **誤**	**歩行者用道路**を通行するときは，歩行者に十分注意して**徐行**する。
問45 正	道路や交通の状況，天候など，その場の状況を把握して安全な速度で運転する。
問46 正	身体の調子が悪いときは，運転は控える。

問47　**歩行者**とトラックの**かげ**に要注意！！
自車に**進路を譲るサイン**で，ライトの点滅があります。この場合でも，トラックのかげに注意して**安全確認**してから右折しよう。

(1)　正　歩行者の**横断**に，注意する。
(2)　**誤**　二輪車がトラックの**かげ**から，出てくるおそれがある。
(3)　正　二輪車が出てくるかもしれないので注意し，**徐行**して右折する。

問48　**左側**の車と前方の**渋滞**に要注意！！
渋滞していると，交差点内で**停止してしまう**おそれがあるので，他車の交通の妨げにならないように交差点内を避けよう。

(1)　**誤**　後続車があっても，交差点内での**停止**は禁止。
(2)　正　交差点の手前で停止すれば，**左側**の車の進行を妨げないのでよい。
(3)　**誤**　交差点内で停止すると，左側の車の**妨げ**になるので，交差点の手前で停止する。

Câu 42 Đ	Tuân thủ quy tắc giao thông và chú ý đến tình trạng tại thời điểm đó.
Câu 43 ★ Đ	Biển báo này hiển thị "Vạch sang đường cho người đi bộ, xe đạp", khi có người đi bộ, xe đạp đang sang đường thì phải dừng lại tạm thời, khi chắc chắn không có người thì có thể tiếp tục đi.
Câu 44 S	Khi đi trên đường dành cho người đi bộ thì phải chú ý đến người đi bộ và đi chậm.
Câu 45 Đ	Nắm rõ tình trạng đường, giao thông hoặc thời tiết để lái xe với tốc độ an toàn.
Câu 46 Đ	Khi cơ thể không được khỏe thì nên tránh lái xe.

Câu 47 Cần chú ý đến người đi bộ và khuất sau bóng xe tải!!

Đèn xe nhấp nháy báo hiệu nhường đường cho xe mình. Ngay cả lúc này thì cũng phải chú ý đến khuất sau bóng xe tải, xác nhận an toàn rồi mới rẽ phải.

(1) Đ Chú ý đến việc sang đường của người đi bộ.
(2) S Có nguy cơ xe 2 bánh sẽ đi tới từ phía sau bóng xe tải.
(3) Đ Vì xe 2 bánh có thể xuất hiện nên cần chú ý và đi chậm rồi rẽ phải.

Câu 48 Cần chú ý xe bên trái và ùn tắc ở phía trước!!

Khi đường ùn tắc thì sẽ có nguy cơ dừng lại bên trong giao lộ, vì vậy nên tránh giao lộ để không gây cản trở giao thông những xe khác.

(1) S Ngay cả khi có xe phía sau thì cũng cấm dừng xe bên trong giao lộ.
(2) Đ Nếu dừng lại ở phía trước giao lộ sẽ không gây cản đường đi của xe bên trái.
(3) S Nếu dừng bên trong giao lộ thì sẽ gây cản trở xe bên trái, vì vậy dừng lại ở phía trước giao lộ.

第6回 模擬試験	問1～問46までは各1点，問47，48は全て正解して各2点。 制限時間30分，50点中45点以上で合格

●次の問題で正しいものは「正」，誤りのものは「誤」の枠をぬりつぶして答えなさい。

問1 正誤 □□	交通量が少ないときは，他の歩行者や車に迷惑をかけることはないので，自分の都合だけを考えて運転してもよい。
問2 正誤 □□	車の内輪差は曲がるときに徐行をすれば生じない。
問3 正誤 □□	信号待ちで原動機付自転車が停止している状態でも，厳密には運転中に当たるので，携帯電話は使用しない。
問4 正誤 □□	長い下り坂では，ガソリンを節約するため，エンジンを止め，ギアをニュートラルにして，ブレーキを使用した方がよい。
問5 正誤 □□	原付免許で運転できる車は，原動機付自転車だけである。
問6 正誤 □□	交通整理の行われていない，道幅が同じような交差点にさしかかった場合，車は路面電車の通行を妨げてはならない。
問7 正誤 □□	消火栓，消防水利の標識がある場所や，消防用防火水槽の取入口から5メートル以内の場所では，駐車も停車もしてはならない。
問8 正誤 □□	原動機付自転車の乗車定員は2人である。
問9 正誤 □□	右の標識のある交差点では，直進してその交差点を通過してはならない。
問10 正誤 □□	警察官の手信号で，両腕を水平にあげた状態に対面した車は，停止位置を越えて進行することはできない。
問11 正誤 □□	トンネルの中では，対向車に注意を与えるため，右側の方向指示器を作動させたまま走行したほうがよい。
問12 正誤 □□	右の標識のある交通整理が行われている交差点を原動機付自転車で右折しようとするときは，十分手前から徐々に中央寄りの車線に移るようにする。
問13 正誤 □□	黄色の線で区画されている車両通行帯でも，後続車がない場合は，その線を越えて進路変更してもよい。

ĐỀ THI THỬ LẦN 6	Từ câu 1~46 mỗi câu 1 điểm, câu 47, 48 mỗi câu 2 điểm. Thời gian giới hạn: 30 phút, 45/ 50 điểm trở lên là đạt.

● Hãy tô vào ô "Đ" nếu là đúng, ô "S" nếu là sai để trả lời những câu hỏi sau đây.

Câu 1 Đ S □□	Vì không làm phiền tới người đi bộ và xe khác nên chỉ cần lái xe với suy nghĩ thuận tiện cho bản thân là được.
Câu 2 Đ S □□	Chênh lệch vòng trong bánh xe sẽ không sinh ra nếu đi chậm khi rẽ.
Câu 3 Đ S □□	Ngay cả khi đang dừng xe máy để đợi tín hiệu giao thông thì cũng là đang lái xe nên không sử dụng điện thoại di động.
Câu 4 Đ S □□	Ở dốc xuống dài, để tiết kiệm nhiên liệu thì nên tắt động cơ, cài số N, sử dụng phanh xe.
Câu 5 Đ S □□	Bằng lái xe máy thì chỉ có thể lái được xe máy.
Câu 6 Đ S □□	Khi đến gần giao lộ của đường rộng bằng nhau và không có điều tiết giao thông thì xe không được cản trở lưu thông của xe điện mặt đất.
Câu 7 Đ S □□	Trong vòng 5m từ cửa vào bể chứa nước cứu hỏa, nơi có biển báo vòi cứu hỏa, nguồn nước cứu hỏa thì không được đậu xe và cả dừng xe.
Câu 8 Đ S □□	Số người xe máy được phép chở là 2 người.
Câu 9 Đ S □□	Ở giao lộ có biển báo như hình bên phải thì không được đi thẳng qua giao lộ đó.
Câu 10 Đ S □□	Xe đối diện với cảnh sát giao thông đang dang ngang 2 tay để ra tín hiệu tay thì không thể vượt quá vị trí dừng.
Câu 11 Đ S □□	Bên trong đường hầm, để gây sự chú ý cho xe đối diện thì nên để nguyên tín hiệu xi nhan bên phải để đi.
Câu 12 Đ S □□	Khi xe máy định rẽ phải ở giao lộ có điều tiết giao thông và có biển báo như hình bên phải thì sớm di chuyển dần dần sang làn xe ở giữa.
Câu 13 Đ S □□	Ngay cả ở làn xe được vẽ bằng vạch màu vàng thì khi không có xe ở phía sau thì có thể vượt qua vạch đó để thay đổi lộ trình.

問14 正誤 □□	トンネルの中や霧などで視界が悪いときに，右側の方向指示器を出して走行すると，後続車の判断を誤らせ，迷惑になるのでしてはならない。
問15 正誤 □□	二輪車を運転するときは，工事用安全帽をかぶれば，乗車用ヘルメットの代わりにすることができる。
問16 正誤 □□	行き違いができないような狭い坂道では，原則として下りの車が上りの車に道を譲る。
問17 正誤 □□	路線バス等優先通行帯は，路線バスのほか軽車両だけが通行できる。
問18 正誤 □□	一方通行の道路では，道路の中央から右側部分にはみ出して通行することができない。
問19 正誤 □□	放置車両確認標章を取り付けられた車の使用者は，放置違反金の納付を命ぜられることがある。
問20 正誤 □□	夜間は原動機付自転車はほかの運転者から見えにくいので，なるべく目につきやすい服装にするとよい。
問21 正誤 □□	右の標示板がある場合は，信号機の信号に関係なく左折できる。
問22 正誤 □□	前の車が交差点や踏切の手前で徐行しているときは，その前を横切ってはならないが，停止しているときは，その前を横切ってもよい。
問23 正誤 □□	夜間走行中の前照灯は，下向きに切り替えると前方の視界が悪くなって危険なので，常に上向きにしておくべきである。
問24 正誤 □□	人の健康や生活環境に害を与える自動車の排気ガスは，速度や積載の超過とは関係がない。
問25 正誤 □□	車両通行帯のない道路では，速度の速い車は，原則として道路の中央寄りの部分を通行しなければならない。
問26 正誤 □□	下り坂のカーブに，右の図の標示があるときは，対向車に注意しながら道路の右側部分にはみ出すことができる。
問27 正誤 □□	ブレーキレバーやブレーキペダルのあそびが調整されていない車は，速度を落として運転するとよい。
問28 正誤 □□	同一方向に進行しながら進路を右に変える場合，後続車がいなければ合図をする必要はない。

Câu 14 Đ S ☐☐	Khi tầm nhìn kém do sương mù hoặc bên trong đường hầm, nếu bật đèn xi nhan phải để đi thì sẽ làm cho xe phía sau phán đoán sai, nên không được thực hiện hành vi đó.
Câu 15 Đ S ☐☐	Khi lái xe 2 bánh thì có thể đội mũ bảo hộ lao động trong công trường thay cho mũ bảo hiểm lái xe.
Câu 16 Đ S ☐☐	Ở đường dốc hẹp không đủ để đi ngược chiều nhau, về nguyên tắc thì xe xuống dốc nhường đường cho xe lên dốc.
Câu 17 Đ S ☐☐	Làn xe ưu tiên cho xe buýt thì ngoài xe buýt ra chỉ có xe thô sơ được đi.
Câu 18 Đ S ☐☐	Ở đường 1 chiều thì không thể đi lấn sang phần đường từ giữa sang bên phải.
Câu 19 Đ S ☐☐	Người sử dụng xe bị gắn phiếu xác nhận xe không chủ thì có khi bị buộc phải nộp tiền phạt vi phạm đậu xe.
Câu 20 Đ S ☐☐	Vào ban đêm, vì những lái xe khác khó nhìn thấy xe máy nên mặc trang phục dễ nhận thấy.
Câu 21 Đ S ☐☐	Nếu có biển báo như hình bên phải thì bất kể tín hiệu đèn giao thông là gì thì cũng có thể rẽ trái.
Câu 22 Đ S ☐☐	Khi xe phía trước đang đi chậm ở trước chắn tàu hoặc giao lộ thì không được đi cắt ngang qua phía trước, nhưng nếu xe đang dừng thì đi cắt ngang qua phía trước cũng được.
Câu 23 Đ S ☐☐	Đèn trước của xe đang chạy vào ban đêm thì nên luôn hướng lên trên, vì nếu chuyển hướng xuống thì tầm nhìn kém đi và gây nguy hiểm.
Câu 24 Đ S ☐☐	Khí thải của xe hơi gây ảnh hưởng xấu đến môi trường sinh hoạt và sức khỏe con người thì không có liên quan đến vận tốc hoặc vượt tải trọng.
Câu 25 Đ S ☐☐	Ở đường không có khu vực lề đường, những xe có tốc độ nhanh thì theo nguyên tắc là phải đi ra giữa đường.
Câu 26 Đ S ☐☐	Khi có vạch kẻ đường như hình bên phải ở khúc cua của dốc xuống thì vừa chú ý xe đối diện rồi có thể lấn sang phần đường bên phải để đi.
Câu 27 Đ S ☐☐	Xe không được điều chỉnh độ rơ cần phanh hoặc bàn đạp phanh thì giảm tốc độ rồi lái xe.
Câu 28 Đ S ☐☐	Chuyển hướng sang bên phải đường khi đang di chuyển cùng chiều, nếu không có xe phía sau thì không cần ra tín hiệu.

問29 正誤 □□	信号機のあるところでは，前方の信号に従うべきであって，横の信号が赤になったからといって発進してはならない。
問30 正誤 □□	二輪車でカーブを曲がるときは，ハンドルを切るのではなく，車体を傾けることによって自然に曲がるような要領で行うのがよい。
問31 正誤 □□	二輪車のマフラーは，取り外しても事故の原因にはならないので，取り外して運転してもかまわない。
問32 正誤 □□	右の図の標識は，この先が行き止まりであることを表している。
問33 正誤 □□	二輪車のブレーキのかけ方には，ブレーキレバーを使う場合，ブレーキペダルを使う場合，エンジンブレーキを使う場合の３種類がある。
問34 正誤 □□	標識には本標識と補助標識があり，本標識は規制標識，指示標識，警戒標識の３種類だけである。
問35 正誤 □□	原動機付自転車は高速自動車国道は走れないが，自動車専用道路は通行できる。
問36 正誤 □□	不必要な急発進や急ブレーキ，空ぶかしは危険ばかりでなく，交通公害のもととなる。
問37 正誤 □□	交通事故を起こしたときは，負傷者の救護より先に警察や家族に電話で報告しなければならない。
問38 正誤 □□	道路に面した場所に出入りするために歩道を横切る場合は，歩行者がいなければ徐行して通行することができる。
問39 正誤 □□	右の標識がある場所でも，警察官の手信号に従うときは，一時停止しなくてもよい。 止まれ
問40 正誤 □□	横断歩道を歩行者が横断していたが，車を見て立ち止まったので，そのまま通過した。
問41 正誤 □□	補助標識は本標識の意味を補足するもので，すべて本標識の下に取り付けられる。
問42 正誤 □□	右の標識のある場所を通る車は，必ず警音器を鳴らさないといけない。
問43 正誤 □□	前の車に続いて踏切を通過するときは，一時停止しなくてよい。

Câu 29 Đ S □□	Nơi có đèn tín hiệu thì phải tuân theo tín hiệu ở phía trước, dẫu cho đèn tín hiệu ở 2 bên chuyển sang đỏ thì cũng không được xuất phát.
Câu 30 Đ S □□	Khi rẽ khúc cua bằng xe hai bánh, tốt nhất không nên bẻ lái mà phải rẽ một cách tự nhiên bằng cách nghiêng thân xe.
Câu 31 Đ S □□	Bộ giảm âm của xe 2 bánh thì có tháo bỏ cũng không là nguyên nhân dẫn đến tai nạn nên tháo bỏ cũng không sao.
Câu 32 Đ S □□	Biển báo như hình bên phải cho biết phía trước là đường cụt.
Câu 33 Đ S □□	Xe 2 bánh có 3 cách phanh đó là: sử dụng cần phanh, sử dụng bàn đạp phanh và sử dụng phanh động cơ.
Câu 34 Đ S □□	Biển báo gồm có biển báo chính và biển báo phụ, biển báo chính chỉ có 3 loại là biển cấm, biển hiệu lệnh và biển báo nguy hiểm.
Câu 35 Đ S □□	Xe máy không thể đi ở đường cao tốc quốc lộ nhưng có thể đi ở đường chuyên dụng cho xe ô tô.
Câu 36 Đ S □□	Tăng tốc đột ngột khi không cần thiết, phanh gấp, nẹt pô thì không những nguy hiểm mà còn gây ô nhiễm giao thông.
Câu 37 Đ S □□	Khi gây ra tai nạn giao thông thì phải điện thoại báo với gia đình hoặc cảnh sát trước hơn cả cứu hộ người bị thương.
Câu 38 Đ S □□	Khi đi cắt ngang qua vỉa hè để ra vào địa điểm trên mặt đường, nếu không có người đi bộ thì có thể đi chậm để đi qua.
Câu 39 Đ S □□	Ngay cả ở nơi có biển báo như hình bên phải thì khi tuân theo tín hiệu tay của cảnh sát thì không cần dừng lại tạm thời.
Câu 40 Đ S □□	Có người đi bộ đang sang đường ở vạch sang đường, nhưng vì người đi bộ đã nhìn thấy xe và dừng lại nên cứ như thế đi qua.
Câu 41 Đ S □□	Vì biển báo phụ bổ sung ý nghĩa cho biển báo chính nên tất cả được gắn ở dưới biển báo chính.
Câu 42 Đ S □□	Xe đi qua nơi có biển báo như hình bên phải thì bắt buộc phải bấm còi.
Câu 43 Đ S □□	Khi nối đuôi xe phía trước để đi vào nơi chắn tàu thì không cần dừng lại tạm thời cũng được.

問44 正誤 □□	二輪車に乗るときは，たとえ暑い季節でも，身体の露出が少なくなるような服装をしたほうがよい。
問45 正誤 □□	転回や右折をするときは，それらの行為をしようとする約3秒前に，合図をしなければならない。
問46 正誤 □□	夜間走行中，対向車のライトがまぶしい場合は，ライトを直視し，目を光に慣れさせることが大切である。

問47　時速30キロメートルで進行しています。どのようなことに注意して運転しますか？

(1)
正誤
□□　対向車が通過するまで，駐車車両の後方で一時停止して道を譲る。

(2)
正誤
□□　駐車車両は，急に発進するかもしれないので，速度を落として車の様子を見る。

(3)
正誤
□□　先に道路の右側部分にはみ出せば，対向車は道を譲ってくれると思うので，加速して駐車車両の側方を通過する。

問48　時速10キロメートルで進行しています。交差点を右折するときは，どのようなことに注意して運転しますか？

(1)
正誤
□□　トラックのかげから二輪車が直進してくるかもしれないので，トラックが直進するのを待ち，前方を確認してから右折する。

(2)
正誤
□□　交差点内の車が右折したら，すばやく右折する。

(3)
正誤
□□　右折方向の横断歩道上には歩行者が通行しているので，これを妨げないようにして右折する。

Câu 44 Đ S □□	Khi đi xe 2 bánh, kể cả mùa nóng thì cũng nên mặc trang phục ít để lộ cơ thể.
Câu 45 Đ S □□	Khi rẽ phải hoặc quay đầu xe thì phải ra tín hiệu trước khi thực hiện hành vi đó 3 giây.
Câu 46 Đ S □□	Khi đang chạy xe vào ban đêm và bị chói mắt bởi đèn xe hướng đối diện thì điều quan trong là nhìn thẳng đèn xe để mắt quen với ánh sáng đó.

Câu 47 Đang đi với vận tốc 30km/ h. Cần chú ý những gì khi lái xe?

(1) Đ S □□ Dừng lại tạm thời ở sau xe đang đậu và nhường đường đến khi xe hướng đối diện đi qua.

(2) Đ S □□ Vì xe đang đậu có thể xuất phát bất ngời nên giảm tốc độ và xem tình hình.

(3) Đ S □□ Nếu lấn sang bên phải của đường trước thì xe hướng đối diện sẽ nhường đường cho mình nên tăng tốc rồi đi qua bên cạnh xe đang đậu.

Câu 48 Đang đi với vận tốc 10km/ h. Khi rẽ phải ở giao lộ thì cần chú ý những gì khi lái xe?

(1) Đ S □□ Vì xe 2 bánh có thể đi thẳng tới từ khuất sau bóng xe tải nên đợi xe tải đi thẳng qua, kiểm tra phía trước rồi mới rẽ phải.

(2) Đ S □□ Sau khi xe ô tô bên trong giao lộ rẽ phải xong thì nhanh chóng rẽ phải.

(3) Đ S □□ Vì ở vạch sang đường của hướng rẽ phải có người đi bộ đang sang đường nên phải rẽ phải sao cho không gây cản trở người đi bộ.

第6回 解答と解説	間違えたら赤シートを当てて，覚えておきたいポイントを再チェックしよう！

◆・・・ひっかけ問題　　★・・・重要な問題

問1 ★誤	交通量が少なくても，自分本位の運転をしてはいけない。
問2 誤	カーブを曲がるときは，必ず内輪差が生じる。
問3 正	運転前に電源を切ったり，ドライブモードにしておく。
問4 誤	長い下り坂で，頻繁にブレーキを使用すると，急にブレーキがきかなくなることがある。
問5 正	原付免許では原動機付自転車のみ運転できる。
問6 ◆正	左右関係なく，交通整理の行われていない道幅が同じような交差点では，**路面電車**が優先する。
問7 誤	駐車は禁止されているが，**停車**は禁止されていない。
問8 誤	原動機付自転車の乗車定員は1人である。
問9 正	「**指定方向外進行禁止**」の標識なので，直進できない。
問10 正	警察官の手信号で，両腕を横に水平にあげた状態に対面した車は，**停止位置**を越えて進行することはできない。
問11 ◆誤	進路変更などしないのに合図してはならない。
問12 ★誤	車両通行帯が3車線の道路の交差点での右折は，原則として**二段階右折**する。
問13 ★誤	後続車がいなくても，黄色の線で区画された車両通行帯は進路変更禁止である。

ĐỀ LẦN 6 ĐÁP ÁN & GIẢI THÍCH	Nếu trả lời sai thì hãy dùng tấm bìa màu đỏ để che lại, kiểm tra lại những điểm muốn ghi nhớ!

◆・・・Câu dễ sai ★・・・Câu quan trọng

Câu 1 ★ S	Ngay cả khi lưu lượng giao thông ít thì cũng không được lái xe theo nguyên tắc cá nhân.
Câu 2 S	Khi rẽ ở khúc cua thì chắc chắn phát sinh chênh lệch vòng trong.
Câu 3 Đ	Cài chế độ lái xe hoặc tắt nguồn trước khi lái xe.
Câu 4 S	Nếu sử dụng phanh thường xuyên khi xuống dốc dài, phanh có thể đột ngột mất hiệu lực.
Câu 5 Đ	Bằng lái xe máy thì chỉ có thể lái được xe máy.
Câu 6 ◆ Đ	Ở giao lộ của đường rộng bằng nhau và không có điều tiết giao thông, bất kể bên trái phải đều ưu tiên xe điện mặt đất.
Câu 7 S	Bị cấm đậu xe nhưng không bị cấm dừng xe.
Câu 8 S	Số người xe máy được phép chở là 1 người.
Câu 9 Đ	Vì là biển báo "Cấm đi khác hướng chỉ định" nên không thể đi thẳng.
Câu 10 Đ	Xe đối diện với cảnh sát giao thông đang dang ngang 2 tay để ra tín hiệu tay thì không thể vượt quá vị trí dừng.
Câu 11 ◆ S	Khi không thay đổi lộ trình thì không được bật tín hiệu.
Câu 12 ★ S	Rẽ phải ở giao lộ của đường có 3 làn xe thì theo nguyên tắc là rẽ phải 2 giai đoạn.
Câu 13 ★ S	Ngay cả khi không có xe ở phía sau thì cũng cấm thay đổi lộ trình trên làn đường được vẽ vạch màu vàng.

問14 正	右折しないのに，方向指示器を出してはいけない。
問15 誤	工事用安全帽は乗車用ヘルメットではないので，PS（c）マークか JIS マークのついたヘルメットをかぶる。
問16 正	上り坂の方が発進が難しいので，原則として下りの車が上りの車に道を譲る。
問17 ★誤	路線バス等優先通行帯は，自動車や原動機付自転車も通行できる。
問18 誤	**一方通行**の道路では，中央より右側も通行できる。
問19 正	運転者が反則金の納付など行わなかった場合は，使用者に放置違反金を命ぜられる場合もある。
問20 正	夜間は暗くてほかの運転者から見えにくいので，目につきやすい服装がよい。
問21 正	信号機の信号に関係なく，左折できる。
問22 誤	前の車が交差点や踏切などで停止や徐行しているときは，割り込んだり横切ったりはしてはいけない。
問23 ◆誤	交通量の多い市街地や対向車があるときなどでは，前照灯を**下向き**に切り替えて運転する。
問24 誤	速度超過や過積載は交通公害の原因になる。
問25 誤	速度に関係なく，追越しなど以外，道路の**左**に寄り通行しなければならない。
問26 正	右側通行を示す標示で，対向車に注意しながら右側部分に**はみ出して**通行することができる。
問27 誤	ブレーキ装置のあそびが整備されてない車は**整備不良**となり，運転してはならない。

Câu 14 Đ	Không được phép bật tín hiệu xi nhan nếu không rẽ phải.
Câu 15 S	Vì mũ bảo hộ công trường không phải là mũ bảo hiểm lái xe nên phải đội mũ có dấu hiệu PS hoặc JIS để lái xe.
Câu 16 Đ	Vì xe lên dốc sẽ khó khăn hơn nên về nguyên tắc thì xe xuống dốc sẽ nhường đường cho xe lên dốc.
Câu 17 ★ S	Làn đường ưu tiên cho xe buýt thì xe ô tô hoặc xe máy cũng có thể đi.
Câu 18 S	Ở đường 1 chiều thì có thể đi từ giữa đến bên phải đường.
Câu 19 Đ	Trường hợp người lái xe không nộp tiền cảnh cáo thì cũng có trường hợp buộc phải nộp tiền phạt vi phạm đậu xe.
Câu 20 Đ	Ban đêm trời tối nên những lái xe khác khó nhìn thấy xe máy nên mặc quần áo dễ nhận thấy.
Câu 21 Đ	Có thể rẽ trái bất kể tín hiệu đèn giao thông.
Câu 22 S	Khi xe phía trước đang dừng hoặc đi chậm ở nơi chắn tàu hoặc giao lộ thì không được chen vào hoặc băng ngang.
Câu 23 ◆ S	Khi ở thành phố có lượng giao thông nhiều hoặc có xe hướng đối diện thì chuyển đèn trước xe hướng xuống để lái xe.
Câu 24 S	Vượt quá vận tốc hoặc quá tải trọng là nguyên nhân gây ô nhiễm giao thông.
Câu 25 S	Không có liên quan đến tốc độ, trừ khi vượt ra thì phải đi ở bên trái đường.
Câu 26 Đ	Vì là vạch biểu thị đi bên phải nên vừa chú ý xe đối diện rồi có thể lấn sang phần đường bên phải để đi.
Câu 27 S	Xe không được chỉnh độ rơ thiết bị phanh thì trở thành lỗi bảo trì và không được lái xe.

問28 ★誤	後続車がいる，いないにかかわらず**合図**しなければならない。
問29 正	前方の信号に従わなければならない。
問30 正	ハンドルだけで曲がろうとすると**転倒**するかもしれないので，車体を傾けて**自然**に曲がるようにする。
問31 誤	マフラーを取り外すと騒音が大きくなり，周囲に迷惑がかかる。
問32 誤	「**その他の危険**」の標識のため，行き止まりを意味する標識ではない。
問33 ★正	二輪車のブレーキのかけ方には，ブレーキレバー，ブレーキペダル，エンジンブレーキを使う場合の3種類がある。
問34 誤	本標識は，規制標識，指示標識，警戒標識のほかに**案内標識**の4種類がある。
問35 ★誤	原動機付自転車は高速自動車国道や自動車専用道路を走ることはできない。
問36 正	急発進や急ブレーキなど危険運転であり，交通公害にもなる。
問37 ★誤	交通事故を起こしたら，事故の続発も防ぐために負傷者の救護を行う。
問38 誤	歩行者の有無にかかわらず，歩道の手前で**一時停止**して安全確認をする。
問39 正	「一時停止」の標識だが，警察官の手信号に従う場合はそちらの方が優先する。
問40 誤	歩行者が横断歩道を横断しているときは，**一時停止**して，歩行者の横断を妨げない。
問41 ◆誤	「終わり」の標識のように，本標識の上にも取り付けられる場合もある。

Câu 28 ★ S	Bất kể có hay không có xe sau thì cũng phải ra tín hiệu.
Câu 29 Đ	Phải tuân theo tín hiệu ở phía trước.
Câu 30 Đ	Nếu rẽ chỉ bằng cách bẻ lái thì có thể ngã nên hãy nghiêng thân xe để rẽ một cách tự nhiên.
Câu 31 S	Nếu tháo bỏ bộ giảm âm thì tiếng ồn sẽ lớn hơn và làm phiền tới người xung quanh.
Câu 32 S	Là biển báo "Có nguy hiểm khác", không phải là biển báo đường cụt.
Câu 33 ★ Đ	Xe 2 bánh có 3 cách phanh đó là: sử dụng cần phanh, bàn đạp phanh và phanh động cơ.
Câu 34 S	Biển báo thì ngoài Biển cấm, Biển hiệu lệnh, Biển báo nguy hiểm, còn có Biển báo chỉ dẫn, tất cả là 4 loại.
Câu 35 ★ S	Xe máy không thể đi ở đường cao tốc quốc lộ hoặc đường chuyên dụng cho xe ô tô.
Câu 36 Đ	Tăng tốc đột ngột hoặc phanh gấp là hành vi lái xe nguy hiểm và còn gây ô nhiễm giao thông.
Câu 37 ★ S	Nếu gây ra tai nạn thì tiến hành cứu trợ người bị thương để phòng tránh tai nạn liên tiếp.
Câu 38 S	Bất kể có hay không có người đi bộ, phải dừng lại tạm thời ở trước vỉa hè để xác nhận an toàn.
Câu 39 Đ	Là biển báo "Dừng lại tạm thời" nhưng trường hợp tuân theo tín hiệu tay của cảnh sát giao thông thì ưu tiên tín hiệu tay đó.
Câu 40 S	Khi có người đi bộ đang sang đường ở vạch sang đường thì phải dừng lại tạm thời, không gây cản trở người đi bộ sang đường.
Câu 41 ◆ S	Cũng có trường hợp được gắn ở bên trên biển báo chính, ví dụ như là biển báo "Kết thúc"

問42 正	この標識は「**警笛鳴らせ**」なので，この標識がある場所では，必ず警音器を鳴らして自車の接近を知らせる。
問43 ★誤	踏切を前の車に続いて通過する場合でも，**一時停止**して安全確認をする。
問44 正	転倒して怪我をしてしまうことを考えて，長袖や長ズボンなどの服装で，プロテクターを装着するとよい。
問45 誤	転回や右折の合図は，**30 メートル**手前の地点に達したときに行う。
問46 ◆誤	ライトを直視しないで，視線をやや左前方に向けて目がくらまないようにする。

問47　**駐車車両**と**対向車**に要注意！！
駐車している車がいきなり動き出すかもしれないので注意して，対向車にも衝突しないように気をつけよう。

(1)　正　障害物などあるときは，一時停止などして**対向車**に道を譲る。
(2)　正　**駐車車両**がいきなり発進するかもしれないので，減速して様子をみる。
(3)　**誤**　右側部分にはみ出すと，**対向車**と衝突するおそれがある。

問48　トラックの**かげ**と**歩行者**に要注意！！
トラックのかげから出てくるかもしれない車などに注意して，横断歩道を渡っている歩行者の通行を妨げないようにしよう。

(1)　正　トラックが直進するのを待ち，前方の**安全確認**をして右折する。
(2)　**誤**　トラックの**かげ**から他の車が直進して，衝突するおそれがある。
(3)　正　横断歩道を渡っている**歩行者の通行**を妨げないように右折する。

Câu 42 Đ	Vì đây là biển báo "Bấm còi" nên ở nơi có biển báo này thì nhất định phải bấm còi để thông báo rằng xe mình đến gần.
Câu 43 ★ S	Kể cả khi nối đuôi xe phía trước để đi vào nơi chắn tàu thì cũng dừng lại tạm thời và xác nhận an toàn.
Câu 44 Đ	Trong trường hợp lỡ ngã và bị thương thì quần dài và áo dài tay sẽ là trang phục bảo vệ.
Câu 45 S	Tín hiệu khi rẽ phải hoặc quay đầu xe thì thực hiện trước đó 30m.
Câu 46 ◆ S	Không nhìn thẳng đèn xe mà hướng ánh nhìn sang bên trái một chút để không bị chói.

Câu 47 Cần chú ý xe đang đậu và xe phía đối diện!!
Cần chú ý xe đang đậu có thể di chuyển đột ngột, cẩn thận để không va chạm với xe hướng đối diện.

(1) Đ Khi có chướng ngại vật thì dừng lại tạm thời để nhường đường cho xe hướng đối diện.
(2) Đ Vì xe đang đậu có thể xuất phát bất ngờ nên giảm tốc độ và xem tình hình.
(3) S Lấn sang phần đường bên phải sẽ có nguy cơ va chạm với xe hướng đối diện.

Câu 48 Cần chú ý người đi bộ và khuất sau bóng xe tải!!
Chú ý đến xe có thể bất ngờ đi ra ra từ khuất sau bóng xe tải, không gây cản trở lưu thông của người đi bộ đang sang đường ở vạch sang đường.

(1) Đ Đợi xe tải đi thẳng qua, kiểm tra an toàn phía trước rồi rẽ phải.
(2) S Có nguy cơ va chạm với các xe đi thẳng tới từ khuất sau bóng xe tải.
(3) Đ Rẽ phải sao cho không gây cản trở lưu thông của người đi bộ đang sang đường ở vạch sang đường.

第7回 模擬試験	問1〜問46までは各1点，問47，48は全て正解して各2点。 制限時間30分，50点中45点以上で合格

●次の問題で正しいものは「正」，誤りのものは「誤」の枠をぬりつぶして答えなさい。

問1 正誤 □□	原動機付自転車は，車両通行帯のない道路では，道路の中央寄りを通行しなければならない。
問2 正誤 □□	チェーンの中央部分を指で押したところ，20ミリメートルぐらいのゆるみがあったので適当と判断し，そのまま運転した。
問3 正誤 □□	左側部分の道幅が6メートル未満の道路で，中央に黄色の線が引かれているところでも，右側部分にはみ出さなければ追い越ししてもよい。
問4 正誤 □□	原動機付自転車の法定最高速度は，20キロメートル毎時である。
問5 正誤 □□	運転免許試験に合格すれば，免許証を交付される前に原動機付自転車を運転しても無免許運転ではない。
問6 正誤 □□	車輪のガタは，後輪よりも前輪のほうが運転に大きな影響を与える。
問7 正誤 □□	車を発進させるときは，バックミラーだけで後方を確認し，急発進させて車の流れの中に入ったほうがよい。
問8 正誤 □□	原動機付自転車のマフラーの破損は，運転に直接影響はないので，そのままにしておいてもよい。
問9 正誤 □□	右の標識のある道路で「原付を除く」の補助標識があれば，原動機付自転車はその道路を通行することができる。 原付を除く
問10 正誤 □□	原動機付自転車で前方の信号が青のときは，直進，左折，右折することができる。（二段階右折の場合を除く）
問11 正誤 □□	原動機付自転車を押して歩く場合は，すべて歩行者とみなされる。
問12 正誤 □□	右の標識のある通行帯は自動二輪車は通行できるが，原動機付自転車は通行できない。 軽車両 二輪
問13 正誤 □□	環状交差点に進入するときは，必ず左折の合図を行わなければならない。

ĐỀ THI THỬ LẦN 7	Từ câu 1~46 mỗi câu 1 điểm, câu 47, 48 mỗi câu 2 điểm. Thời gian giới hạn: 30 phút, 45/ 50 điểm trở lên là đạt.

● Hãy tô vào ô "Đ" nếu là đúng, ô "S" nếu là sai để trả lời những câu hỏi sau đây.

Câu 1 Đ S □□	Ở đường không có làn xe thì xe máy phải đi ở giữa đường.
Câu 2 Đ S □□	Khi dùng ngón tay ấn vào đoạn giữa dây xích xe, vì độ chùng khoảng 20mm là hợp lí nên đã giữ nguyên như thế để lái xe.
Câu 3 Đ S □□	Ở đường có phần đường bên trái rộng dưới 6m, kể cả giữa đường được kẻ vạch màu vàng thì cũng có thể vượt nếu không lấn sang phần đường bên phải.
Câu 4 Đ S □□	Tốc độ tối đa luật pháp quy định đối với xe máy là 20km/ h.
Câu 5 Đ S □□	Nếu đã đỗ kì thi bằng lái xe thì có lái xe máy trước khi được cấp bằng cũng không phải là lái xe không có bằng lái.
Câu 6 Đ S □□	Bánh xe bị cũ và lỏng lẻo thì bánh trước gây ảnh hưởng đến lái xe hơn là bánh sau.
Câu 7 Đ S □□	Khi cho xe xuất phát, chỉ cần kiểm tra phía sau bằng kính chiếu hậu, nhanh chóng xuất phát rồi cho xe đi vào dòng xe.
Câu 8 Đ S □□	Bộ giảm âm của xe máy bị hư hỏng, nhưng vì không ảnh hưởng trực tiếp đến việc lái xe nên cứ để như thế cũng được.
Câu 9 Đ S □□	Ở đường có biển báo như hình bên phải và nếu có biển báo phụ "Trừ xe máy" thì xe máy có thể đi trên đường đó.
Câu 10 Đ S □□	Khi tín hiệu giao thông ở phía trước là màu xanh thì xe máy có thể đi thẳng, rẽ trái, rẽ phải. (Trừ trường hợp rẽ phải 2 giai đoạn)
Câu 11 Đ S □□	Tất cả các trường hợp dẫn bộ xe máy thì được xem như là người đi bộ.
Câu 12 Đ S □□	Ở làn đường có biển báo như hình bên phải thì xe 2 bánh thông thường có thể đi nhưng xe gắn máy không thể đi.
Câu 13 Đ S □□	Khi đi vào giao lộ vòng xuyến thì bắt buộc phải bật tín hiệu rẽ trái.

問14 正誤 □□	みだりに車両通行帯を変えながら通行することは，後続車の迷惑となったり事故の原因にもなる。
問15 正誤 □□	身体の不自由な人を乗せた車いすを，健康な人が押して通行している場合は，一時停止や徐行をする必要はない。
問16 正誤 □□	原動機付自転車はいつでも自動車と同じ方法で右折することができる。
問17 正誤 □□	原動機付自転車ならば，一方通行となっている道路を逆方向へ進行することができる。
問18 正誤 □□	2本の白線で区画されている路側帯は，その幅が広いときに限り，中に入って駐停車することができる。
問19 正誤 □□	追越しが終わったら，すぐに追い越した車の前に入るのがよい。
問20 正誤 □□	転回の合図は右折の合図と同じである。（環状交差点での転回を除く）
問21 正誤 □□	右の標識のある場所ではハンドルをしっかりと握り注意して運転する。
問22 正誤 □□	こう配の急な登り坂であっても，5分以内の荷物の積み下ろしならば，停車することができる。
問23 正誤 □□	路線バス等優先通行帯を走行中，バスが近づいてきたら原動機付自転車はそこから出なければならない。
問24 正誤 □□	道路の左寄り部分が工事中のときは，いつでも道路の中央から右側にはみ出して走行してもよい。
問25 正誤 □□	踏切の向こう側が混雑しているため，そのまま進むと踏切内で動きがとれなくなるおそれがあるときは，踏切に入ってはならない。
問26 正誤 □□	右の図の標示のある道路では，原動機付自転車は左側の通行帯を通行する。 二輪・軽車両　自動車（二輪を除く）
問27 正誤 □□	進路変更が終わった約3秒後に合図をやめた。

Câu 14 Đ S □□	Hành vi vừa đi vừa chuyển làn xe một cách tùy tiện sẽ gây phiền toái cho xe ở phía sau hoặc trở thành nguyên nhân gây ra tai nạn.
Câu 15 Đ S □□	Trường hợp có người khỏe mạnh đẩy xe lăn chở người khuyết tật đang lưu thông thì không cần phải đi chậm hoặc dừng lại tạm thời.
Câu 16 Đ S □□	Xe máy thì lúc nào cũng có thể rẽ phải bằng cách tương tự như xe ô tô.
Câu 17 Đ S □□	Nếu là xe máy thì có thể đi ngược chiều ở đường 1 chiều.
Câu 18 Đ S □□	Khu vực lề đường được phân chia bằng 2 vạch trắng, chỉ khi có bề ngang rộng thì có thể vào bên trong để đậu và dừng xe.
Câu 19 Đ S □□	Sau khi vượt xong thì ngay lập tức đi vào phía trước xe vừa mới vượt.
Câu 20 Đ S □□	Tín hiệu của quay đầu xe thì giống như tín hiệu của rẽ phải. (Trừ quay đầu xe ở giao lộ vòng xuyến)
Câu 21 Đ S □□	Ở nơi có biển báo như hình bên phải thì nắm chắc tay lái và lái xe cẩn thận.
Câu 22 Đ S □□	Ngay cả ở đường dốc lên có độ dốc lớn cũng có thể dừng lại để bốc xếp hàng trong vòng 5 phút.
Câu 23 Đ S □□	Khi đang chạy trên làn đường ưu tiên xe buýt và có xe buýt đang đến gần thì xe máy phải ra khỏi làn đường đó.
Câu 24 Đ S □□	Khi bên trái đường có công trình đang thi công thì có thể chạy lấn sang bên phải của đường bất cứ lúc nào.
Câu 25 Đ S □□	Khi phía bên kia chắn tàu đang đông, nếu cứ như thế tiến vào thì có nguy cơ không thể chuyển động được ở trong chắn tàu thì không được vào bên trong chắn tàu.
Câu 26 Đ S □□	Ở đường có biển báo như hình bên phải, xe máy sẽ đi ở làn đường bên trái.
Câu 27 Đ S □□	Tắt tín hiệu sau khi đã kết thúc thay đổi lộ trình khoảng 3 giây.

問28 正誤 □□	道路の曲がり角付近では追越しが禁止されている。
問29 正誤 □□	原動機付自転車が，リヤカーでけん引するときの法定最高速度は，20キロメートル毎時である。
問30 正誤 □□	横断歩道と自転車横断帯は，横断するのが歩行者と自転車の違いだけで，原動機付自転車が通行する方法は変わらない。
問31 正誤 □□	ぬかるみのある場所では，低速ギアなどを使い速度を落として通行する。
問32 正誤 □□	右の標識が示されていたので， そのスピードで原動機付自転車を運転した。 50
問33 正誤 □□	交差点の中まで車両通行帯の線が引かれていても，優先道路の標識がなければ，優先道路ではない。
問34 正誤 □□	原動機付自転車が，上り坂の頂上付近で，徐行している原動機付自転車を追い越した。
問35 正誤 □□	踏切とその端から前後10メートル以内の場所は短時間であっても，停車することはできない。
問36 正誤 □□	大地震が発生したときは，機動力のある原動機付自転車に乗って避難する。
問37 正誤 □□	カーブを走行中にハンドルを右に切ると，バイクは左に倒れようとする。
問38 正誤 □□	原動機付自転車は路面電車が通行していないときなら，いつでも軌道敷地内を通行することができる。
問39 正誤 □□	右のイラストのように，警察官が手信号による交通整備を行っている場合，AとBは同じ意味である。
問40 正誤 □□	子どもが道路上で遊んでいたので，警音器を鳴らして注意させ，その横を通過した。
問41 正誤 □□	片側2車線の道路の交差点で信号機が青を標示しているときには，原動機付自転車は，左折や小回り右折をすることができる。
問42 正誤 □□	右の標識があるところでは，原動機付自転車は進入することができない。

Câu 28 Đ S ☐☐	Nơi gần góc rẽ của đường thì bị cấm vượt.
Câu 29 Đ S ☐☐	Tốc độ tối đa luật pháp quy định khi xe máy kéo thùng xe phía sau là 20km/ h.
Câu 30 Đ S ☐☐	Vạch sang đường cho người đi bộ và xe đạp chỉ khác nhau về đối tượng sang đường là người đi bộ và xe đạp, còn phương pháp lưu thông của xe máy thì không đổi.
Câu 31 Đ S ☐☐	Ở nơi có bùn lầy thì sử dụng số tốc độ thấp để giảm tốc độ rồi đi qua.
Câu 32 Đ S ☐☐	Vì biển báo như hình bên phải hiển thị nên đã lái xe máy với tốc độ đó. 50
Câu 33 Đ S ☐☐	Kể cả vạch phân làn xe được được kẻ đến bên trong giao lộ, nếu không có biển báo đường ưu tiên thì không phải là đường ưu tiên.
Câu 34 Đ S ☐☐	Xe máy đã vượt xe máy đang đi chậm ở nơi gần đỉnh dốc lên.
Câu 35 Đ S ☐☐	Nơi chắn tàu và trong vòng 10m trước sau từ rìa chắn tàu đó thì không thể dừng xe kể cả trong thời gian ngắn.
Câu 36 Đ S ☐☐	Khi động đất lớn xảy ra thì đi xe máy có tính cơ động cao để đi lánh nạn.
Câu 37 Đ S ☐☐	Đang chạy trên đường vòng, nếu bẻ lái sang phải thì xe máy sẽ ngã về bên trái.
Câu 38 Đ S ☐☐	Nếu không có xe điện mặt đất đang chạy thì xe máy lúc nào cũng có thể đi ở bên trong đường ray.
Câu 39 Đ S ☐☐	Khi cảnh sát ra tín hiệu tay để điều khiển giao thông ở giao lộ như hình minh họa bên phải thì A và B có cùng ý nghĩa.
Câu 40 Đ S ☐☐	Vì có trẻ em đang chơi đùa trên đường nên bấm còi để gây sự chú ý rồi đi qua bên cạnh.
Câu 41 Đ S ☐☐	Khi tín hiệu đèn xanh hiển thị ở giao lộ của đường có 2 làn xe mỗi bên thì xe máy có thể rẽ trái hoặc rẽ phải vòng nhỏ.
Câu 42 Đ S ☐☐	Ở nơi có biển báo như hình bên phải thì xe máy không thể đi vào.

問43 正誤 □□	荷物を積む場合は，方向指示器やナンバープレート などがかくれないようにしなければならない。
問44 正誤 □□	盲導犬を連れた人が歩いているときは，一時停止か徐行してその人が安全に通れるようにしなければならない。
問45 正誤 □□	車は，前の車を追い越すためやむを得ないときには，軌道敷地内を通行することができる。
問46 正誤 □□	二輪車の点検をするとき，タイヤの空気圧は適正かどうかも点検する。

問47　時速30キロメートルで進行しています。この場合，どのようなことに注意して運転しますか？

(1)
正誤
□□
子どもたちは，予測できない行動をとることがあるので，警音器を鳴らしてそのままの速度で進行する。

(2)
正誤
□□
左側の子どもたちは道路上で遊んでいるため，急に車の前に出てくることはないので，このまま進行する。

(3)
正誤
□□
右の路地の子どもは，急に車道に飛び出してくると思われるので，このままの速度で車道の左側端に寄って進行する。

問48　前車に続いて止まりました。坂道の踏切を通過するとき，どのようなことに注意して運転しますか？

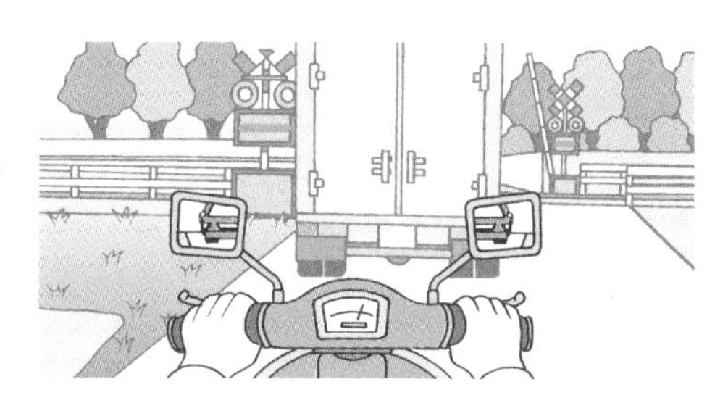

(1)
正誤
□□
上り坂の発進は難しいので，発進したら前車に続いて踏切を通過する。

(2)
正誤
□□
後続車がいるので渋滞しないように，前車のすぐ後ろについて進行する。

(3)
正誤
□□
前車が発進しても，その先ですぐ停止してしまい，自分の車の入る余地がないかもしれないので，入れる余地があるか確認してから発進する。

Câu 43 Đ S □□	Khi chất xếp hàng hóa thì không được che mất biển số xe hoặc đèn xi nhan xe.
Câu 44 Đ S □□	Khi có người đang đi bộ dắt theo chó dẫn đường cho người mù thì phải dừng lại tạm thời hoặc đi chậm để người đó đi qua an toàn.
Câu 45 Đ S □□	Xe có thể đi trong đường ray khi bất đắc dĩ phải đi vào để vượt xe ở phía trước.
Câu 46 Đ S □□	Khi kiểm tra xe 2 bánh thì cũng phải kiểm xem áp suất không khí của lốp xe có phù hợp không.

Câu 47 Đang đi với vận tốc 30km/ h. Lúc này cần chú ý những gì khi lái xe?

(1) Đ S □□ Trẻ em thì có những hành động không thể dự đoán được nên bấm còi rồi giữ nguyên tốc độ đó để đi tới.

(2) Đ S □□ Bọn trẻ ở bên trái đang chơi trên đường nên không có chuyện đột ngột lao ra trước xe nên cứ tiếp tục đi tới.

(3) Đ S □□ Đứa trẻ bên phải có thể sẽ lao ra đường nên giữ nguyên tốc độ đó và tấp sang bên trái để đi.

Câu 48 Đang dừng nối đuôi theo xe phía trước. Khi đi qua chắn tàu ở đường dốc thì cần chú ý những gì khi lái xe?

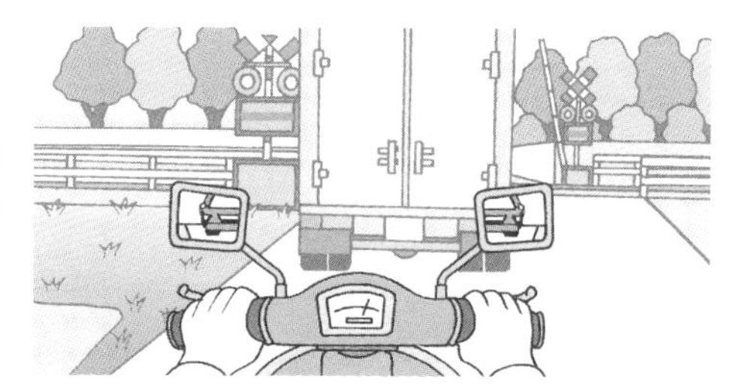

(1) Đ S □□ Vì dốc lên khó xuất phát nên sau khi xuất phát thì nối đuôi xe phía trước để đi qua chắn tàu.

(2) Đ S □□ Vì có xe ở phía sau nên tiến lên sát đuôi xe trước để tránh tắc đường.

(3) Đ S □□ Xe phía trước xuất phát rồi lại dừng lại ngay phía trước đó và có nguy cơ không đủ chỗ để xe mình đi vào, vì vậy xác nhận xem có đủ chỗ cho xe mình hay không rồi mới xuất phát.

第７回 解答と解説	間違えたら赤シートを当てて，覚えておきたいポイントを再チェックしよう！

◆・・・ひっかけ問題　　★・・・重要な問題

問１ 誤	車両通行帯がない道路では，道路の**左側**に寄って通行しなければならない。
問２ ◆正	二輪車の点検では，ブレーキレバー，ブレーキペダル，チェーンの遊びは約**20～30ミリメートル**が適当である。
問３ ★正	追越しのための右側部分はみ出し通行禁止の標示があるところでは，右側部分にはみ出さなければ**追越し**できる。
問４ 誤	原動機付自転車の法定最高速度は**30キロメートル**毎時である。
問５ 誤	免許証を交付されてからでないと，無免許運転になる。
問６ 正	車輪のガタは，後輪よりも前輪のほうが運転に影響を与える。
問７ 誤	バックミラーだけではなく，直接目視をして，安全確認のあとにゆるやかに車の流れに進入する。
問８ ★誤	マフラーの破損は，騒音公害の原因になり周囲に迷惑をかけるので，修理した後に運転する。
問９ 正	この標識は「**車両通行止め**」の本標識と「**原付を除く**」の補助標識である。
問10 正	原動機付自転車は二段階右折の場合を除き，**直進**，**左折**，**右折**することができる。
問11 ◆誤	エンジンを**切って**押して歩いている場合のみ，歩行者としてみなされる。
問12 誤	この標識は「**車両通行区分**」を表していて，この通行帯は自動二輪車，原動機付自転車，自転車などの軽車両が通行できる。
問13 誤	環状交差点では入るときに合図はいらない。

ĐỀ LẦN 7 ĐÁP ÁN & GIẢI THÍCH	Nếu trả lời sai thì hãy dùng tấm bìa màu đỏ để che lại, kiểm tra lại những điểm muốn ghi nhớ!

◆ · · · Câu dễ sai ★ · · · Câu quan trọng

Câu 1 S	Ở đường không có làn xe thì phải đi dọc theo bên trái đường.
Câu 2 ◆ Đ	Khi kiểm tra xe 2 bánh thì độ chùng của xích xe, độ rơ cần phanh, bàn đạp phanh khoảng 20~30mm là hợp lý.
Câu 3 ★ Đ	Ở nơi có vạch kẻ đường cấm lấn sang phần đường bên phải để vượt thì có thể vượt nếu không lấn sang phần đường bên phải.
Câu 4 S	Tốc độ tối đa luật pháp quy định đối với xe máy là 30km/ h.
Câu 5 S	Nếu chưa được cấp bằng lái là lái xe không có bằng lái.
Câu 6 Đ	Bánh xe bị cũ và lỏng lẻo thì bánh trước gây ảnh hưởng đến lái xe hơn là bánh sau.
Câu 7 S	Không chỉ bằng kính chiếu hậu mà còn nhìn trực tiếp bằng mắt, kiểm tra an toàn rồi sau đó cho xe từ từ đi vào dòng xe.
Câu 8 ★ S	Hỏng bộ giảm âm sẽ dẫn tới ô nhiễm tiếng ồn và làm phiền tới người xung quanh nên chỉ lái xe sau khi đã sửa chữa xong.
Câu 9 Đ	Biển báo chính là “Cấm xe đi vào”, kèm theo biển báo phụ “Trừ xe máy”.
Câu 10 Đ	Trừ trường hợp rẽ phải 2 giai đoạn thì xe máy có thể đi thẳng, rẽ trái, rẽ phải.
Câu 11 ◆ S	Chỉ trường hợp dẫn bộ xe đã tắt máy thì mới được xem như người đi bộ.
Câu 12 S	Biển báo này cho biết ”Phân loại xe lưu thông”, các loại phương tiện thô sơ như xe đạp, xe 2 bánh, và xe ô tô có thể đi.
Câu 13 S	Khi đi vào giao lộ vòng xuyến thì không cần bật tín hiệu.

問14 正	みだりに進路変更すると，自分も危険であり，事故にもつながる。
問15 ◆誤	**一時停止**か**徐行**し，安全に通れるようにしなければならない。
問16 ★誤	原動機付自転車で交差点を右折するときに，車両通行帯が片側に3つ以上ある場合で信号があるところや，**二段階右折**の標識がある場合は，二段階右折しなければならない。
問17 ◆誤	補助標識により除外されていない一方通行の道路では，**逆方向**へ進行することはできない。
問18 ★誤	2本の白線で標示されている路側帯は，**歩行者専用路側帯**なので，車は中に入って駐停車することはできない。
問19 誤	追い越した車との間に安全な間隔をとって，前方に入る。
問20 正	環状交差点での転回を除いて，転回の合図は**右折**の合図と同じである。
問21 正	この標識は「**横風注意**」を表していて，減速するなど注意して運転する。
問22 誤	こう配の急な坂は，荷物の積み下ろしであっても**駐停車禁止**である。
問23 誤	原動機付自転車，軽車両，小型特殊自動車は，この場合**左側**に寄り進路を譲ればよい。
問24 ★誤	工事中でも，右側部分のはみ出しは最低限度にしてできるだけ**左側部分**を通行する。
問25 正	踏切内で動きがとれなくなるおそれがある場合，踏切に入ってはいけない。
問26 正	この標示は「**車両通行区分**」を示していて，原動機付自転車は**左側**の通行帯を通行する。
問27 ★誤	進路変更が終われば，速やかに合図をやめる。

Câu 14 Đ	Nếu tùy tiện chuyển làn xe thì bản thân cũng bị nguy hiểm và có thể dẫn đến tai nạn.
Câu 15 ◆S	Phải dừng lại tạm thời hoặc đi chậm để người đó đi qua an toàn.
Câu 16 ★S	Khi xe máy rẽ phải ở giao lộ, ở nơi mỗi bên có 3 làn xe trở lên và có đèn tín hiệu hoặc khi có biển báo Rẽ phải 2 giai đoạn thì phải rẽ phải 2 giai đoạn.
Câu 17 ◆S	Ở đường 1 chiều không có biển báo phụ qui định ngoại lệ thì không thể đi ngược chiều.
Câu 18 ★S	Khu vực lề đường được kẻ bằng 2 vạch trắng là khu vực lề đường dành cho người đi bộ nên xe không thể vào bên trong để dừng và đậu xe.
Câu 19 S	Đi vào phía trước xe đã vượt sau khi đã cách một khoảng cách an toàn.
Câu 20 Đ	Trừ quay đầu xe ở giao lộ vòng xuyến ra thì tín hiệu của quay đầu xe thì giống với tín hiệu rẽ phải.
Câu 21 Đ	Biển báo này biểu thị "Chú ý gió ngược", chú ý giảm tốc độ khi lái xe.
Câu 22 S	Ở sườn dốc lên có độ dốc lớn thì cấm dừng, đậu xe kể cả là để bốc xếp hàng.
Câu 23 S	Xe máy, xe thô sơ, xe ô tô đặc thù cỡ nhỏ thì trong trường hợp này tấp vào bên trái và nhường đường là được.
Câu 24 ★S	Kể cả có công trình đang thi công thì lấn sang phần đường bên phải tối thiểu và đi sát ở bên trái.
Câu 25 Đ	Khi có nguy cơ không thể chuyển động được ở trong chắn tàu thì không được vào bên trong chắn tàu.
Câu 26 Đ	Biển báo này biểu thị "Phân loại xe lưu thông", xe máy đi ở làn xe bên trái.
Câu 27 ★S	Sau khi thay đổi lộ trình kết thúc thì nhanh chóng tắt tín hiệu.

問28 正	道路の曲がり角付近は追越し禁止である。
問29 誤	原動機付自転車がリヤカーをけん引するときの法定最高速度は，**25 キロメートル**毎時である。
問30 正	横断歩道は歩行者，自転車横断帯は自転車が横断する場所のため，原動機付自転車や自動車の通行方法は同じである。
問31 正	ぬかるみのある場所では，低速ギアなど使い減速して，バランスをとりながら走行する。
問32 ★誤	標識にかかわらず，原動機付自転車は法定最高速度である **30 キロメートル**毎時を越えて運転してはいけない。
問33 ★誤	優先道路の標識がなくても，交差点の中まで**車両通行帯**の線が引かれている道路は，それだけで**優先道路**になる。
問34 誤	上り坂の頂上付近は，**追越し禁止**で徐行すべき場所のため，前車の後ろについて徐行し，追い越ししてはならない。
問35 正	踏切とその端から前後 **10 メートル**以内の場所は**停車禁止**。
問36 ★誤	大地震で避難するときは，自動車や原動機付自転車をなるべく使用しない。
問37 正	カーブを走行中，ハンドルを右に切ると，反対の左に倒れようとする。
問38 誤	右左折や横断，転回などで横切るときや，標識で通行が認められている車など以外は，通行できない。
問39 正	イラストのように，同じ意味である。
問40 誤	警音器は鳴らさず，子どもの手前で**一時停止**や**徐行**で安全に進行する。
問41 ◆正	片側 3 車線以上の道路の交差点や標識によって二段階右折が指定されている交差点以外は**小回り右折**できる。

Câu 28 Đ	Nơi gần góc rẽ của đường thì bị cấm vượt.
Câu 29 S	Tốc độ tối đa luật pháp quy định khi xe máy kéo theo thùng xe phía sau là 25km/ h.
Câu 30 Đ	Vạch sang đường cho người đi bộ là nơi dành cho người đi bộ, vạch sang đường cho xe đạp là nơi dành cho xe đạp, phương pháp lưu thông của xe máy và ô tô thì như nhau.
Câu 31 Đ	Ở nơi có bùn lầy thì sử dụng số tốc độ thấp để giảm tốc độ, giữ thăng bằng rồi đi qua.
Câu 32 ★ S	Bất kể biển báo hiển thị như thế nào thì xe máy không được đi quá vận tốc đối đa luật pháp quy định là 30km/ h.
Câu 33 ★ S	Kể cả không có biển báo thì đường có vạch phân làn xe được kẻ đến bên trong giao lộ là đường ưu tiên.
Câu 34 S	Vì gần nơi đỉnh dốc lên là nơi phải đi chậm và cấm vượt nên giảm tốc độ và không vượt khi đi phía sau xe trước.
Câu 35 Đ	Nơi chắn tàu và trong vòng 10m trước sau từ rìa chắn tàu đó thì cấm dừng xe.
Câu 36 ★ S	Khi đi lánh nạn khi có động đất lớn thì không sử dụng xe ô tô hoặc xe máy.
Câu 37 Đ	Đang chạy trên khúc cua, nếu bẻ lái sang phải thì sẽ ngã xe về hướng đối diện là bên trái
Câu 38 S	Ngoại trừ rẽ trái phải hoặc băng ngang, quay đầu xe hoặc các xe được phép đi được chỉ định bằng biển báo, . . thì không được đi.
Câu 39 Đ	Có cùng ý nghĩa như hình minh họa.
Câu 40 S	Không bấm còi, dừng lại tạm thời ở phía trước trẻ em hoặc đi chậm để đi qua an toàn.
Câu 41 ◆ Đ	Ngoại trừ giao lộ của đường có 3 làn xe trở lên mỗi bên hoặc giao lộ được chỉ định rẽ 2 giai đoạn bằng biển báo thì có thể rẽ phải vòng nhỏ.

問42 正	「**車両進入禁止**」の標識のため，原動機付自転車は進入できない。
問43 正	方向指示器やナンバープレートは隠れないようにする。
問44 正	身体に障害がある歩行者が歩いている場合は，**一時停止**や**徐行**して安全に通れるようにしなければならない。
問45 ◆誤	「**軌道敷内通行可**」の標識によって認められた自動車が通行したり右折する場合を除いて，軌道敷内を通行することはできない。
問46 正	タイヤがすり減っていないか，空気圧は適正かなど点検する。

問47　道路上の**子どもたちの動き**に要注意！！
子どもは**予期しない動き**をするので注意して，速度を落として通行しよう。

(1)　**誤**　警音器は鳴らさず，**減速**して進行する。
(2)　**誤**　左側の子どもたちが**車道**に出てくるかもしれない。
(3)　**誤**　**減速**しないと左側の子どもが車道に出てきたときに，衝突して事故につながるかもしれない。

問48　坂道と，その先が**見えないこと**に要注意！！
坂道のため，前車が発進時に**後退**してくるかもしれません。また，踏切の先に自車が入れる**余地**があるか確認して発進しよう。

(1)　**誤**　踏切の直前で必ず，**一時停止**して安全確認する。
(2)　**誤**　前車が発進するときに，**後退**して衝突するかもしれないので間隔をあける。
(3)　正　自車が入る**余地**を確認してから，発進する。

Câu 42 Đ	Vì là biển báo "Cấm phương tiện giao thông đi vào" nên xe máy không thể đi vào.
Câu 43 Đ	Không để biển số xe hoặc đèn xi nhan bị che khuất.
Câu 44 Đ	Khi có người khuyết tật đang đi bộ thì phải dừng lại tạm thời hoặc đi chậm để có thể đi qua an toàn.
Câu 45 ◆ S	Ngoại trừ những trường hợp như là rẽ phải hoặc xe được công nhận bằng biển báo "Được đi trong đường ray", thì không được đi trong đường ray.
Câu 46 Đ	Kiểm xem lốp xe có bị mòn không, áp suất không khí có phù hợp hay không.

Câu 47 Cần chú ý đến chuyển động của trẻ em trên đường!!
Cần chú ý vì trẻ em thường có những hành động bất ngờ, hãy giảm tốc độ để đi qua.

(1) S Không bấm còi, giảm tốc độ để đi tới.
(2) S Bọn trẻ bên trái có thể đi ra đường xe chạy.
(3) S Nếu không giảm tốc độ thì khi bọn trẻ bên trái lao ra đường thì sẽ có nguy cơ va chạm gây tai nạn.

Câu 48 Cần chú ý việc không thể nhìn thấy phía trước và đường dốc!!
Vì là đường dốc nên khi xe trước xuất phát thì có nguy cơ đi lùi về sau. Ngoài ra, hãy xem phía trước chắn tàu có chỗ trống để xe mình đi vào không rồi mới xuất phát.

(1) S Phải dừng lại tạm thời ở phía trước chắn tàu và xác nhận an toàn.
(2) S Khi xe phía trước xuất phát thì có thể xe đi lùi và va chạm vào nên phải giữ khoảng cách an toàn.
(3) Đ Sau khi kiểm tra xem có đủ chỗ cho xe mình không thì xuất phát.

第8回 模擬試験	問1〜問46までは各1点，問47，48は全て正解して各2点。 制限時間30分，50点中45点以上で合格

●次の問題で正しいものは「正」，誤りのものは「誤」の枠をぬりつぶして答えなさい。

問1 正誤 □□	警察官や交通巡視員が，交差点以外の道路で手信号をしているときの停止位置は，その警察官や交通巡視員の3メートル手前である。
問2 正誤 □□	安全地帯のない停留所に，路面電車が停止しているときで乗降客がいない場合には，路面電車との間隔を1.5メートルあければ徐行して通行できる。
問3 正誤 □□	違法駐車をしていて放置車両確認標章を取りつけられたとき，その車を運転するときは取り除くことができる。
問4 正誤 □□	一方通行となっている道路で右折するときは，あらかじめ手前から道路の中央に寄り，交差点の中心の内側を徐行しなければならない。（環状交差点を除く）
問5 正誤 □□	バスの運行時間後，バスの停留所から10メートル以内に車を止めて，買い物に行った。
問6 正誤 □□	トンネルに入ると明るさが急に変わり，視力が急激に低下するので，入る前に速度を落とすようにする。
問7 正誤 □□	原動機付自転車で故障した原動機付自転車をロープでけん引するときは，ロープの真ん中に赤い布をつけなければならない。
問8 正誤 □□	重い荷物を積むとブレーキがよくきく。
問9 正誤 □□	右の標識は，本標識が表示する交通規制の終わりを意味している。
問10 正誤 □□	原動機付自転車は交通量が少ないときには自転車道を通行してもよい。
問11 正誤 □□	車を運転中，後方から緊急自動車が接近してきたが，交差点付近ではなかったので，徐行してそのまま進行を続けた。
問12 正誤 □□	右の標識のある場所は「右折禁止」を表している。
問13 正誤 □□	交差点付近の横断歩道のない道路を歩行者が横断していたが，車のほうに優先権があるので，横断を中止させて通過した。
問14 正誤 □□	信号機が赤色の灯火の信号でも，青色の灯火の矢印が左向きに表示されているときは，すべての車が左折することができる。

ĐỀ THI THỬ LẦN 8	Từ câu 1~46 mỗi câu 1 điểm, câu 47, 48 mỗi câu 2 điểm. Thời gian giới hạn: 30 phút, 45/ 50 điểm trở lên là đạt.

● Hãy tô vào ô "Đ" nếu là đúng, ô "S" nếu là sai để trả lời những câu hỏi sau đây.

Câu 1 Đ S □□	Khi cảnh sát hoặc nhân viên tuần tra giao thông đang ra tín hiệu tay ở đường không phải là giao lộ thì vị trí dừng sẽ là trước cảnh sát hoặc nhân viên tuần tra giao thông đó 3m.
Câu 2 Đ S □□	Khi xe điện mặt đất đang dừng ở trạm dừng không có vùng an toàn và không có hành khách lên xuống, thì có thể đi chậm để đi qua nếu cách tàu điện một khoảng 1. 5m.
Câu 3 Đ S □□	Khi đậu xe phạm luật và bị gắn phiếu xác nhận xe không chủ thì có thể gỡ bỏ phiếu khi lái xe đó.
Câu 4 Đ S □□	Khi rẽ phải trên đường một chiều, phải tấp vào giữa đường trước và đi chậm ở bên trong trung tâm giao lộ. (Trừ giao lộ vòng xuyến)
Câu 5 Đ S □□	Sau giờ xe buýt chạy, đã dừng xe trong vòng 10m từ trạm dừng xe buýt rồi đi mua sắm.
Câu 6 Đ S □□	Khi vào đường hầm, độ sáng thay đổi đột ngột và thị lực giảm mạnh nên giảm tốc độ trước khi vào.
Câu 7 Đ S □□	Khi xe máy kéo xe máy bị hỏng bằng dây thừng thì phải buộc một mảnh vải đỏ ở giữa dây.
Câu 8 Đ S □□	Khi chở vật nặng thì phanh xe càng có hiệu lực.
Câu 9 Đ S □□	Biển báo như hình bên phải mang ý nghĩa là điểm kết thúc quy tắc giao thông mà biển báo chính hiển thị.
Câu 10 Đ S □□	Khi lưu lượng giao thông thấp thì xe máy có thể đi vào đường xe ô tô.
Câu 11 Đ S □□	Đang lái xe thì từ phía sau có xe khẩn cấp đến gần, nhưng vì không gần giao lộ nên đã đi chậm lại và tiếp tục đi.
Câu 12 Đ S □□	Nơi có biển báo như hình bên phải biểu thị "Cấm rẽ phải".
Câu 13 Đ S □□	Người đi bộ đang sang đường ở đường gần giao lộ không có vạch sang đường, vì xe có quyền ưu tiên nên đã bắt người đi bộ dừng lại để đi qua.
Câu 14 Đ S □□	Ngay cả khi đèn tín hiệu là đèn đỏ nhưng đèn mũi tên màu xanh đang chỉ sang trái thì tất cả các xe đều có thể rẽ trái.

問15 正誤 □□	停留所で止まっている路線バスに追いついたときは，路線バスが発進するまで後方で一時停止していなければならない。
問16 正誤 □□	車両通行帯のない道路では，中央線の左側ならばどの部分を通行してもよい。
問17 正誤 □□	信号機の信号は横の信号が赤色であっても，前方の信号が青色であるとは限らない。
問18 正誤 □□	横断歩道や自転車横断帯とその手前 30 メートル以内の場所では，追越しは禁止されているが，追抜きは禁止されていない。
問19 正誤 □□	道路は公共の場所なので，交通の少ない道路ならば車庫代わりに使用してもよい。
問20 正誤 □□	道路に平行して駐車している車の右側に並んで駐車することはできないが，停車はできる。
問21 正誤 □□	原動機付自転車は右の標識のある交差点で右折するときは，交差点の中心のすぐ内側を徐行しなければならない。 原付
問22 正誤 □□	万一の場合に備えて，自動車保険に加入したり，応救護処置に必要な知識を身につけておく。
問23 正誤 □□	原動機付自転車が普通自動車を追い越そうとするときは，その左側を通行しなければならない。
問24 正誤 □□	原動機付自転車には，30 キログラムまでの荷物を積むことができる。
問25 正誤 □□	原動機付自転車の積み荷の制限は，ハンドルの幅いっぱいまでである。
問26 正誤 □□	原動機付自転車は前方の信号が赤色であっても右のように青色の矢印が表示されているときは，すべての交差点で右折できる。
問27 正誤 □□	進路の前方に障害物があるときは，あらかじめ一時停止か減速をして反対方向からくる車に道を譲らなければならない。
問28 正誤 □□	初心運転者期間中に違反を犯し，初心運転者講習を受けなかったときは，免許が取り消される。
問29 正誤 □□	原動機付自転車が，見通しのきく道路の曲がり角付近で，徐行している小型特殊自動車を追い越した。

Câu 15 Đ S □□	Khi bắt kịp xe buýt đang dừng tại trạm dừng thì phải tạm dừng ở phía sau và đợi đến khi xe buýt xuất phát.
Câu 16 Đ S □□	Ở đường không có làn xe thì có thể đi ở bất cứ đâu của phần đường bên trái tính từ vạch giữa đường.
Câu 17 Đ S □□	Ngay cả đèn giao thông ở bên cạnh là màu đỏ thì cũng không chắc rằng đèn ở phía trước là màu xanh.
Câu 18 Đ S □□	Ở vạch sang đường cho người đi bộ hoặc cho xe đạp và trong vòng 30m phía trước đó thì bị cấm vượt cùng làn đường nhưng không bị cấm vượt khác làn đường.
Câu 19 Đ S □□	Vì đường là nơi công cộng nên khi giao thông thưa thớt thì có thể sử dụng thay cho nhà để xe.
Câu 20 Đ S □□	Có thể dừng xe nhưng không thể đậu xe cạnh bên phải của xe đang đậu song song với đường.
Câu 21 Đ S □□	Khi xe máy rẽ phải ở giao lộ có biển báo như hình bên phải thì phải đi chậm ngay vào bên trong trung tâm giao lộ. 原付
Câu 22 Đ S □□	Chuẩn bị cho trường hợp bất trắc thì tham gia bảo hiểm xe ô tô, trang bị những kiến thức cần thiết để xử trí cứu hộ.
Câu 23 Đ S □□	Khi xe máy định vượt xe ô tô thông thường thì phải đi bên trái xe đó.
Câu 24 Đ S □□	Xe máy thì có thể chở vật có trọng lượng đến 30kg.
Câu 25 Đ S □□	Giới hạn của vật được chở bằng xe máy là đến hết chiều rộng của tay lái.
Câu 26 Đ S □□	Ngay cả đèn tín hiệu phía trước là màu đỏ nhưng mũi tên màu xanh như hình bên phải được hiển thị thì có thể rẽ phải ở tất cả các giao lộ.
Câu 27 Đ S □□	Khi có chướng ngại vật ở phía trước, phải dừng lại hoặc giảm tốc độ trước và nhường đường cho xe từ hướng ngược lại.
Câu 28 Đ S □□	Khi vi phạm trong thời kì mới lái xe và không tham gia lớp tập huấn cho người mới lái xe thì sẽ bị hủy bằng lái.
Câu 29 Đ S □□	Xe máy đã vượt xe ô tô đặc thù cỡ nhỏ đang đi chậm ở nơi gần góc rẽ của đường có tầm nhìn tốt.

問30 正誤 □□	横断歩道とその端から前後5メートル以内の場所は，駐車も停車もできない。
問31 正誤 □□	エンジンブレーキを下り坂以外の場所で活用しても，制動距離には関係がない。
問32 正誤 □□	右の路側帯の標示のある道路では，路側帯の幅が0.75メートルを超えるときだけ，その中に入って駐停車することができる。
問33 正誤 □□	徐行や停止をする場合は，その行為をしようとするときに，手でも合図をすることができる。
問34 正誤 □□	危険を防止するためやむを得ないときを除き，急ブレーキをかけるような運転をしてはならない。
問35 正誤 □□	交通整理をしている警察官が灯火を横に振っているとき，その振られている灯火の方向へ進行するすべての車は，直進し，左折し，右折できる。
問36 正誤 □□	遠心力は，カーブの半径が小さいほど，大きくなる。
問37 正誤 □□	雨の日は，路面がすべりやすく停止距離も長くなるので，晴天のときよりも車間距離を多くとるのがよい。
問38 正誤 □□	原動機付自転車で右左折の合図をする場合は，方向指示器によって行うだけでよく，手による合図は行ってはならない。
問39 正誤 □□	右の標識のある場所では，駐停車が禁止されている場所であっても停車することができる。
問40 正誤 □□	深い水たまりを通ると，ブレーキドラムに水が入りブレーキがきかなくなることがある。
問41 正誤 □□	交通量が少ないときは，車両通行帯が黄色の線で区画されていても，いつでも進路を変えることができる。
問42 正誤 □□	右の標示のあるところに歩行者がいる場合は，原動機付自転車は徐行して通行しなければならない。
問43 正誤 □□	原動機付自転車でブレーキをかけるときは，ぬれた路面では後輪ブレーキをやや強くかける。

Câu 30 Đ S □□	Tại vạch sang đường cho người đi bộ và trong vòng 5m trước sau đó thì không được đậu xe cũng như dừng xe.
Câu 31 Đ S □□	Ngoài nơi dốc xuống thì dù cho sử dụng phanh động cơ cũng không có liên quan gì đến khoảng cách phanh.
Câu 32 Đ S □□	Ở đường có vạch kẻ khu vực lề đường như hình bên phải thì chỉ khi bề rộng khu vực lề đường hơn 0. 75m thì có thể vào bên trong để đậu và dừng xe. 車道 路側帯
Câu 33 Đ S □□	Trường hợp đi chậm hoặc dừng lại thì có thể dùng tay để ra tín hiệu khi định thực hiện hành vi đó.
Câu 34 Đ S □□	Không lái xe theo cách dùng phanh đột ngột trừ khi thật cần thiết để ngăn chặn nguy hiểm.
Câu 35 Đ S □□	Khi cảnh sát đang điều khiển giao thông vẫy đèn về phía hai bên thì tất cả các xe đi theo hướng đèn được vẫy đó có thể đi thẳng, rẽ trái, rẽ phải.
Câu 36 Đ S □□	Bán kính khúc cua càng nhỏ thì lực li tâm càng lớn.
Câu 37 Đ S □□	Vào ngày mưa, mặt đường dễ trơn trượt nên khoảng cách dừng sẽ dài hơn nên giữ khoảng cách nhiều hơn so với ngày nắng.
Câu 38 Đ S □□	Khi xe máy ra tín hiệu rẽ trái phải thì chỉ cần tín hiệu bằng đèn xi nhan, không được ra tín hiệu bằng tay.
Câu 39 Đ S □□	Nơi có biển báo như hình bên phải thì kể cả là nơi bị cấm đậu cấm dừng xe thì cũng có thể dừng xe. 停
Câu 40 Đ S □□	Khi đi qua vũng nước đọng sâu, bộ phận phanh trống có thể bị vào nước làm phanh mất hiệu lực.
Câu 41 Đ S □□	Khi lượng giao thông ít thì có thể thay đổi lộ trình bất cứ lúc nào kể ở cả làn xe được phân chia bằng vạch màu vàng.
Câu 42 Đ S □□	Khi có người đi bộ ở nơi có vạch kẻ đường như hình bên phải thì xe máy phải đi chậm để đi qua. 軌道
Câu 43 Đ S □□	Khi phanh ở xe máy, phanh hơi mạnh phanh bánh sau khi mặt đường ướt.

問44 正誤 □□	一時停止の標識があるときは，停止線の直前で一時停止をして，交差する道路を通行する車などの進行を妨げてはいけない。
問45 正誤 □□	発進の合図さえすれば，前後左右の安全を確認する必要はない。
問46 正誤 □□	踏切を通過しようとしたとき，遮断機が降りはじめていたが，電車はまだ見えなかったので，急いで通過した。

問47　時速30キロメートルで進行しています。この場合どのようなことに注意して運転しますか？

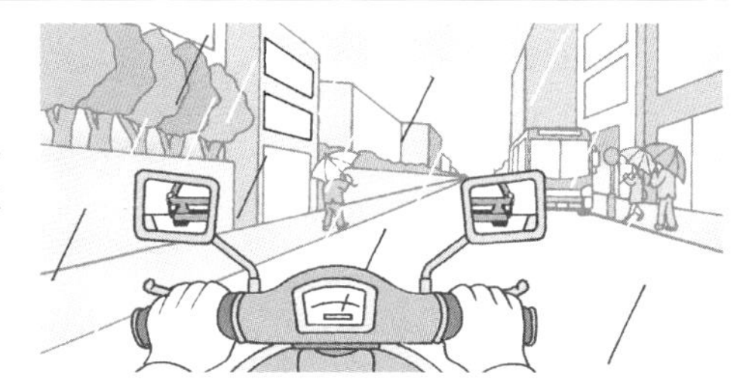

(1)
正誤
□□
バスのかげから歩行者が飛び出してくるかもしれないので，速度を落として走行する。

(2)
正誤
□□
左側の歩行者のそばを通るときは，水をはねないように速度を落として進行する。

(3)
正誤
□□
左側の歩行者は，車に気づかずバスに乗るため急に横断するかもしれないので，後ろの車に追突されないようブレーキを数回かけ，すぐに止まれるよう速度を落として進行する。

問48　時速30キロメートルで進行しています。カーブの中に障害物があるときは，どのようなことに注意して運転しますか？

(1)
正誤
□□
前方のカーブは見通しが悪く，対向車がいつ来るか分からないので，カーブの入り口付近で警音器を鳴らし，自車の存在を知らせてから注意して進行する。

(2)
正誤
□□
カーブ内は対向車と行き違うのに十分な幅がないので，対向車が来ないうちに通過する。

(3)
正誤
□□
カーブの向こう側から対向車が自分の進路の前に出てくることがあるので，できるだけ左に寄って注意しながら進行する。

Câu 44 Đ S □□	Khi có biển báo dừng lại tạm thời thì dừng lại tạm thời ở trước vạch dừng và không gây cản trở những xe đi qua đường giao nhau.
Câu 45 Đ S □□	Khi đã ra tín hiệu xuất phát thì không cần phải kiểm tra an toàn trước sau phải trái.
Câu 46 Đ S □□	Khi định đi qua nơi chắn tàu, thanh chắn đã bắt đầu hạ xuống nhưng vì chưa nhìn thấy tàu điện nên đã nhanh chóng đi qua.

Câu 47 Đang đi với vận tốc 30km/ h. Trường hợp này cần chú ý những gì để lái xe?

(1)
Đ S
□□ Vì có nguy cơ thể có người đi bộ lao ra từ khuất sau xe buýt nên giảm tốc độ lái xe.

(2)
Đ S
□□ Khi đi qua người đi bộ ở bên trái thì giảm tốc độ để không làm bắn nước.

(3)
Đ S
□□ Người đi bộ ở bên trái có thể bất ngờ băng qua để lên xe buýt mà không nhận ra có xe đi tới, để tránh bị va chạm với xe phía sau thì phanh thành nhiều lần và giảm tốc độ để có thể dừng lại ngay được.

Câu 48 Đang đi với vận tốc 30km/ h. Cần chú ý những gì để lái xe?

(1)
Đ S
□□ Vì khúc cua ở phía trước có tầm nhìn kém, không biết xe hướng đối diện khi nào sẽ đến nên đến gần nơi vào khúc cua thì bấm còi để báo có xe của mình rồi nói đi tới.

(2)
Đ S
□□ Trong khúc cua sẽ không đủ rộng để đi qua cùng lúc với xe hướng đối diện nên tranh thủ đi qua trong lúc không có xe đi tới.

(3)
Đ S
□□ Vì xe hướng đối diện ở bên kia khúc cua có thể xuất hiện phía trước đường của mình nên tấp sát vào lề trái rồi vừa chú ý vừa đi qua.

第8回 解答と解説	間違えたら赤シートを当てて，覚えておきたいポイントを再チェックしよう！

◆・・・ひっかけ問題　　★・・・重要な問題

問1 ★誤	交差点以外で，横断歩道や自転車横断帯も踏切もないところで警察官や交通巡視員が手信号や灯火による信号をしているときの**停止位置**は，その警察官や交通巡視員の**1メートル**手前である。
問2 ★正	安全地帯のない停留所に，路面電車が停止しているときで乗降客がいない場合，路面電車との間隔を**1.5メートル**あけて徐行できる。
問3 正	放置車両確認標章を取りつけられた車を運転するときは，**取り除く**ことができる。
問4 ◆誤	一方通行の道路を右折する場合は，道路の**右側**に寄り，交差点の中心の内側を**徐行**する。
問5 正	**運行時間中に限り**，バス，路面電車の停留所の標示板（標示柱）から10メートル以内の場所は，**駐停車禁止**である。
問6 ★正	トンネルを出入りするときは，**減速**する。
問7 誤	故障車をロープでけん引するときは，ロープの真ん中に**0.3メートル**平方以上の**白い布**をつける。
問8 ◆誤	重い荷物を積むと動く力が大きくなるため，ブレーキをかける強さが同じ場合でもききが悪くなる。
問9 正	この標識は交通規制の**終わり**を表している。
問10 誤	交通量が少なくても，自転車道を原動機付自転車は**通行**できない。
問11 ◆誤	徐行の義務はないので，道路の**左側**に寄って進路をゆずる。
問12 誤	この標識は「**車両横断禁止**」なので，この標識がある道路では右方向への横断をしてはならない。

ĐỀ LẦN 8 ĐÁP ÁN & GIẢI THÍCH	Nếu trả lời sai thì hãy dùng tấm bìa màu đỏ để che lại, kiểm tra lại những điểm muốn ghi nhớ!

◆・・・Câu dễ sai　　★・・・Câu quan trọng

Câu 1 ★ S	Khi cảnh sát hoặc nhân viên tuần tra giao thông đang ra tín hiệu bằng tay hoặc bằng đèn ở nơi không phải là giao lộ, không có vạch sang đường cho người đi bộ hay xe đạp hoặc chắn tàu, thì vị trí dừng là trước cảnh sát hoặc nhân viên tuần tra giao thông đó 1m.
Câu 2 ★ Đ	Khi xe điện mặt đất đang dừng ở trạm dừng không có vùng an toàn và không có hành khách lên xuống, thì có thể cách tàu điện 1. 5m rồi đi chậm để đi qua.
Câu 3 Đ	Khi lái xe bị gắn phiếu xác nhận xe không chủ thì có thể gỡ bỏ phiếu đó.
Câu 4 ◆ S	Trường hợp rẽ phải trên đường 1 chiều thì tấp vào bên phải của đường và đi chậm ở bên trong trung tâm giao lộ.
Câu 5 Đ	Cấm đậu cấm dừng xe trong vòng 10 mét từ biển báo trạm dừng (cột biển báo) của xe buýt hoặc xe điện mặt đất trong thời gian hoạt động.
Câu 6 ★ Đ	Khi ra vào đường hầm thì giảm tốc độ.
Câu 7 S	Khi kéo xe hư hỏng bằng dây thừng thì buộc mảnh vải trắng có diện tích 0. 3 m^2 vào đoạn giữa dây.
Câu 8 ◆ S	Vì khi chở vật nặng thì lực chuyển động trở nên lớn nên kể cả phanh mạnh bằng nhau thì hiệu lực phanh cũng sẽ kém hơn.
Câu 9 Đ	Biển báo này cho biết điểm kết thúc của quy tắc giao thông.
Câu 10 S	Ngay cả khi lưu lượng giao thông thấp thì xe máy cũng không được đi vào đường xe ô tô.
Câu 11 ◆ S	Vì không có nghĩa vụ đi chậm, tấp vào bên trái đường và nhường đường.
Câu 12 S	Biển báo này là "Cấm băng ngang đường" nên ở đường có biển báo này thì không được băng qua bên phải.

問13 ★誤	歩行者が横断しているときは，横断歩道のない交差点であっても，その通行を妨げてはいけない。
問14 正	青色の灯火の矢印が左向きに表示されているときは，**車は左折**することができる。
問15 ★誤	路線バスが発進の合図をしているとき以外は，**安全確認**して通過することができる。
問16 誤	追越しなどやむを得ない場合のほかは，道路の**左側**に寄って通行する。
問17 ◆正	横の信号が赤であっても，**前方の信号**が青であるとは限らないので，前方の信号を見る。
問18 誤	横断歩道や自転車横断帯とその手前**30メートル**以内の場所は追越し，追い抜きは禁止されている。
問19 誤	車の所有者は，道路でない場所に車庫や駐車場を用意しておかなければならない。
問20 誤	道路に平行して駐停車している車と並んで**駐停車**してはならない。
問21 ★正	この標識のある交差点では，交差点の中心のすぐ**内側**を徐行する。
問22 正	事故にあった場合に備えて，自動車保険に加入したり応急救護処置に必要な知識を身つけておく。
問23 誤	普通自動車が右折するため道路の中央に寄って通行しているときを除き，**右側**を追い越さなければならない。
問24 正	原動機付自転車の積載物の重量制限は**30キログラム**以下である。
問25 ★誤	二輪車の積み荷の幅の制限は，**積載装置**の幅＋左右0.15メートル以下である。
問26 ◆誤	原動機付自転車は，二段階右折すべき交差点では**小回り右折**をすることができないので，前方の信号が赤色の場合は，青色矢印が表示されていても**停止**しなければならない。

Câu 13 ★ S	Khi người đi bộ đang sang đường thì kể cả ở giao lộ không có vạch sang đường cũng không được cản trở việc sang đường đó.
Câu 14 Đ	Khi đèn mũi tên màu xanh đang chỉ sang trái thì xe có thể rẽ trái.
Câu 15 ★ S	Ngoài trường hợp xe buýt đang ra tín hiệu xuất phát ra thì có thể xác nhận an toàn rồi đi qua.
Câu 16 S	Trừ trường hợp bất đắc dĩ như là vượt thì đi ở sát bên trái của đường.
Câu 17 ◆ Đ	Ngay cả đèn giao thông ở bên cạnh là màu đỏ thì cũng không chắc rằng đèn ở phía trước là màu xanh nên phải nhìn tín hiệu ở phía trước.
Câu 18 S	Ở vạch sang đường cho người đi bộ hoặc cho xe đạp và trong vòng 30m phía trước đó thì bị cấm vượt cùng làn đường và cấm vượt khác làn đường.
Câu 19 S	Người sở hữu xe phải chuẩn bị nhà để xe nơi không phải là đường.
Câu 20 S	Không thể đậu dừng xe ở bên cạnh xe đang đậu dừng song song với đường.
Câu 21 ★ Đ	Ở giao lộ có biển báo này thì đi chậm ngay vào bên trong trung tâm giao lộ.
Câu 22 Đ	Đề phòng trường hợp gặp tai nạn thì tham gia bảo hiểm ô tô và trang bị kiến thức cần thiết để xử trí cứu hộ.
Câu 23 S	Phải vượt ở bên phải, trừ trường hợp xe ô tô thông thường đang tiến ra giữ đường để chuẩn bị rẽ phải.
Câu 24 Đ	Giới hạn trọng lượng vật được chở bằng xe máy là 30kg trở xuống.
Câu 25 ★ S	Giới hạn bề rộng của vật được chở bằng xe 2 bánh là chiều rộng của giá chở hàng + trái phải 0. 15m trở xuống.
Câu 26 ◆ S	Xe máy thì ở giao lộ phải rẽ phải 2 giai đoạn thì không thể rẽ phải vòng nhỏ được, nên trường hợp đèn ở phía trước màu đỏ thì kể có có dấu mũi tên màu xanh thì cũng phải dừng lại.

問27 ★正	障害物があるときは，**一時停止**か**減速**して反対方向からの車に道をゆずる。
問28 誤	初心運転者講習を受けなかったら，再試験が行われて再試験が不合格や，受けなかった場合に免許が取り消される。
問29 ◆誤	曲がり角付近は，見通しがきくきかないに関係なく，**追越し禁止**の場所である。
問30 ★正	横断歩道とその端から前後**5メートル**以内の場所は**駐停車禁止**。
問31 ◆誤	エンジンブレーキと前後輪のブレーキを併用して速度を落とすと，**制動距離**を短くすることができる。
問32 ★誤	この路側帯は「**駐停車禁止の路側帯**」なので，**駐停車**することができない。
問33 ◆正	腕を斜め下に伸ばすと，徐行や停止の合図になる。
問34 正	急ブレーキは車輪の回転が止まり，スリップする原因になり危険なため，ブレーキは数回にわけてかける。
問35 ◆誤	二段階右折の交差点の原動機付自転車と軽車両は，**右折**できない。
問36 正	車にかかる遠心力は，カーブの半径が小さいほど大きくなり，**速度の2乗**に比例して大きくなる。
問37 正	雨の日は路面が滑りやすくなっているため，十分に注意して慎重に運転する。
問38 誤	必要に応じて手による合図も行ってよい。
問39 正	この標識は「**停止可**」を表しているので，停車することができる。
問40 正	ブレーキドラムに水が入ると，ブレーキの**ききが悪くなったり，きかなくなったり**することがある。

Câu 27 ★ Đ	Khi có chướng ngại vật thì dừng lại tạm thời hoặc giảm tốc độ và nhường đường cho xe từ hướng ngược lại.
Câu 28 S	Nếu không tham gia lớp tập huấn cho người mới lái xe thì được cho thi lại, trường hợp trượt hoặc không dự thi thì sẽ bị hủy bằng lái.
Câu 29 ◆ S	Ở gần góc rẽ thì bất kể tầm nhìn tốt hay không đều cấm vượt.
Câu 30 ★ Đ	Tại vạch sang đường cho người đi bộ và trong vòng 5m trước sau đó thì cấm đậu cấm dừng xe.
Câu 31 ◆ S	Nếu phanh động cơ và phanh bánh trước sau được sử dụng cùng lúc để giảm tốc độ thì khoảng cách phanh có thể được rút ngắn.
Câu 32 ★ S	Vì khu vực lề đường này là "Khu vực lề đường cấm đậu dừng xe" nên không thể đậu dừng xe.
Câu 33 ◆ Đ	Duỗi tay hướng xuống dưới thì thành tín hiệu của dừng xe lại và đi chậm.
Câu 34 Đ	Phanh đột ngột làm dừng vòng quay của bánh xe, và trở thành nguyên nhân dẫn đến trơn trượt nên chia nhỏ số lần phanh.
Câu 35 ◆ S	Xe thô sơ và xe máy ở giao lộ rẽ phải 2 giai đoạn thì không thể rẽ phải.
Câu 36 Đ	Lực ly tâm tác dụng lên xe càng lớn khi bán kính khúc cua nhỏ và tăng tỷ lệ với bình phương vận tốc.
Câu 37 Đ	Vào ngày mưa thì mặt đường dễ trơn trượt nên cần hết sức chú ý và thận trọng lái xe.
Câu 38 S	Trường hợp cần thiết thì cũng có thể ra tín hiệu bằng tay.
Câu 39 Đ	Biển báo này biểu thị "Có thể dừng" nên có thể dừng xe được.
Câu 40 Đ	Nếu phanh trống bị nước vào thì dẫn đến phanh mất hiệu lực hoặc phanh giảm hiệu lực.

問41 ◆誤	**緊急自動車**に進路をゆずる時や，**道路工事**を避けるときなど除いて，黄色の線の車両通行帯では，**進路**を変更することができない。
問42 正	この標示は「**安全地帯**」を表示しているので，歩行者がいる場合は徐行する。
問43 ◆正	二輪車のブレーキをかけるとき，乾燥した路面では前輪ブレーキを，ぬれた路面では後輪ブレーキをやや強くかけるとよい。
問44 正	**一時停止**の標識のあるところでは，停止線の直前で**一時停止**する。
問45 誤	発進の合図だけでなく，前後左右の安全を確認して，方向指示器などで発進合図を行う。
問46 ★誤	遮断機が降りはじめていたり，警報機が鳴っているときは，踏切に入ってはいけない。

問47　**歩行者の動き**と**水たまり**に要注意！！
歩行者が**道路を横断**したり，歩行者に**水がはねてしまったり**するかもしれないので，注意しよう。

(1)　正　バスのかげから歩行者が**飛び出してくる**かもしれないので，注意する。
(2)　正　歩行者に水がはねたら迷惑がかかるので，**速度を落として**通過する。
(3)　正　ブレーキを**数回にわけて**かけると，後続車への追突防止となります。

問48　**対向車**が見えないこと，**工事中**に要注意！！
対向車が見えず，接近しているかもしれないので注意しよう。また工事中なので，右側を通行してくるおそれもあるので，慎重に運転しよう。

(1)　正　**警音器**を鳴らすと，対向車に自車の**存在**を知らすことができる。
(2)　**誤**　対向車が来て，**衝突**するかもしれないので危険である。
(3)　正　対向車が来るおそれがあるので，できるだけ**左**に寄って進行する。

Câu 41 ◆ S	Trừ trường hợp nhường đường cho xe khẩn cấp hoặc tránh công trình đường thì không được thay đổi lộ trình ở làn xe có vạch kẻ màu vàng.
Câu 42 Đ	Vạch kẻ đường này biểu thị "Vùng an toàn" nên khi có người đi bộ thì đi chậm.
Câu 43 ◆ Đ	Khi phanh ở xe 2 bánh thì phanh hơi mạnh phanh bánh trước ở mặt đường khô và phanh bánh sau ở mặt đường ướt.
Câu 44 Đ	Nơi có biên báo dừng lại tạm thời thì dừng lại tạm thời ở trước vạch dừng.
Câu 45 S	Không chỉ ra tín hiệu xuất phát mà phải kiểm tra an toàn trước sau phải trái rồi bật tín hiệu xuất phát bằng đèn xi nhan.
Câu 46 ★ S	Khi thanh chắn bắt đầu hạ xuống hoặc còi vang lên thì không được đi vào nơi chắn tàu.

Câu 47 Cần chú ý đến chuyển động của người đi bộ và vũng nước đọng!!
Hãy chú ý vì người đi bộ có thể băng qua đường hoặc có thể làm bắn nước vào người đi bộ.

(1) Đ Cần chú ý ví có thể người đi bộ lao ra từ khuất sau xe buýt.
(2) Đ Làm bắn nước sẽ làm phiền người đi bộ nên giảm tốc độ để đi qua.
(3) Đ Nếu phanh thành nhiều lần thì sẽ trở thành tín hiệu phòng tránh va chạm đối với xe ở phía sau.

Câu 48 Cần chú ý đến công trình đang thi công và việc không thể nhìn thấy xe hướng đối diện!!
Hãy chú ý vì có thể có xe đang tiến đến gần nhưng không nhìn thấy được. Ngoài ra, hãy lái xe thận trọng vì có thể có xe đi ở bên phải vì có công trình đang thi công.

(1) Đ Nếu bấm còi thì có thể thông báo cho xe đối diện biết việc có xe của mình.
(2) S Rất nguy hiểm vì có thể va chạm với xe hướng đối diện đi tới.
(3) Đ Vì có nguy cơ xe đối diện sẽ tới nên đi sát vào bên trái hết mức có thể.

おわりに

勉強おつかれさまでした！
いかがでしたか？むずかしいな・・・と感じましたか？

そりゃそうだと思います。交通ルールや，交通マナーを覚えるだけでもひと苦労なのに，読みなれない日本語も理解しないといけないので，その大変さは私達の想像以上だと思います。

でも，あきらめないで勉強すれば，必ず合格できると信じて頑張ってください！

サラっと目を通しただけでは，まず合格できませんよ！あせらずじっくり，何度も本書を読みかえして覚えることが大切です。

原付免許の試験に合格するには，正しい交通ルールと交通マナーを理解し，道路標識を正確に覚えることが全てです。合格点をクリアできないのは，これらを正確に理解していないだけなのです。間違えたところを見返し，正確に覚え直すことを繰り返していけば，必ず合格できるようにできています。

“引っかけ問題”も慣れてしまえば怖くありません。引っかけのパターンは多くないので数をこなせば，どこが引っかけになってるのかは，見たらわかるようになってくるはずです。

本書をうまく活用して，本番の試験に“一発合格”されることをお祈りしております。

LỜI KẾT THÚC

Bạn đã vất vả học rồi nhỉ!

Bạn thấy thế nào? Cảm thấy có khó không?

Tôi cũng nghĩ vậy. Chỉ việc nhớ được quy tắc giao thông, ứng xử giao thông thôi đã rất khó khăn rồi, lại còn phải hiểu được những từ tiếng Nhật không thường đọc nữa nên tôi nghĩ là độ khó khăn còn hơn cả tưởng tượng của chúng tôi.

Thế nhưng, nếu không từ bỏ và cố gắng học thì tôi tin chắc rằng sẽ đậu nên hãy cố gắng lên nhé!

Nếu chỉ lướt mắt qua thì không thể đậu được đâu nhé! Quan trọng là việc không vội vã mà đọc thật nhiều lần để nhớ.

Để vượt qua kỳ thi bằng lái xe máy, bạn phải hiểu đúng quy tắc và hành xử giao thông và nhớ chính xác các biển báo đường. Việc không thể làm sáng tỏ những điểm đậu thì chỉ là vì không thể hiểu được chính xác nó. Nếu xem lại những chỗ sai và lặp đi lặp lại việc ghi nhớ thật chính xác thì chắc chắn có thể đậu được.

Nếu đã quen với những "Câu dễ sai" thì không có gì phải sợ hãi nữa. Vì phần "Câu dễ sai" không có quá nhiều nên cứ luyện đi luyện lại vài lần thì chắc chắn nhìn vào sẽ biết được bị vướng ở đâu.

Chúc bạn sẽ tận dụng tốt quyển sách này và nếu được thì "Đậu ngay lần đầu" trong kỳ thi chính thức trong thời gian ngắn nhất.

Memo

Memo

Memo

弊社ホームページでは，書籍に関する様々な情報（法改正や正誤表等）を随時更新しております。ご利用できる方はどうぞご覧下さい。http://www.kobunsha.org
正誤表がない場合，あるいはお気づきの箇所の掲載がない場合は，下記の要領にてお問い合せ下さい。

ベトナム語で解説　原付免許　めざせ一発合格！

編著者　柳井正彦

印刷・製本　亜細亜印刷株式会社

発行所　株式会社　弘文社

〒546-0012 大阪市東住吉区
中野2丁目1番27号
☎　(06) 6797―7441
FAX (06) 6702―4732
振替口座　00940―2―43630
東住吉郵便局私書箱1号

代表者　岡﨑　靖

ご注意
（1）本書は内容について万全を期して作成いたしましたが，万一ご不審な点や誤り，記載もれなどお気づきのことがありましたら，当社編集部まで書面にてお問い合わせください。その際は，具体的なお問い合わせ内容と，ご氏名，ご住所，お電話番号を明記の上，FAX，電子メール（henshu1@kobunsha.org）または郵送にてお送りください。
（2）本書の内容に関して適用した結果の影響については，上項にかかわらず責任を負いかねる場合がありますので予めご了承ください。
（3）落丁・乱丁本はお取り替えいたします。